JN042379

筑紫哲也

『NEWS 23』と
その時代

金平茂紀

講談社

筑紫哲也『NEWS23』とその時代／目次

第4章 たたかう君の歌をたたかわない奴らが笑うだろう
——原発と権力と報道をめぐる体をはった先駆的警告

第5章 遊びをせんとや生まれけむ、戯れせんとや生まれけん
——井上陽水の証言

第6章 筑紫さんがこぶしを振り上げて歌った
——坂本龍一、忌野清志郎、高田渡との関わり

第7章 沖縄を愛し、沖縄を最後の旅先に選んだ

――「生活の一部としての文化」への共感

第8章 「旗を立てる意志」について僕が知っている二、三のことがら

――大テーマ主義が時代を切り取った

第9章 「政治部失格」だが「人間失格」では、断じて、ない

――埋没せずにジャーナリストであるために

第13章 「私の人生、百八十度、変わりましたんよ」——「クリントンスペシャル」登場人物たちの物語

第14章 中国トップと市民の直接対話——やりようでは、私たちにはいろんな将来がある

第15章 阪神淡路大震災報道、その失意と責務——筑紫哲也が見た黒田清

第16章 世界が変わった日——アメリカ同時多発テロ事件を報じた放送

第22章 『NEWS23』のDNA〈伝承〉をめぐって ——各自の想いは時空を超えて

第23章 「頭をあげろ！」 ——筑紫哲也さんへの手紙

写真提供 TBS「筑紫哲也NEWS23」
ブックデザイン 鈴木成一デザイン室

筑紫哲也『NEWS23』とその時代

まえがき

テレビ報道という仕事にかかわり始めてから、ずいぶんと長い歳月が流れた。
僕は1953年に生まれた。奇しくもこの年に、日本でテレビ放送が開始された。その意味で、テレビの歴史と自分の人生が重なってしまった部分も多い。

これだけは言える。かつてテレビは自由だった。テレビは人々とともに、希望と喜び、悲しみ、怒りをわかちあった。そういうメディアであり続けていた。テレビ報道とのかかわりのなかで、多くの時間をともにした人々がいた。なかでも1989年から始まったTBS系『筑紫哲也NEWS23』とのかかわりは濃密なものだった。そこから多くのものを学んだ。そして多くのものをいただいた。同時にその後の歳月の流れのなかで、少なくないものが失われた。始まったものは、いつかは終わる。けれども継がれていくものはある。
『筑紫哲也NEWS23』とその時代を、ここに不十分ながら書物として残しておくことは、意味のあることだと実感する日々が続いている。テレビ報道はまだ生き残る価値がある。

本書の第1章から第18章までは、2014年から翌年にかけて執筆されたものが、ほぼ原型のまま掲載されている。第19章以降は、2021年の春以降に書かれたものだ。この間の「空白」

が物語るものは、それなりの意味があるものだとも思っている。本書は評伝ではない。あの番組に集った人々の群像の一端が浮かび上がって、それが読者の皆さんと共有できれば、望外の喜びである。

2021年9月　コロナ禍の終息していない東京にて

金平茂紀

第1章 「二度目のプロポーズだから受けざるを得なかったんだよ」

——『筑紫哲也NEWS23』誕生まで

多事、封論

筑紫哲也さんについて書く。と言っても、これは筑紫さんの評伝ではない。第一、僕は73年余に及ぶ氏の生涯のほんの一部しか関わっていない。評伝を記すことなどとても僕の任ではない。けれども、そんな人間がこれから、氏がひんぱんに登場するストーリーを書こうと思う。

書き記しておきたいと思うのは、僕が氏とともに関わったテレビのニュース報道番組『筑紫哲也NEWS23』と「その時代」について、だ。テレビ報道という分野で僕らがともにした時間の記憶だ。

ある時は輝きを放ち、またある時は世間からのきびしい批判を浴び、右往左往しながらもさまざまな人間が行き交い、あれほど自由に、あれほどのびやかに、苦闘を重ねた時代が実際にあったということを書き残すこと。そんなことに意味を見出す思いが今現在ほど強くなったことはない。

この本の下準備で、関係者と会って話を聴いたり、関係書物を読み返したりする作業を始め出すと、僕が全く知らなかったプレ『筑紫哲也NEWS23』時代のエピソードが次々に出てきた。それらは氏への愛情に満ちたものがほとんどだったが、お会いした人々の語り口の根底に「今、筑紫さんが生きていてくれたならば……」という共通の願望のようなものが感じられた。そうなのだ。今という時代が実は筑紫哲也という人物の記憶を呼び込んでいるのではないか。

そんなことを考えているうちに、特定秘密保護法という稀代の悪法を通そうという動きが露骨に進んだ。その頃『筑紫哲也NEWS23』の過去の映像をみていた僕は、2002年4月19日放送の「多事争論」のタイトルをみて、ハッとした。「多事封論」。当時の番組のVTR素材を取り寄せてみた。参議院議員会館で真山勇一、筑紫哲也、安藤優子、田原総一朗、鳥越俊太郎ら7人のテレビニュースのキャスターたちが勢揃いして、いわゆるメディア規制三法の法制化に反対する記者会見を行っていた。筑紫さんは柔和な表情ながらも「キツネに鶏小屋の番をさせるようなものです」と切り出していた。僕は何だか背中を押されるような気持ちになって、それから動き始めた。今、この時点で僕ら伝え手たちが何か動き出さなければ、未来の世代に対して僕らは責任を果たしたと胸を張って言えるだろうか、と。

メディアの垣根を越境して

筑紫さんの生まれたのは1935年の6月。僕よりも18歳年上だ。敗戦の日には満10歳の少年だったという計算になる。マスメディアと言えば圧倒的に新聞が世論をリードしていた時代に青春時代を過ごしてきた世代。

僕が初めて筑紫さんに直接お目にかかったのは1989年の秋だと思う。当時、僕はTBS外信部の記者だった。モスクワ特派員としてソ連に赴任することが決まっていた。そう、この地球上にまだソビエト連邦という国があった時代だ。その頃TBSはまだ旧局舎にあった。6階建てのこぢんまりしたいい建物だった。

それまで筑紫さんは朝日新聞社の記者だった。地方支局勤務から始まって、政治部、外報部、ワシントン特派員、『朝日ジャーナル』編集長などを歩んだいわゆるスター記者の一人だったことは間違いない。けれども歴史と同時に権威をも応分にもつ大新聞社の組織のなかの記者だ。社内での評価や遇され方は世間で言われているほど恵まれた部分だけではなかったようだ。「金平君。嫉妬という漢字は女偏（へん）だろ。あれ、男偏にした方がいいよな」。後日、筑紫さんがそんなことを言ってきたのを覚えている。政治部時代の担当派閥も三木派で主流派ではない。とは言え、筑紫さんは朝日新聞社にちょうど30年在籍した。

僕はと言えば、生まれた1953年が日本でテレビ放送が開始されたまさにその年だったので、自分の生育史とテレビの歴史がきっちり重なっている。テレビに対して確かに国民が希望を共有していた時代を知っている。志望してテレビ報道の仕事を選んだ人間だ。だから、先行世代の活字報道の世界の人々がテレビというメディアに対して持っていた蔑視感情に遭遇した際には、「この野郎！」と僕自身、反発を覚えたものだった。新聞記者たちのなかにはテレビ局の仕事にかかわると「手が腐る」などと公言する人が結構いた時代だ。

筑紫さんが亡くなった後、「あの人はやっぱり新聞記者だった」などと述懐する声をいくつか聴いたが（主に新聞人たちから）、僕は全然そうは思わない。氏は新聞記者やテレビ人間といった分野をどこか越えていたようなところに本領があった。新聞、テレビ、ラジオ、週刊誌、月刊誌、ミニコミ、映画、講演、何でもありなのだった。つまり、筑紫さんという人物は、一つのメディアのなかだけではおさまりきらない自由人であったということだ。『梁塵秘抄』の「遊びをせんとや生れけむ……」は筑紫さんが好んでいた句だが、筑紫さんはそれをどこかでペロッと舌を出しながら実行していた。

ＴＢＳからの密使

先にも触れたが、１９８０年代と言えば、日本ではまだまだ新聞がメディアの世界ではあらゆる面で優越していた時代である。朝日新聞社のなかでテレビなんかを相手にしようとしていた人はおそらく「はぐれ者」扱いされていただろう。

そんななかで、朝日新聞のスター記者だった筑紫さんは、なぜテレビのニュースキャスターに転じたのか。それについては筑紫さん自身が案外シャイなところがあって、その動機や経緯を記し尽くしていないところがある。自伝的な新書『ニュースキャスター』（２００２年　集英社新書）においても、その第一章で１９８９年の初夏、朝日新聞ニューヨーク駐在編集委員という変則的な肩書でマンハッタンで暮らしていた当時、ＴＢＳから２人の男が訪ねてきた出来事が軽妙な語り口で記されている。

ＴＢＳからの２人とは久木保報道局長（肩書は当時。久木氏は２０１１年に死去された）、諫山修プロデューサー（当時）である。なかでも久木さんは筑紫さんとはともにワシントン特派員だった頃からの旧知で、ディープな麻雀仲間でもあった。

その彼が持ってきた話は（中略）明確な話だった。この年の秋から月—金の帯で、一時間半のニュース・スポーツ・情報番組を始めたい。時間は夜一一時から。そのメイン・キャスターを引き受けて欲しい……。実は、似たような話は以前にもあった。

——『ニュースキャスター』

キャスター就任を要請する、そして相手がそれを引き受けるかどうか。このやりとりは実際のところ、結婚したいと思って相手に思いを打ち明けてプロポーズするやりとりとてもよく似ている。思いを伝えても相手にその気がなければそれまでだ。でも相手がまんざらでもなく、ましてや相思相愛だったりすれば、お引き受けします、一緒に新生活を築いていきましょう！　とスムーズに事が進行する。その辺り筑紫さんは「実は、似たような話は以前にもあった」とさらりと記しているが、この話はそれなりに深いディテールがあった。

それを大雑把に記してしまうと、筑紫さんは以前にも同じ相手からプロポーズされ、一旦、〝結婚〟の約束をしたのだが、それに対して、〝育ての親〟筋から猛烈な横やりが入って、思いが遂げられず〝破談〟になっていたのである。

『こちらデスク』

さて、筑紫さんがテレビニュースの世界ではなく、広くテレビの世界にどうして関わっていったのかと言えば、こちらの方は筑紫さん本人も大っぴらに語っている。

筑紫さんは1978年4月から1982年9月までの4年半にわたってテレビ朝日系列で放送されていた『こちらデスク』という日曜夕方の報道番組のキャスターをつとめていた。こちらの方は、朝日新聞社の電波戦略のいわば社命的なタスクであったのだが、この番組出演で筑紫さんは、おそらくテレビの持つ影響力の大きさやメディアとしての無尽蔵の可能性について開眼したのではないか。TBSに入社して駆け出し記者だった頃の僕も、この『こちらデスク』はよくみていた。正直なところ、なるほど新聞記者のなかには、こんなかっこいい人間もいるんだくらいの気持ちだった。筑紫さんはサファリ・ジャケットなんかを着こなし、むさ苦しい新聞記者仲間たちをテレビ画面に引きずり込んで、自分たちの意見を堂々とぶつけあっていた。爽快感があった。

たぶん1980年頃だと思うが、この『こちらデスク』で、日本の壱岐の漁師たちが「害魚」としてイルカを駆除、つまり殺処分し、漁場の海がイルカの血で赤黒く染まっていくショッキングなシーンをみたことがある。おそらく環境保護団体が製作した映像だと思うが、今現在に至るまで続くイルカ論争のはるか初期の頃の特集企画である。その回の番組の最後に筑紫さんはこんなふうに言い切った。「私はイルカを殺すべきではないと思います」。僕は当時それをみていて驚いた。と言うより、非常にこころを動かされた。こういうことを堂々とテレビ画面に顔をさらして生放送で言い切るキャスターがいるということに。
この『こちらデスク』の仕掛け人は、ビデオプロモーションの設立者の藤田潔さん（2021年3月死去）である。もともと藤田さんは、朝日新聞の「天声人語」をテレビ番組化したいと本気で考えていたような人だ。すごい。それが全てのスタートだったと言えなくもない。藤田さんは最晩年の筑紫さんと対談した際、『こちらデスク』立ち上げ当時のエピソードを楽しげに語り合っている。

筑紫　朝日新聞は、当時も今もそうかもしれないけど、テレビを軽蔑してるわけ、どこかでね。自分たちの方が上だと思っているから、テレビに関わるのは出世の妨げで、ろくなことがないと。だから、一刻も早く足を抜いたやつが勝ちなんですよ。（中略）ある時ふっと気がついたら、僕一人で、女性をアシスタントにつけるというふうに番組が変わっちゃってた。藤田さんが相当やかましく、番組をこうしろああしろとプレッシャーをかけて、プロデューサーを替えろとか、いろいろやったでしょう。

藤田　やりました。

筑紫　それにしても、何で僕だったんですかね。

藤田　筑紫さんが一番若くて、かっこよかったの。それで、おしゃべりも上手だというので、筑紫さんをメーンにしてくださいということを言ったんです。（中略）

筑紫　僕は半分冗談で言うんだけど、僕の人生があそこからずうっと変わってきたんですよ

（笑）。

藤田　ごめんなさい（笑）。

筑紫　いや、全然後悔してないけどね。

――『テレビ快男児』2009年　プレジデント社

一方、『こちらデスク』に関して言えば、朝日新聞社内にも、筑紫さんにテレビに出るように熱心に説いていた「少数派」もいた。政治部時代の先輩で「中さん」と呼ばれていた中島清成氏（元朝日新聞政治部次長）である。

先に登場した藤田潔さんが「天声人語」を番組化したい、と直談判した相手がこの中島氏だった。直訴の場所は四谷にあった朝日新聞の記者たちのたまり場になっていたスナック「チロ」だったという。中島氏は藤田氏の直訴に応じて社内で動いたが、頭のかたい「天声人語」執筆者たちから、「テレビなんかで我々の文章を軽々しく扱うな」と猛反発を食らい、計画はすぐに頓挫した。なかには抗議の辞表を提出した「天声人語」執筆者もいたという。やむを得ず中島氏は、朝日新聞のベテラン記者、デスクたちが登場する『さて、今週は』なる番組を1977年の秋に立ち上げたが、全く振るわず、半年で『こちらデスク』に路線転換したのだという。

それらは1977年に起きたことがらだ。この年の4月から僕はTBSで働き始めていた。『こちらデスク』の最終回（1982年9月）は、1980年の秋からスタートしたばかりのTBS『報道特集』と裏番組同士〈相互乗り入れ〉で放送するという今から考えると大胆不敵な試みを実行していた。「お疲れさま」「これからもがんばって」と互いに生放送の2画面でエールを送りあっていたのである。視聴率獲得に血道をあげている今現在の番組制作者に比べて、当時のテレビ人たちは何と高いこころざしの持ち主たちであったことか。何しろ〈相互乗り入れ〉だから両局の視聴率は全くイコールということになる。

筑紫哲也という固有名詞を否が応でも僕が心に刻んだのは、『こちらデスク』での活躍もあったが、僕らの世代では、筑紫さんが編集長となって大リニューアルを手掛けた『朝日ジャーナル』編集長時代の際立った自由度においてだったように思う。浅田彰や坂本龍一ら後続世代の才能と自由に語り合う広い意味での〈教養〉は、記者クラブ詰め何十年という新聞記者たちからは得ることのできない魅力だった。

久米宏に対抗できる人物は？

さて、その中島清成氏の著書『無名記者の挽歌』（２００９年　中央公論新社）に実に興味深い一節がある。

多分昭和六十二年三月前後のことだったと思う。（中略）朝日新聞ラジオ・テレビ本部（中略）の本部長から電話があった。（中略）「中さん。最近筑紫君に会った？」と聞く。実は、全く偶然だが、その前夜、私は例のスナック「チロ」で、筑紫君に会っていた。私が飲んでいるところに、筑紫君がぶらりと訪ねてきたのだ。話があると言う。それは、「朝日を辞めて、ＴＢＳに行きたい」というものだった。話は深更にまで及んだ。いろいろ詳細を語っていたが、私は慰留した。懸命に慰留した。しかし、筑紫君の気持は堅かった。（中略）結局、「判った」ということになった。そのことを、本部長に伝えた。朝日としては、他系列のテレビ局に有能な記者が引き抜かれることは、朝日の面子にかかわる、ということでもあったのか。「なんとか引き止める手はないか。絶対に駄目かね」と言う。

——『無名記者の挽歌』

実はこのくだりこそ、筑紫さんの〝破談〟に至るきっかけについて触れた部分なのだが、僕が関係者に会って聴いた話とは微妙な食い違いがある。

1987年の2月頃、TBSは番組編成上の重大な決断を下していた。ライバル局のテレビ朝日の『ニュースステーション』の大成功に対して、「報道のTBS」（自戒を込めてこの語句を使っているのだが）としては黙ってはいられない、正面からニュース戦争を挑むというほどの決意の表れだった。しかし社内には反対論が根強かった。TBSでは報道局の植田豊喜さんがこの夜10時からのニュース番組のチーフ・プロデューサーに任命された。1987年3月のことだ。植田さんは僕の尊敬する先輩の一人で、僕が駆け出し記者時代、警視庁記者クラブでの直属の上司だった。TBS報道のよき伝統を継承する人物だ。鈴木恭さん（故人。当時TBS報道局編集部長）からの厚い信頼を得ている人物でもあった。

問題は誰をメインキャスターに据えるかである。番組の生命線でもある事項だ。TBS報道局には、それまでに田英夫、入江徳郎、古谷綱正（以上の3人は『ニュースコープ』の系譜）、料治直矢、堀宏、田畑光永といった現場派（主に『報道特集』の系譜）の錚々たる人材がいた。それらを考えて、『ニュースステーション』の久米宏さんに対抗できる人材は？　植田さんらは周到にそして慎重に人選を進めていった。そして最終的に絞り込まれたのが、筑紫哲也さんだった。

キャスター就任〝ご破算〟の真相

植田さんにも直接お会いして話をうかがった。中島氏の記している87年の3月前後に筑紫さんがTBSに移る決意を固めていたというのはいくらなんでも早すぎるという。

僕自身もTBS社内で実は、この新番組『プライムタイム』のメインキャスターの人選に少しだけ関わったことがある。それは旧局舎で植田プロデューサーのもと報道局の中堅記者たちが集められて意見を求められた非公式会合だった。87年の4月ではないか。何でそんなことを覚えているのかと言うと、その席で僕自身が、筑紫哲也がメインキャスターとしては最適だ、と初めて主張したからだ。確か、他の出席者から出ていたのは浅井愼平さん（写真家）とか、冗談まじりで中曽根康弘という名前まで出ていたように記憶している。

植田さんの記憶では、旧知の久木さん（当時は外信部長）を通じて筑紫さんと直接交渉を始めたのは87年の6月初旬ではないかという。だから中島氏の記憶とは大いに異なる。キャピトル東急の一室を交渉用の秘密部屋と決めてキープしていた。そこに筑紫さんが現れた。その頻度は次第に増していった。7月までには「内諾」を得られた。〝婚約〟が整ったという感じだった。

嶌信彦さんは当時、毎日新聞の記者だった。彼はその後、新聞社を退社して新ニュース番組

『プライムタイム』に参加することになるのだが、彼の著書『メディア　影の権力者たち』（1995年　講談社）でも実はこのいきさつが少し触れられている。

筑紫は「テレビは新聞と違うメディアであり、いずれテレビの影響力が新聞を上回る時代がくる」と直感していた。（中略）しかも、先行する「ニュースステーション」を追いかける役割と聞いて、（中略）自分にとっては、「面白いかな」と思い、引き受ける決意を伝えた。（中略）ＴＢＳ関係者とは、「仮祝言だ」と祝杯をあげたほどだった。ところが八七年の八月に入ったとたん、突然、話は御破算となり、振り出しに戻ってしまう。

――『メディア　影の権力者たち』

中島氏の著書でも嶌さんの著書でも、このご破算の「とどめ」として、朝日新聞トップの一柳東一郎社長がＴＢＳ諏訪博会長を訪ねてトップ会談が行われ、一柳社長が諏訪会長に「どうか、今回はご勘弁願いたい」と正式に断り、事態がひっくり返ったというストーリーが記されている。とりわけ中島氏の著書では、そのトップ会談のアイディアを言いだしてしまったのは自分だと殊勝に告白しているが、真相はどうもそうではないようだ。

この点、植田さんの記憶は〝婚約〟を破棄された当事者であるだけに鮮明だ。植田さんによると、筑紫さんが久木さんに「本当に申し訳ない」と連絡をしてきたのは、87年の7月末のことだという。植田さんの言い方を借りれば、「7月末までに朝日新聞社内で筑紫さんが翻意せざるを得ない状況が生じた」のである。

そのことを僕は筑紫さんの生前一度だけ筑紫さんのごく近しい人物から聞いたことがある。朝日新聞の首脳の一人が「もし朝日を退社してTBSに行くのならば、この世界で二度と飯が食えないようにしてやる」と伝えたというのだ。もし本当ならまるでヤクザの世界である。

筑紫さんはその後、前述のようにニューヨークに遷された。『筑紫プライムタイム』は幻となって、TBS社内は大騒ぎになった。放送開始まで実質2ヵ月しかない。それでメインキャスターに穴があいた。白羽の矢が立てられたのは、森本毅郎（もりもとたけろう）さんである。森本さんはNHKの看板アナウンサーからTBSに転出して、朝のワイドショー『モーニングEye』ですでに確固たる地位を築いていた。磯崎洋三（いそざきひろぞう）編成局長（故人。当時の肩書。のちに社長となり、オウム事件で引責辞任した）が直接、森本さんの説得にあたったという。森本さんは「義を見てせざるは勇なきなり」という言葉を述べてこの苦しいポジションを引き受けた。

当時『モーニングEye』の番組プロデューサーの一人に僕の同期入社の木村信哉（元民放連専務理事）がいた。森本氏の『プライムタイム』キャスター起用の動きを知った木村は、ある日僕と局内ですれ違いざまにこう言ったことを覚えている。「報道局っていうのは汚いことをするもんだな」。

『プライムタイム』放送初日、植田さんのもとに筑紫さんから毛筆でしたためられた手紙が届いた。「放送開始、おめでとうございます」。筑紫さんとしても、どうしても何らかの言葉を発せざるを得ないような心境だったのだろう。

『プライムタイム』はうまくいかなかった。わずか1年で終了した。テレビ朝日局内では『ニュースステーション』がいわば檜舞台になっていった。そこに向かってあらゆるエネルギーが結集されていった。何事もうまくいかないと、会社という組織内でもさまざまな軋轢が生まれてくる。『プライムタイム』撤退のあと、『ニュースデスク』という新番組が設けられたが、こちらも1年で終了した。小川邦雄さん（元TBS監査役）をキャスターにしたこの番組も『ニュースステーション』の前に完敗した。

僕自身もこの番組にスタッフとして関わったが、負け戦の連続だった。けれども不思議なもので、僕はこの番組に参加したことで、テレビ番組というものづくりの楽しさに大いに目覚めたところもあった。そしてこのニュース番組を取り巻く時代ということがあった。時代の大きな転換点の渦中に僕らはいたのだ。天安門事件。リクルート事件。冷戦の終焉。そして昭和の終わり。この間、TBSは午後10時からの真裏で『ニュースステーション』と真っ向勝負することを諦め、午後11時台からのニュース番組で再起を期していく。

そして初めに記したニューヨークの筑紫さんのもとへのTBSからの密使ということに相成ったわけだ。前回は仮祝言まであげて破談となった。結婚式の披露宴会場を予約して招待状まで出して直前になって破談となった。相手方の気持ちを筑紫さんも考えていたに違いない。後日、筑紫さんが例の笑顔で僕にぽつんと言ったことがある。「二度目のプロポーズだからなあ。受けざるを得なかったんだよ」。

番組スタートの
記者会見に臨んだ
筑紫さん。
TBSの旧ロゴが
懐かしい

第2章 要は、何でもありということ

——実験精神と、テレビの可能性への確信

キャスター就任と「夫人の了解」

前章の筑紫さんの『23』キャスター就任に至るまでのエピソードをめぐって、さらに僕の知らなかった、あるいは気づかなかった事実がその後いくつか出てきた。

TBSとの〝婚約不履行〟に忸怩たる思いを抱いていた筑紫さんが、2年後の1989年秋に『筑紫哲也NEWS23』のメインキャスターになるべく、朝日新聞社を退社する決意をしたのは、「公式には」、その年の夏に、TBSからの2人の「密使」がニューヨークを訪れてきて要請を受け、それで奥様の房子さんとも相談して決めたことになっている。ところがその「密使」のうちの一人、久木保(くきたもつ)さん(元TBS報道局長)自身が亡くなられる3年前、というより筑紫さんが亡くなられたその年の日本記者クラブ賞受賞記念の祝賀パーティーの席上で、ことのいきさつをちょっと照れたような表情で告白していたのだった(その時の映像が残っていた)。僕もそのパーティーには出席していたが、当時の僕は、ある個人的な事情で失意のどん底にあったので、その挨拶の内容が全く頭に入っていなかった。

久木氏が語ったのは、ニューヨークを訪ねる前に、実は筑紫さんとのあいだで、朝日退社およびＴＢＳのキャスター就任の決断は済んでいたという事実だ。

ものの本には、私と諫山くんという人がニューヨークに行って口説いたということになってますけど、実は赤坂の薄汚いバーで話はつけておりまして、どうも筑紫さんは奥さんの了解を得ないといけない、と。それでニューヨークに行きまして、ホテルで奥様にも色々と話をして、やっと了解を得て帰ってきました。

――２００８年６月23日、日本記者クラブ賞受賞祝賀パーティーでの久木保氏の発言

久木氏の言う「赤坂の薄汚いバー」というのが一体どこなのか。もはやそれを知る手掛かりはない。ＴＢＳがまだ旧局舎だった頃のことだ。おそらくもう存在していないだろう。久木氏がよく通っていた「赤坂の薄汚いバー」はどこか思い当たる人はいないものかと、同僚の巡田忠彦記者に話をしたら「ああ、それ、ロブロイじゃないですか」と即答した。ロブロイという店は、ＴＢＳ報道局の34年組といわれる人たち（昭和34年入社のＴＢＳマン）の溜まり場になっていた場所だ。そう言われてみればそうかもしれない。僕も行ったことがある。また、「どうも奥さんの了解を得ないといけない」というのは本音だったろう。というのも、筑紫さんは例の〝退社未遂〟以降、家族ともどもニューヨークに暮らしの拠点を移していたのだから、それをすぐにまた東京の生活に戻すことは、家族の諒解がなければいろいろと齟齬が生じただろう。

筑紫さんの房子夫人にその頃のことをうかがった。当時、ニューヨークのイースト52丁目のアパートの11階に住んでいた筑紫一家は、次女のゆうなさんが高校在学中でビジュアル・アーティストをめざしていた。長男の拓也さんは高校に入学したばかりで、ニューヨークで親子水入らずの生活をどうしようかと考えてもいたのだった。房子夫人は、筑紫さんから「実はこういう話がまたTBSから来ているんだよ」と少し前に打ち明けられていたが、夫が朝日新聞社にもはや留まる気がないことを悟っていた。

「2年という約束でニューヨークに行ったんだけど、すぐに家族で住むアパートを買ったので、期限が過ぎればもうその時点で辞める気になっていたと思うのね。家族それぞれに希望があって、さあこれからどうしようという時だったんで、どれだけこの人に振り回されるんだろうか、と内心思った。けれども、2年前のことを思い出して、ああいう断り方をしたのに、よくあなたのところに来たわねえと考え至って、『思い切って受けたら』と伝えたんです」

房子夫人は笑みをうかべながらそう述懐した。結局、こどもたちは当面ニューヨークに残ることになり、以降しばらく、夫人はニューヨークと東京の二重生活で多忙をきわめることになる。

プレハブ小屋での準備

さて、前章で述べた経緯で、『筑紫23』キャスターが誕生する運びとなったのだが、スタートまで実質2ヵ月の準備期間しかない。諫山修プロデューサーらは安穏としてはいられなかった。旧局舎の手狭な建物では新番組の立ち上げ準備室のスペースさえ確保できないありさまだった。

そこでTBSは窮余の策として、本館Hスタジオとテレビ局舎をつなぐ通路の鉄塔脇屋上スペースに2階建てのプレハブ小屋を建て、その2階部分を「『23』準備室」とした。と言っても、せいぜいが4×8メートル程度、定員十数名の部屋だったが、真夏だったこともあり一応冷房だけは取りつけられた。そのプレハブ小屋に『23』の人事発令を受けたスタッフたちが、一体どんな番組をつくるのかで、連日連夜喧々囂々の議論を続けることになった。

スタート時の第一部（ニュース部分）のメンバーとして辞令を発令された社員は以下の顔ぶれだった。諫山修（プロデューサー）、辻村國弘（担当デスク）、杉崎一雄（同）、横田和人、吉﨑隆、谷上栄一、西崎裕文、飯島達男、池田裕行、播摩卓士、松原耕二、小暮裕美子。そして、スポーツ部分はスポーツ局に所属する別班が制作、さらに第二部は、田中満（プロデューサー）、木村信哉、須賀和晴、桂田裕功、間瀬泰宏、長尾啓、永山由紀子といった社員が名前を連ねていた。

と、ここまで書いてみて、読者のために強調しておきたいことがある。それは当時の『筑紫哲也NEWS23』という90分の枠（関西地方は第二部を放送しておらず60分）が、あらかじめ編成上の枠の制約で「がんじがらめ」になっていたことだ。バラバラの3つの枠を筑紫哲也という人物でいわば串刺しにした形で何とか統一性を保っていたというのが実情だった。ニュース中心の第一部、そしてスポーツ部分、さらにもともと社会情報局が担当していた情報番組『情報デスクTODAY』の流れを汲む第二部の3つのチームの混成部隊が、よく言えば、互いに独立独歩で、悪く言えば、互いに無関心・不干渉という状態からスタートしたのだ。発足当時の社員の名前を記したが、実は『筑紫23』の強みは、社員スタッフ以上に、きわめて個性的な非社員の専属スタッフが揃っていたことだ。第二部の構成作家の和泉二郎氏や光内章博氏、故・遠田寛昭氏、田中久夫氏、さらには筑紫さんがテレビ朝日で『こちらデスク』をやっていた時代からの同志・松中英忠氏らである。

第二部の源流である『情報デスクTODAY』は、元読売新聞記者の秋元秀雄氏と阿川佐和子さん、小島一慶さんらが進行役だった深夜の情報番組で、6年続いていて一定の評価を勝ち得ていた。それが『筑紫哲也NEWS23』スタートにともない、あえなく終了となったのだが、スタッフたちは打ち切りに納得がいかなかったという。この番組の構成をつとめていた和泉二郎氏はこう話す。

「スタッフの半数が『23』第二部にスライドする形で異動したんですが、筑紫さんという人がどんな人なのか、みんな内心不安だった。阿川佐和子さんなんかは『貞女、二夫(にふ)にまみえず』とか言って初めは嫌がっていたんですよね。でも、だんだんとスタッフたちは自由な解放空間としての第二部の制作にのめりこんでいったんです。筑紫さんの魅力は大きかったですね。しなやかな人だった」

井上陽水の『最後のニュース』

さて、第一部のニュース部分のスタッフが煙草の煙にまみれながら、プレハブ小屋でどういうスタイルで番組をつくっていこうかで議論していた時の話に戻る。辻村デスクは喫煙者ではなかったので、あの時の煙の充満していたプレハブ小屋は苦い記憶として今でも残っているという。

非喫煙者は辻村デスクと小暮裕美子の2人だけだった。まずはどういうフォーマットの番組にしていくか。彼らは何とかこれまでにやったことのない新機軸というか、実験を試みようとしていた。

ひとつはお堅いイメージのニュース報道番組に「商業歌手による」(諫山氏の言い方による)主題歌をつくるという試みだった。今でこそ、ニュース番組にテーマソングはつきものだが、当時は報道ニュース番組にそんなことは許されないものとの認識があったのだという。番組の主題歌をもつというアイディアは筑紫さんの強い希望だった。

飯島達男は主題歌担当のひとりだったが、飯島によれば、それを筑紫さんが言い出した時から、もう井上陽水が意中の人として決まっていたようだったという。筑紫さんが諫山氏や飯島らを井上陽水に引き会わせ、陽水が主題歌づくりを快諾した。そして、番組スタッフ全員が、デモテープはまだかまだかと首を長くして待ち続けたが、なかなか届かない。ある日、「デモテープを届けます」という知らせが陽水サイドから入り、第一部のスタッフ全員がいそいそ集合しプレハブ小屋でそれを聴いた。そこでデモテープの音源が流れた。「何これ?」「お経みたい」「全然メロディがないじゃないか」「作り直してもらうか」「でも、もう時間がないぞ」「大体、陽水さんみたいな大物に作り直しなんて一体誰が言いに行くんだい?」……デモテープを聴いたスタッフ全員が戸惑い、ある意味「衝撃」を受けたのだという。この曲こそが井上陽水の名曲『最後のニュース』である。当時の優秀なスタッフたちの「理解」を越えていた(?)名曲だったのだ。その日、筑紫さんは不在だったのだが、後日そのことを聞いて筑紫さんはニヤニヤほくそ笑んでいたそうだ。してやったりと思っていたのだろうか。

そのようにして『最後のニュース』は番組の初代主題歌となったのだが、エンディングでその日のニュース映像をこの曲に合わせて編集して流していくと、何とも言えない感情が湧いてくるようになったのだと当時のスタッフたちは言う。

『筑紫哲也NEWS23』という番組タイトルは、編成から提示された。それまでの時間帯の前番組が『ドラマ23』(23時から始まるドラマ枠という程度の意味)だったので、大した考えもなくそうなったのだという。ただ、筑紫さんはそこに「筑紫哲也」という固有名詞をつけることにこだわった。これは「編集権」を持つニュースキャスターという考え方を裏打ちするものなのだが、それについては別の機会に記す。諫山氏らは野球の2ストライク3ボール、もう後がないという意味の「23」(ツースリー)だとあとでこじつけをしたこともあったという。

問題は出役(でやく)である。これはテレビ業界の独特の用語で僕は大嫌いな言葉だが、画面に露出している人のことを十把ひとからげにしてこういうのだ。メインは筑紫さんだが、サブキャスターが必要だ。第一部の初代は池田裕行、浜尾朱美の2人が担当することになった。浜尾は女優で、TBSのお昼の帯ドラマ『おゆう』のヒロインを演じた女優だった。早稲田を出たインテリ嬢だと編成が強く推した。男の方はオーディションを経て選考された。候補者は4人。池田のほかに日下部正樹(くさかべまさき)(現『報道特集』キャスター)、下村健一(TBSからフリーに転出、民主党政権下での内閣官房審議官)、近藤美矩(当時はTBSアナウンサー)で、最後は池田か日下部か2人に絞られた。諫山氏いわく「日下部君があまりにもぶっきらぼうだった印象があって、池田君になったんじゃなかったかなあ」。念のためだが、日下部はシャイな好人物なのだ。オーディションとはそんな印象しだいで決まっていく要素があるものだ。

ニュース派と番組派の対立

さて、その日のニュース部分の正味は二十数分くらいしかない。筑紫さんの個性を活かす工夫が必要だった。その中でスタッフによって考えだされたのが「ニュースラウンドアップ」だ。その日のニュース項目をコンパクトに20秒前後の短い原稿にして、羅列的に一気に紹介するコーナーだった。そこである程度項目を紹介したうえで、あとはトップニュースや掘り下げの必要なニュースを取り上げていく、そこで筑紫さんに自由に立ち回ってもらおう。当初はそんな目論見だったという。項目数はそれでも10項目前後。そのうちの3〜4項目に筑紫さんが10秒以内の短いコメントを挟んでいくという細かなつくりだった。立ち上げ当時の「ニュースラウンドアップ」のバックに流れていたBGMが今でも僕の耳に残っている。それまでのTBS報道局のニュースにはない手法だった。

ある意味で『筑紫23』のカラーが最も鮮明に表れていたのは「特集コーナー」ではなかったか。後に「シリーズ・乱」や「論」「壊」「幸福論」「このくにのゆくえ」「家族の肖像」など個性豊かな特集が並んだ部分である。特集コーナーの長さは短い時は5分程度、長い時は20分を越える大作もあった。『23』という番組の性格をめぐって、内部でも周囲でも何度も論議されることになる「ニュースvs.マガジン」あるいは「ニュース派vs.番組派」という対立軸がある。TBS報道局の大部屋の主流であるストレートニュース重視の人々は番組やモノづくりという点では、実に「新聞的」な人が多かった。その意味ではこの特集コーナーは、「マガジン」スタイルの番組、番組派の個性を十分に発揮するコーナーでもあったと言える。辻村デスクは言う。

「僕はNHKからTBSに来た人間でね、記者クラブとか全く経験していない。それでTBS報道局に来てずっと違和感のようなものを感じ続けてきたんです。最初の印象からして、TBSの報道の人は何でこんなに偉そうにしてるんだろうと。僕はつくづくモノづくりの現場で生きられてよかったと思う（その後、辻村氏は『世界遺産』の創設プロデューサーとなった）。新聞記者でありながら『こちらデスク』でテレビの面白さ、可能性を知ってしまった筑紫さんも、きっとおんなじ気持ちだったんじゃないかと思う。だから僕は、特集コーナーでは吉﨑君とか谷上君とか、属人的なことだけれど、モノづくりの能力が秀でた人にはどんどん特集をつくらせて、ほかのニュースなんか犠牲にしてもいいな、とさえ思ったこともあったんだよ」

もちろん社内にはこうした考え方に対する根深い反発もあった。それについてもいずれ述べることにしよう。この「ニュースvs.マガジン」「ニュース派vs.番組派」の対立軸の根は今現在に至るまで深く残っているのだ。

出演最多は小泉純一郎

スポーツコーナーはスポーツ局が別班で担当していたが、初代のこのコーナーのキャスターは、元巨人軍のピッチャーでTBSの解説者をしていた小林繁さんがつとめることになった。だがまもなくプライベートな事情から短期で降板することになった。スポーツコーナーと第一部のあいだでは一定の緊張関係が続いていた。それは第一部の時間が「押す」（時間が超過してしまうことの業界用語）と、その分、スポーツの枠が食われて短くなるという事情が大きかった。テレビの枠というのは「ケツカッチン」（これもテレビの業界用語で終わりの時間がかっちりと決まっていること）なので、どうしても第一部のニュース班とスポーツを担当するスポーツ班のあいだには「領土問題」が生じてしまうのだった。僕も『23』第一部のデスク時代に「20秒も押したぞ」とスタジオサブ（副調整室）でスポーツのデスクから罵られたことが何度もあった。今となっては懐かしい思い出だ。

そして、先に触れた「第二部」へと続くのだが、この枠は関西のＭＢＳ（毎日放送）が取っておらず、関西地方では『明石家電視台』など独自の関西発番組を流していたありさまだった。これには本当に担当者たちは苦労したものだった。そして、スポーツから第二部へと移る際も、ＣＭを入れる編成上の都合で、当時はどうしても3分間の、ミニ枠を番組中に抱え込まねばならなかった。それで第二部の和泉二郎氏と木村信哉が考え出したのが、街録（街頭でのランダム・インタビュー）だけで構成する「異論・反論・オブジェクション！」のコーナーだった。これが実に新鮮だった。街の声を次々に拾い上げていく。それこそ様々な声を拾い上げる。視聴者からも大きな反響を呼んだ。このコーナーは後に5分枠へと拡大されていくのだが、不自由な編成枠が生んだ副産物というのが実情だった。のちに「オブジェクションの女王」などと身内で言われた当時のＡＤ杉山麗美（現ネクサス・チーフプロデューサー）らが活躍した。

第二部は筑紫さんのいう「マガジン」スタイルをテレビ流に自在に表現したいわば「解放空間」だった。この枠では「時の人」の生出演や、カルチュアもの、硬派のドキュメンタリー、政治家たちの放談、大ニュースが起きた時などは第一部と連動して大特集などを組んで入れたりした。ちなみに、長年『23』の庶務デスクを担当している吉田（旧姓・棟方）美穂さんが調べたところ、第二部の出演最多記録の保持者は小泉純一郎氏（元首相）だった。

僕自身もこの第二部には思い入れがある。それはモスクワ特派員時代に「世紀末モスクワを行く」という連続特派員レポートを放送した枠でもあったからだ。ちなみに僕自身は、この『筑紫23』立ち上げの時期は、前番組の『ニュースデスク』（月—金22時から　１９８８〜89年）を終えて、モスクワへと赴任するため外信部に籍を移し、ロシア語を必死に勉強していた時期でもあった。時代は、まさに冷戦の終結のまっただなかであり、日本では昭和から平成へ移り変わった激動の時代だった。つまり『筑紫哲也ＮＥＷＳ23』は時代の激動の波のさなかというタイムリーな状況下で産声をあげることになったのである。

残された自筆のメモ

さて、今、僕の手元に小さな2枚のメモ書きがある。『23』が立ち上がった初期に、筑紫さんが自筆でスタッフに向けて書き残していた番組に関するメモだ。筑紫さんは自称「会議嫌い」だったが、肝心なところでは自分の考えをスタッフに伝えていた。週1回の第一部の企画会議にも第二部の会議にも「会議嫌い」の割には顔を出していた。ただし冗長な「議論のための議論」は

MEMO from 

Tetsuya CHIKUSHI

TBS・NEWS・23 03(224)2716

To:(1)全体像 date

① 番組の個性が出ているか(→⑪
② "徹底追及"といえるのか
③ 新[illegible]マガジンの内容
④ 昼、夕方NEWSでやったもの(スクープを除く)はやらないとしたら……
⑤ 三部の"整合性""統一性"は?
⑥ "make up"デスク(番組デスク)は?
⑦ 私自身・[illegible]・池田のあり方は?(→⑫
(キャスター編集長って何?[illegible])
⑧ "3ヵ月計画"で~何を目指す?
⑨ スタジオの可動体制は?
⑩ "ほかの人(内外)"の巻き込み方は?
⑪ ギチギチつめこみと"遊び"との関係
⑫ Myself.

MEMO from

Tetsuya CHIKUSHI

TBS・NEWS・23 03(224)2716

To:(2)番組作り date

① 特派員エッセイ
② check23の混合体制は?
③ 担当者への具体策?
④ オフのスポーツの作り
⑤ "ボツ"とラウンドアップとの相関
(1個入れ、[illegible])
⑥ スタジオ・セット
⑦ [illegible]・池田の左右配置
⑧ "立ち"をどうするか
⑨ スタイリストの内容
⑩ 音楽の入れ方(23~24時台)
⑪ 社内対応―"巻き込み"
⑫ 前半・後半(ニュース・ステーションとの[illegible])

1989年秋、番組創始期に筑紫さんが作っていた手書きのメモ好まなかった。18年半にわたって放送された『筑紫哲也NEWS23』に最初から最後までスタッフとして関わり続けた人が実は3人だけいる。ひとりは先にも触れた構成作家の和泉二郎氏である。次に、柳志津男氏（ナレーター）、そしてもうひとりは、最初はADとして参加した細川茂樹だ。

彼が『23』AD駆け出し時代に持っていたノート（89年の秋のもの）が何と残っていた。そのなかに筑紫さんのメモが貼り付けられていたのだ。1枚目は「全体像」とあり、①番組の個性が出ているか、から始まって、③新聞対マガジンの問題　⑤三部の〝整合性〟〝統一性〟は？　⑩〝時の人〟（内外）の巻き込み方は？　など12項目。2枚目が「番組作り」についてで、①特派員エッセイ　⑥スタジオ・セット　⑦浜尾・池田の左右配置　⑨スタイリストの問題　⑩音楽の入れ方　⑪社内対応―〝思い込み人〟　⑫前半―後半（ニュースステーション対応）など12項目が列記されている。

何という「テレビ人間」であったことだろう。「要は、何でもありということ」をモットーに、実験精神に溢れ、テレビの可能性を信じていたことがこんなメモからひしひしと伝わってくる。

1989年10月2日の『筑紫哲也NEWS23』第1回のオープニングは、暗いスタジオの中央に筑紫さんが立ち、「照明をあげてください！」との筑紫さんの掛け声とともにスタジオが明転、スタッフ全員が筑紫さんとともに全員立ちならび「さあ、はじめましょう！」でスタートするという斬新な演出がとられた。この演出の発案をしたのは、筑紫さん本人であることをあまり人は知らない。その初回のゲストはこれも筑紫さんの強い希望でビートたけしだったのだが、それがまさに波乱の幕開けとなることも、もちろん誰も予期できなかった。

追記——この章の末尾の「波乱の幕開け」の意味するところを、ここで少しだけ補っておきたい。『筑紫哲也NEWS23』初回では、いわゆる特集リポートとして、筑紫キャスターが、麻薬「供給」国コロンビアに入って取材した現地リポートが準備されて放送された。それを受けてスタジオで、初回ゲストのビートたけしと筑紫さんの生トークが展開された。麻薬の供給先であるアメリカについて話が及んだ時に、筑紫さんが差別問題に抵触する言葉を口にしたことで、強い抗議を視聴者から受けたことを指している。筑紫さんは、この後、問題解決のために長い年月をかけて、抗議をしてきた人々との話し合いにのぞんだ。筑紫さんの著書『ニュースキャスター』の第一章「番組誕生」は、このエピソードから書き始められている。

第3章　君臨すれども統治せず(ただし例外あり)

──危機に示される「指揮権」について

記者人生から生まれたモットー

「君臨すれども統治せず」「何でもあり」「拒否権なし」といった一種のスローガンのような言葉は、筑紫さんが『23』の定例会議でよく口にしていたモットーだ。

このうち「君臨すれども……」については、筑紫さんが30年間在籍した朝日新聞社での政治部・外報部記者時代の経験や『朝日ジャーナル』編集長時代を通じて培われた人生哲学のようなものだったのかもしれない。いや、それ以前の筑紫さん自身の性格から導き出された生き方そのものだったのかもしれないが、真実は本人のみぞ知る。言葉面だけで解釈すれば、「君臨すれども……」は、組織力学においては、強いリーダーからのトップダウンで全体が動いていく方式ではなく、現場に近い下からのボトムアップで動くスタイルである。

筑紫さんの朝日新聞政治部記者時代には、「官邸・政党にあらずんば政治記者に非ず」(つまり、首相官邸か政党をカバーしていないような奴は政治記者としては到底認められない)という気風が強く、政治部では「三浦タコ部屋」といわれていたように、故・三浦甲子二(きねじ)氏が絶対的なボスとして支配力をふるっていたという。そのなかでまだ若輩の筑紫さんは「反主流派」だったそうだ。「タコ部屋」に頻繁に出入りして、君臨する人に擦り寄る器用なタイプとはちょっと違っていた（当時の政治部の先輩、中島清成氏にお会いしてうかがった談による）。

『朝日ジャーナル』編集長時代も、編集業務の多くを下に任せて本人は行方不明というようなことがよくあったそうだ。編集長が、である。遊牧民タイプというか地中海型というか、とにかく定住農耕民型ではない人だったことは間違いない。ジャーナリストなんだから当然そうあるべきなのだが、ところが近年はパソコンの前に座って梃子でも動かないタイプのハイブリッドも出現している。

まあ、当時も今も、テレビ報道は新聞以上にチームワークで行われる部分が多い。そのなかで、上から号令をかけるよりは現場の判断に多くを任せるスタイルの方が、今時流行のコンプライアンスでガチガチに現場を縛るよりも、結果としていいものが生まれると直感していたのか。あるいは、大人数で動くテレビ集団の「統治」までやらされたのでは、自分の好きなことができないじゃないか、とすでに悟っていたのかどうか。こういう問いを発する作業自体を、筑紫さんなら「だからマジメ人間は困るんだよな」と笑い飛ばしただろう。

「報道」と「経営」のはざまで

テレビの世界でも新聞の世界でも、「報道」と「経営」の距離はきわめてセンシティブな関係にある。「経営」の論理は、私企業の場合は、利潤追求がまず最優先され、ＮＨＫなどの公的企業体の場合でも、組織の維持・生存がまず考慮される。一方の「報道」の論理は、公共的な利益に仕える＝国民の知る権利に資するために、時には自分の属する組織にその刃が向くことさえある。うーん、抽象的な物言いでは伝わりにくいかもしれないので、もう少し具体的に記す。

『筑紫哲也ＮＥＷＳ23』に僕自身が関わったなかで、この「経営」と「報道」の論理が激しく衝突したことが何度かあった。たとえば１９９６年のＴＢＳ・オウム事件の時がそうであり、２００５年に楽天がＴＢＳの株式を大量取得して経営統合を申し入れた敵対的企業買収事件の際の自社報道もそのケースだった。それらについては後日触れたいと思うが、それ以外にもあまり世の中には知られていない「経営」と「報道」の論理が火花を散らしたケースがあった。そのたびに、時の経営陣と番組の顔であるキャスターとの関係が緊張した。キャスター本人はそういう生臭いことをあまり語りたがらないものだ。なぜならば、そこではあまりに人間くさいドラマが赤裸々に展開されるからだ。経営陣とキャスターとのケミストリー（いわゆる相性の問題）という語りにくい点だってもちろんある。

『筑紫哲也ＮＥＷＳ23』が始まってまだ2年が過ぎていない１９９１年7月のことだ。当時、日本はバブル経済が崩壊した直後で、経済界は大変な混乱に見舞われていた。バブルに浮かれていた金融業界（証券会社や銀行）の不祥事が次々に明るみに出て、企業の倫理が問われるような事件・醜聞が相次いだ。大手証券会社の損失補塡事件もそのような文脈の中で明るみになった事件だった。この年の6月にまず、最大手の野村證券の大口顧客への損失補塡と暴力団関係者との多額の取引が発覚した。その後、４大証券会社も同様の大口顧客への損失補塡を行っていたことが

番組スタート間もない
時期のスタジオ。
熱気に満ちている

わかった。バブル経済の牽引役とみなされた証券業界が社会的な非難を一身に浴びるような事態に発展、リーダー企業の野村證券の会長と副会長は辞任した。まさか、この証券会社の一大スキャンダルにＴＢＳが直撃されるとはこの時はほとんど誰も考えていなかった。ＴＢＳの田中和泉社長（当時）も含めて……。だが7月29日に、日本経済新聞がスクープした大手証券会社の損失補塡先リストのなかに何とＴＢＳが含まれていたのである。

この当時『筑紫23』はようやく軌道に乗り始めて、久米宏さんの『ニュースステーション』（テレビ朝日）と競い合える地位に定着しつつあった。そんななかで、『筑紫23』はすでに「日本が危ない」と銘打った特集シリーズを放送するなど、今から考えると実に先駆的なことだったのだが、バブルに浮かれる日本のありように対して〈警告〉を発するような特集を放送していた。この企画は筑紫さん本人からの提案だったという（当時の辻村國弘デスクの証言による）。僕のかすかな記憶では、バブルの絶頂期を象徴する東京・芝浦のディスコ（当時はまだクラブというような言い方はされてなかった）・ジュリアナ東京のお立ち台にまで、筑紫さん本人が上がって「現場取材」に行っていたことを覚えている。

ジャーナリストには2つのタイプがいる。時代と「添い寝」する型と、そうではない反俗的な姿勢を貫くタイプ。筑紫さんはどちらかというと「添い寝」型だった。だからこそ、バブルがはじけた後、企業や日本が浸っていた「空気」に向ける批判は、バブルの実態を体で知っているだけに、より根源的＝ラディカルにならざるを得なかったのではないか。筑紫さんがお立ち台に上がったのは、バブル崩壊後の荒涼としたなかでのことだったと思う。

ちなみに、この当時僕はモスクワ特派員として、ソビエト連邦の最末期、保守派と軍によるクーデター事件の前夜のモスクワで生活していた。バブルがはじけて、東京ではとんでもないことになっているとの情報は一応入ってきてはいた。ＴＢＳはまだ旧局舎だったが、節電のためエレベーターの半分を運転休止にしているとの話も伝わってきた。だが、モスクワのアパートのエレベーターは旧ソ連の１９６０年代の代物で、ジャバラ式の鉄製ドアを手で開閉する型のものだった。節電とか言う以前の、動くかどうかの問題だった。正直に言えば僕は、日本のバブル崩壊をリアルタイムでは体感しておらず、何だか別世界のことのように思えたのだ。僕の前のモスクワの光景は、「バブルの崩壊」どころか、「国家の崩壊」前夜の状態で、切実さの次元が違うのだった。

1回目の「最大の危機」

さて、話が少しばかり脱線してしまったが、この頃『筑紫23』のプロデューサーには笠井青年（かさいせいねん）氏が就任したばかりだった。諫山修（いさやまおさむ）氏、市村元（いちむらはじめ）氏に続く3代目の制作プロデューサーである。笠井氏は僕が入社した時、社会部（当時はまだ社会班と呼ばれていた）の大先輩で、その後のロッキード裁判の記者リポートは民放のなかでも抜きん出た評価を得ていた。「報道のＴＢＳ」の伝統の継承者のひとりで、筋を通すタイプの人だ。それまでの『報道特集』プロデューサーから久しぶりに報道の大部屋に戻り、看板番組のプロデューサーという重責を担うとあって、大いにやりがいを感じていたところだった。そんななか突然、笠井氏はその日を迎えたのだった。

国民注視の損失補塡先リストにＴＢＳが含まれていたのだ。野村、日興証券から計6億5000万円の補塡を受けていた。中小企業や一般株主にはない大企業優遇の一種の「裏契約」であり、犯罪ではないが法的に問題があるばかりか、倫理的、社会的な批判の対象となるケースであることは明らかだった。何よりもＴＢＳ自身が、バブル期の証券会社や銀行の不透明な商行為を鋭く批判していたのだった。

当時の状況を知りたいと思い、僕は大先輩の笠井氏と久しぶりに会って話を聞こうと早速電話を入れた。「今、足を痛めていてね、リハビリで病院に通ってるんだけれど、あさっての午後ならいいよ」。

ジャーナリストの嶌信彦（しまのぶひこ）氏は、生前の筑紫さんにこの日のことを直接取材している。

「損失補塡問題は、番組にとっても、僕にとっても、過去のなかで最大の危機だったと思いますね。僕は番組のスタート時から〝君臨すれども統治せず〟の方針も貫いてきたけど、あのときだけは番組の姿勢について〝指揮権〟を発動しようと思いました」。

——『ニュースキャスターたちの24時間』１９９９年　講談社＋α文庫

引用したのは筑紫さんの言葉だ。実は「最大の危機」はこの時ばかりではなかったのだが、筑紫さんにとっては第1回目の「最大の危機」となったことは間違いない。

同書には大揺れに揺れた当時のＴＢＳ内部のエピソードがいくつか記されているが、僕が個人的に一番興味を抱いたのは、損失補塡先リストにＴＢＳが載っていることを知った筑紫さんが、その日の午前ただちに出社して、まず最初に志甫溥常務（当時）と面会して話をしたことだ。突発の災害や事故などを除いて、筑紫さんが自らの意思で午前中に会社に来ることはめったにない。深夜の放送が終わって反省会のあと帰宅し就寝するのは午前3時以降になる。志甫氏は筑紫さんにとっては政治部記者時代からの長いつき合いがあったばかりか、ＴＢＳに「移籍」するにあたって秘かに尽力してくれた信頼できる一人でもあった。

志甫常務から聞かされた会社の状況は深刻だった。夏休みに入って軽井沢に滞在していた田中社長は、この緊急事態においても帰京する意思がないことがわかった。その後、筑紫さんは報道の大部屋に降りて行って次のように話したのだという。

「僕は、ＴＢＳの人たちが今考えている以上に、状況は深刻で大変なことと認識しているけど、もっと危険なのは、わが番組のほうだと思う。この問題にきちんと対応できなければ、今後、どんなもっともらしいことを言ったって、見る人は信用してくれないだろう。とにかく、こんなことはいいことではないと、はっきりしているんだから、そのことは番組できちんと言いたいと思う。この点は、社の方針が多少決まっていなくても、私はこのスタンスでいきますからね」筑紫にとっては、番組と同時に自らのジャーナリストの存在価値にかかわる問題でもあった。（中略）ＴＢＳトップには、違法ではないし、多くの大企業がやっていることではないかという思いもあってか、当初は態度が煮え切らなかった。しかし、筑紫は、組織としてはっきりとした結論をまだ導き出していないTBSに対し、「ニュース23」に関しては〝見切り発車〟で発進することを宣言したのである。

——前掲書

会社上層部からの圧力

さて、約束の笠井氏との面会の時間がやってきた。小田急線参宮橋駅で待ち合わせ、近くの喫茶店で話をする。お互いが年齢を重ねたはずだが、なぜかあまり変わっていない印象だ。

「笠井さん、もう大昔の話だから記憶が不正確になってるかもしれないですけど、それに人間ってほら、いやな思い出から忘れて、いい記憶は残るっていうでしょう」

「馬鹿言うな。俺はいやな記憶はそう簡単には忘れないぞ」

変わってないなあ。安心して当時の話を聞いた。笠井氏によれば、その日、通常の番組打ち合わせが始まる午後1時（当日のデスクと筑紫さんの電話による打ち合わせが多い）には、筑紫さんがジーパン姿でのしのしと歩いて職場にやってきたのだという。ものすごい気迫のようなものを感じたという。笠井氏はこう語る。

「TBSっていう局はね、社風というかどこか自虐的なところがあるんだよね。必ず自分の番組で進んで叩く。筑紫さんにしてみれば、自分とそれから番組を防御するための行動だったんだけれど、うまくいかなかったら、TBSの番組キャスターを辞めても構わないというくらいの自負、気持ちがあった。『23』のスタッフにも、自分も含めて筑紫さんの考えに対する異論はなかったね」

笠井氏によれば、当時の会社上層部からは有形無形のプレッシャーがあったという。ある役員は直接職場にやってきて「おい笠井、TBSはリストにある二百数十社のうちの1社なんだからな。そういう扱いを忘れるなよ」と言って立ち去った。また当時の報道局長も「放送の前にできている原稿をちょっとみせろ」と言ってきたのだが、毎度の常で、原稿は放送直前にならないとなかなかでき上がってこない。それに筑紫さんのコメント部分はスタジオでアドリブで伝えることもあったので、とうとうみせず仕舞いだったという。その日にはまだTBSの会社としての見解がまとまっておらず、会社側の見解を広報部に求めたところ、豊原隆太郎広報部長（当時）は「広報部は社内に対してコメントする立場にはないよ」と断られたという。それで前述の志甫常務がカメラの前でコメントを読み上げた。それを『23』は放送した。

損失補塡事件を全編で特集

テレビ局のニュース番組には「Qシート」と「進行表」というものがある。「Qシート」は番組を放送するための技術情報を表示したペーパー、「進行表」はどんなニュースをどんな順番で放送するかのいわゆるメニュー＝献立表のようなペーパーである。1991年当時の第一部の進行表は、まだ鉛筆による手書きだった。7月29日の「進行表」が第一部第二部ともに残っていた。僕はそれをみて、当時の『筑紫23』の覚悟のようなものがひしひしと心に浸み込んでくるのを感じた。当時に比べ、何と僕らはいま臆病になり従順になり戦略をもたなくなっていることか。

▼7月29日（月）の第一部進行表。担当デスク：辻村國弘。第1項目：損失補塡リスト公表。A．筑紫総合リード　B．証券業協会会見と本記　C．4大証券会見（音）　D．リストを項目別に整理　E．TBSも補塡先に　F．リスト一覧　G．各企業の反応　H．損失補塡の方法は　I．今後の課題。佐高さん／鈴田さん　J．筑紫コメント

何とCMを2本はさんで18分30秒放送している！　スタジオ・ゲストは経済評論家の佐高信氏、鈴田敦之氏。そして、第2項目：ニュースラウンドアップ　5分20秒。以上で第一部は終わり。何と損失補塡リスト公表のニュース以外は全部、項目ニュース扱いになっているではないか。担当したディレクターの苗字が鉛筆で記されている。第1項目。横田、吉崎、藤原（清）、谷口、中山、西本、播摩。ニュースラウンドアップ。千葉。

▼第二部の進行表。本日のテーマ：〈緊急検証〉TBSも補塡されていた！　リスト公表をめぐって　ゲスト：森本哲郎　佐高信　嶌信彦（何と、嶌さんは当日『23』に生出演していた！）「異論・反論・オブジェクション！」のテーマ：TBSもあった！　補塡先リスト公表をめぐるオブジェクション！

第二部本編もこれが全編、これでもか！　というほど、自局を鞭打っている。

正直、今回、僕はこの「進行表」の実物をみて、その当時の熱気というか、怒り、エネルギーのようなものを体感し、身の引き締まる思いがしたことを告白しなければならない。

冒頭挨拶で示された精神

喫茶店で笠井氏が、「このときに一度だけ取材を受けて、それがこの本に出ているよ」と言って貸してくれた本がある。大下英治氏の『報道戦争　ニュース・キャスターたちの闘い』（1995年　講談社）である。笠井氏の当時の話に基づいて〈「ニュース23」の一番長い日〉という章にこの損失補塡事件のことが当てられていた。僕が一番興味を引かれたのは、筑紫さんが当時の番組スタッフとの間で交わした言葉のやりとりだった。

> デスクのところまで来るや、筑紫はみなに向かってはっきりといった。「おい、この問題はぼくらの番組の生命に関係するから、みんなでどうやるか考えようや」（中略）若いスタッフは、ひどく興奮していた。その中のひとりが、いった。「とにかく、逃げないできちっとやりましょう」筑紫は、そのスタッフを見据えるようにしていった。「いや、きちっとじゃ駄目だ」笠井は、どきりとした。（中略）「この問題はいいかげんにあつかったら、視聴者の信用を全面的に失ってしまう。きちっとじゃなく、徹底的に、この問題にこだわろう」
>
> ――前掲書　傍点は引用者

僕には誰が言った言葉なのか手に取るようにわかる。危機を迎えると、人間というのは正体がみえる。

ただ、この本にも書かれておらず、筑紫さんも語らなかったことを少しだけ記しておこう。証券会社から損失補塡についての打診が向けられたのは、実はテレビ局ではＴＢＳだけではなかった。テレビ朝日に対しても同様の打診があったのだが、当時の財務部長が「うちは報道機関でもあるので……」と言って申し出を断ったのだという。

それに対して、当時、ＴＢＳ社長の職にあった田中和泉氏は、経理畑一筋の人物で、大変残念なことだが、報道機関としてのＴＢＳと民間企業の経営との間に横たわる実に厄介な問題を熟慮することがほとんどなかったのではないか。僕自身はモスクワの地にいて、東京で進行している事態を考える余裕もないほど、ソ連が崩壊していくプロセスを追うことに熱中していたのだが、さすがに、社長が社員集会で報道局員らに追及されてもまともな答弁をできなかったという情報や、組織としてのＴＢＳ社内で起きつつあったさまざまな不穏な動きに、遠いモスクワの地から、ある時はエールを送り、ある時は歯軋りして悔しがっていたりしたものだった。

「君臨すれども統治せず」のスタイルが「君臨しているからには、ここで統治しなければ意味がない存在になる」と例外的な動きをしたケースは、実はこの例ひとつではない。

7月29日の『筑紫23』の番組冒頭の挨拶を今回の末尾に記すのは、この問題に限らず、放送局を取り巻くさまざまな問題に向き合うときのひとつのフェアな手本が示されていると思うからだ。特定秘密保護法やNHK会長の失言といった最近の問題とてこの挨拶に示された精神と無縁ではない。

こんばんは、筑紫哲也です。という出だしでこの番組を2年近くやってまいりましたが、今日ほど気が重い日はありません。今日、大手証券会社が損失補塡をしておりました企業228と、個人3人のリストが公表されました。我々が聞いたことのある大変有名な企業から聞いたことのない会社まで、あるいは大企業から先生方や警察の共済組合まで、日本経済がいかにバブルにつかっていたかという縮図のようなリストでした。このリストの公表は、当局側、あるいは会社側は渋っていたのですが、ここまできたのは、世論の力、あるいは報道機関の力が大きかったと思います。その一角にわたしどももいたのですから、これはいいニュースです。ところが、悪いニュースは、このリストの中に、TBS、東京放送が入っていました。228分の1、テレビ局も会社であり、企業であるのだからという理論は、私は通らないと思います。報道機関というのは、特別に金儲けのためにできた会社ではないし、視聴者の信頼をなくしては成り立たない企業です。局側としては、これによって報道の姿勢はいささかも変わらないとしています。この局の見解を離れて、私は変わらざるを得ないと思っています。この証券スキャンダルというのは、わからないことがたくさんあります。その究明に、これまで以上の力を尽くさざるを得ない。それがせめてもの償いではないかと、私は思います。

第4章 たたかう君の歌をたたかわない奴らが笑うだろう

——原発と権力と報道をめぐる体をはった先駆的警告

役員室での直談判

予想に反して各所から反応が返ってきた。嬉しい。多くは事実関係の細かな訂正だったり、周知の事実だと思って記したことがらが実はあまり知られていなくて「初めてそんなことがあったと知りました」との声が寄せられたりと、さまざまだ。その中で、TBS損失補塡事件に際しての『筑紫哲也NEWS23』の報道ぶりについて、さらに興味深い指摘をしてくださった人がいたので書きとめておきたい。

前章で記した通り、あの日（1991年7月29日）、つまり日本経済新聞が損失補塡先リストを朝刊ですっぱ抜いた日に、滅多にないことなのだが、筑紫さんは午前中にTBSに出社して、まず最初に会ったのが志甫溥（しほひろし）常務（当時）だった。リストにTBSの名があったからである。筑紫さんはそこで会社の事情を聞き、そのまま職場に降りて番組スタッフを前に「この問題は僕らの番組の生命に関係する。いい加減に扱ったら、視聴者の信用を全面的に失ってしまう。徹底的にこの問題にこだわろう」と宣言、その日の『筑紫23』で全面展開したことを記した。筑紫さんのモットー〈君臨すれども統治せず〉の例外として。ところが志甫氏にお会いして話をきくと、筑紫さんはその日、実はもっと突っ込んだ話をしてきたのだという。筑紫さんがジーパン姿でいきなり志甫常務の役員室に入ってきたのは午前11時過ぎ。

「志甫さん、これ大変なことになるよ。社長が夏休み先の軽井沢から戻って来ないのなら、あなたがテレビに出て謝った方がいいんじゃないかな」

筑紫さんは志甫さんにそう迫ったのだという。志甫常務は当惑した。

「そんなことを僕がしちゃっていいのかなという思いが正直あったんだけれど、筑紫君の勢いに気圧（けお）された面もあったかなあ。でも、確実なことは、筑紫君がそう言ってこなかったら絶対にしなかったと思うね」

当時の突然の面談を振り返りながら志甫氏はそう話す。志甫氏は、その日の午後、『筑紫23』のスタッフ・横田和人の求めに応じて役員応接室でカメラの前で事実関係を説明した。補塡を事実として認めることが一番大きかった。

だがそれ以上に微妙なニュアンスがそこに含まれていた。メディア企業として「遺憾の意」をどこまで表明するかという問題だ。

テレビとはある意味で実に正直なメディアである。志甫氏の口からは「遺憾」という言葉はただの一回も発せられなかったのだが、みていた視聴者は一様に「ＴＢＳは申し訳ないと思っている」と受け取ったのだ。

「テレビをみた知り合いから電話がかかってきてね、『君は随分と謝っていたねえ』と言われた。僕がしょぼくれた顔で出ていたからかなあ。でも、これは本当に、筑紫君が、その時の、またそれ以降のＴＢＳを救ってくれたんだよ」
志甫氏は笑みを浮かべながらそう述懐する。

「編集権」が「経営権」にまさった瞬間

横田は僕のＴＢＳ入社同期で、ともに『筑紫23』で同じ釜の飯を食った間柄でもある。時折は反目した時もあったが、今では『筑紫23』の黄金時代を築いたスタッフの一人だなと思っている。

当日は、夕方の『ニュースの森』までは、ＴＢＳ損失補塡関係のニュースは、会社側が用意した「公式見解」を短く流すだけの扱いだったのが、『筑紫23』ではがらりと変わった。横田によれば、その日の午後、志甫氏に電話を入れ「逃げていたら番組が続けられなくなります」と取材に応じるよう直訴したという。横田は当夜の放送直後、『ニュースの森』プロデューサーから『23』は好き勝手やりやがって」とひどく睨まれたことを覚えている。その後、ＴＢＳ社内ではいくつかの内部抗争や不穏な動きがあり、結果的に約２ヵ月後に田中和泉社長が退任することになったのだが、そういう生臭い話は本書とは関係がないので割愛する。『半沢直樹』よりもずっと奇想天外だけれど。

ただ、確認しておきたいのは、自社が絡んだ損失補塡事件の際の報道のありようをめぐって、「経営」の論理と「報道」の論理がぶつかり合って混乱をきたした時に、少なくとも「報道」の論理が貫かれたことで、メディア企業としてのＴＢＳが生き残ったのかもしれないということだ。そしてそれを先導したのが、ＴＢＳの社員ではない、他ならぬ筑紫哲也という外から来たキャスターだったという事実である。筑紫さんには「編集権」が認められていた。とても抽象的な言い方になるが、つまり報道機関としての「編集権」が、企業の「経営権」にまさった瞬間があったという事実でもある。

マスメディア＝報道機関の「編集権」とは実に大きなテーマだ。このことを研究し続けて終わっていくメディア学者もいるくらいだ。筑紫さんが『23』のキャスターを引き受けるにあたってこだわったのは、実にこの「編集権」だった。だからこそ、ニュース番組名に自分の名前を冠することでは決して譲らず、「キャスター編集長」という言われ方を好んだ。なぜか。そこにこそ大きなポイントがある。このことはいずれ「ニュースキャスター論」の回で再度触れようと思うが今は先を急ぐ。

クロンカイトとハルバースタム

僕は筑紫さんのこだわりの原像をウォルター・クロンカイトにみている。筑紫さんがクロンカイトを意識して「編集権」にこだわったのはおそらく間違いのないことだ。

クロンカイトは19年間、米ＣＢＳテレビの『イブニング・ニュース』のアンカー（日本流でいうニュースキャスター）を務めた人物で、大統領をもしのぐ「アメリカの良心」とまで称された。もともとは新聞記者で、その後ＵＰ通信からＣＢＳテレビに転出したが（あのエド・マローの誘いに乗ったのだ)、彼はアンカーに就任してからも「編集権」を確保していた。つまり、何が伝えるべきニュースで、どのように報じるかを決める権限を与えられていた。

筑紫さんのワシントン特派員時代(1971〜74年)の最大の出来事は言うまでもなくウォーターゲート事件だったのだが、この事件報道の主役、ワシントン・ポスト紙のボブ・ウッドワードらの調査報道を、異なるメディアから援護する大きな役割を果たしていたのが、実は『CBSイブニング・ニュース』だった。3大ネットワークのなかで最もワシントン・ポストの報道をフォローし(CBSの当時のホワイトハウス担当は、クロンカイトの後任アンカーとなるダン・ラザーだった)、この事件を連日のように全国ニュースとして報道していた。

その事実を僕自身はあまり意識していなかったのだが、たまたま僕がニューヨークに駐在していた時にクロンカイトが亡くなり(2009年7月17日)、クロンカイトの業績を詳しく調べていく過程でそのことを実感として認識した。おそらく筑紫さんも特派員時代、連日ワシントンでCBSテレビから流れるその放送をみていただろう。

筑紫さん自身も翻訳に関わったアメリカの傑出したジャーナリスト、デイビッド・ハルバースタムの著書『メディアの権力』("The Powers That Be" 邦訳1983年 サイマル出版会)にもそのあたりが詳述されていた。ウォーターゲート事件の結末として当時のニクソン大統領が辞任表明演説を行ったくだりの一部を同書から引用しておこう。

事実、CBSの動きは、ウォーターゲート報道で伝えられるニュースの一部となり、CB

Sは、マスコミと大統領の闘いの当事者になっていた。それだけに、ニクソンが辞意を表明した日の夜、ウォーターゲート事件に関心をもっていた人たちの大部分は、CBSテレビを見ている。三大テレビのなかで、CBSが、大統領に対決する姿勢を最も強く打ち出していたため、この劇的な結末を、CBSがどう報道するかに、関心が集まった。

――ハルバースタム『メディアの権力』邦訳 第3巻

もっともハルバースタムは、この文の後、辛辣かつ徹底的にCBSの報道ぶりのダメさ加減をこきおろしているのだが……。

この本はとにかく面白くて、今読んでも何とも刺激的だ。アメリカのニュー・ジャーナリズムの真骨頂だと思う。ちなみに『筑紫23』の番組の最後に筑紫さんが「今日はこんなところです」と挨拶していたのは、クロンカイトが『イブニング・ニュース』の最後の締めに発していた言葉"And That's the way it is."の直訳である。

エネ庁の「タイアップ広告」事件

杉崎一雄という人がいる。僕が入社した時は社会部（当時はニュース部社会班）の内勤で一番年齢が近い先輩だった。

好況期、TBSは人事政策のミスで、ある期間に社員を採用していなかったことがあり、人材に隙間があいた時期があった。杉崎氏は1969年入社だから僕より8歳ほど年長だ。この69年組というのが癖の強い（ごめんなさい！）人々の集まりで、人数も多く、いわゆる「団塊世代」の中核だった。TBSの石原俊爾氏（執筆当時の社長）や平本和生氏（執筆当時のBS―TBS社長）、当時TBSにいた田中良紹氏（政治ジャーナリスト）らも同期で、この世代の特徴なのだが、非常に競争意識が強くて互いにしのぎを削っていた。彼らが大学を卒業した年の1月には東大安田講堂が占拠され入試が中止になった。「熱い時代」を経てきたはずの人たちだ。

　そんななかで、杉崎氏はとにかくニュースに対しては最もホットに反応する熱血漢で、容貌も含めて「タコ社長」との愛称で慕われていた人だ。『筑紫23』創設時のデスクの一人であり、その後、笠井青年氏の後任として『筑紫23』の4代目プロデューサーに就任した。その「タコ社長」と久しぶりに会って話をした。

　もっと早く会って話を聞いておけばよかったと後悔した。どの話も興味が尽きなかったのだが、杉崎「タコ社長」から聞いた話のなかで、これまで記してきた「編集権」との絡みで是非とも書きとめておきたいことがある。

　1993年4月6日の朝日新聞朝刊に、今から考えれば非常に興味深い記事が掲載された。通産省資源エネルギー庁（当時）が「プルトニウム利用は安全で必要」とPRするための広告を「記事」の形で掲載するよう全国紙5紙（朝日、読売、毎日、日経、産経）に依頼し、読売、産経、毎日がこれを受け入れて紙面1ページの相当部分を使って掲載したが、朝日と日経は掲載を見合わせたという内容だ。

　掲載された「広告」は、座談会やインタビュー記事の体裁をとっていたが、広告主としての資源エネルギー庁の名前はどこにも明示されていない。当時は、日本の動燃（現在の日本原子力研究開発機構）がフランスからプルトニウムを船で搬送する計画を実行中で、反核団体ばかりか、航路にあたるいくつかの国も反対声明を出すなど国際的な反対の声が高まっていた。あかつき丸が茨城県の東海港に入港したのは１９９３年の１月のことである。資源エネルギー庁の広告掲載依頼は、こうした「反プルトニウム世論」を押さえる意図がうかがえるものだったと言われても仕方がない。

朝日の記事では、日本新聞協会の基準で、編集記事と紛らわしい体裁・表現で広告であることが不明確なものや、責任の所在のはっきりしない広告は掲載しない、と規定していることを指摘していた。つまり読者からしてみれば、記事だか広告だかわけのわからないものが掲載されていた事実が、「紙面倫理」や「編集権」とのかかわりで問題ではないか、という趣旨の記事なのだが、３社分の広告費計５５００万円が新聞社側に支払われていたことは厳然たる事実だった。

局長との対立と「奇手」

この記事に筑紫さんが反応した。これは実に面白い記事だ、今日の『23』で扱おう、と。つまり筑紫さんは「編集権」を行使したのである。

当日のデスク（辻村國弘氏）との打ち合わせの結果「広告か、記事か？　プルトニウム公共広告の波紋」というタイトルで7分サイズのニュースを出そうとした。少なくとも第1版進行表の段階ではそうなっていた。ところが、そこで久木保報道局長（当時）からストップがかかった。杉崎氏はこの時、プロデューサー（ラインの『NEWS23』部長）だった。杉崎氏によれば、局長は当時の毎日新聞のトップと話をした結果、毎日側から「ご勘弁願いたい」と懇願され、局長からプロデューサーに「杉崎、今日はこれ、なしな」と伝えられたのだという。つまり、ニュースとして扱うのを見送れという指示だった。これも「編集権」の行使ではあったろう。

これに筑紫さんは猛然と反発した。ここで、「筑紫・スタッフ」vs.「局長・プロデューサー」という構図が出来てしまった。局長は「編集権はこっちにある。『多事争論』（92年10月から始まったTVコラムのコーナー）で処理すればいいじゃないか」と主張した。筑紫さんは「頭でやる」（トップニュースで扱う）と言ってひかない。

放送本番のスタートは23時からである。22時30分まで双方がひかなかった。筑紫さんが杉崎プロデューサーに言い放った。「君がそういう考えだったら、僕はもう今日の放送には出ないから」。杉崎「タコ社長」は追い詰められた。杉崎氏もこのニュースが報じる価値のあることは十分にわかっていた。

「新聞報道の倫理綱領違反は明らか。国が初めて広告を利用したケースの嚆矢だと思ったね」「タコ社長」は今ではそう述懐する。筑紫さんが出ないのなら、池田・浜尾のサブキャスター・コンビでやるしかないと覚悟していた。ここで実に驚くような奇手が考えつかれたのである。

現在、当日の進行表が何と2種類残されている。第1版にあったはずの「広告か、記事か？プルトニウム公共広告の波紋」は、第2版では見事に消えていた。ところが第2版の進行表をよくみると、冒頭のヘッドライン・ニュース（短い項目ニュースを並べて次々に報じていく方式。「ニュースラウンドアップ」から改称された）の内容が「ミッチー、辞任」（渡辺美智雄外務大臣が辞任を表明した）という項目が書かれている以外、空欄で何も書かれていない。

何と放送本番の蓋をあけてみたら、このヘッドライン・ニュースのコーナーで2分あまり「プルトニウム公共広告の波紋」のニュースが扱われていたのである。さらに「多事争論」のコーナーでも、筑紫さんがこの問題を論じた。

衝撃の放送と大荒れの反省会

生放送中、スタジオサブ（副調整室）で、「タコ社長」は怒り心頭に発して叫んだ。「お前ら、全員クビを覚悟しとけ！」。当時、番組スタッフだった横田の記憶では、放送を終えて2階の報道局の大部屋に降りてくると、久木局長が「ああ、やられた」と苦笑していたという。ヘッドライン・ニュースを担当したのは小池由起ディレクターだった。だが実際には当初、7分枠を担当するはずだった小島英人、牧登、それに横田も加わっていた。当日の「多事争論」で筑紫さんは次のように述べていた。

先ほどヘッドライン・ニュースでお伝えしました件は、ここにそれぞれ問題になった紙面がありますけれども、読売新聞、毎日新聞、産経新聞の記事は、まず第一に、どこにも広告らしい気配がありません。その上、内容、たとえば登場する人物が違うんですが、これがすべてエネルギー庁から広告費を貰った上で組まれた特集記事だということです。これは、普通、新聞の記事だと思うのは当たり前だろうと思われます。……こうやって、普通の記事だか広告だかわからないものが増えていくことになりますと、マスメディアそのものが信用されなくなるという大きな問題、メディアにとっての自殺行為に近いことが起きやしないかと思われます。

――1993年4月6日の「多事争論」『タイアップ』

放送直後、プロデューサー、デスク、スタッフ、局長も含めて、全員が一触即発のような怒りを孕(はら)んでいたという。反省会は大荒れに荒れた。何人かのスタッフの証言をもとに再現を試みると……。


「局長が干渉してきたとき、プロデューサーは蹴ることはできないのか？」

「できない」

「これは面白いニュースだと局長も認めているではないか。それなのになぜ出せないのか？」

「営利企業として出せないものもある」

「それじゃあ報道とは言えないんじゃないか」

「志気に関わる」

「スタッフの意見も聞いてほしい」

「一度決めたことはひっくり返らないよ」

「プロデューサーの立場もわかるけれど、スタッフのバックアップもしてほしい」

「俺たちは１００％がんばったよ。自分たちは力を出したと思うよ。交渉側と制作側のバランスはよかったと思うよ」

「こんなにもがんばるのは『23』の根本コンセプトに関わる内容だからだ。自主規制をすべきじゃない」

「上から何か言われたら納得できなくても言われたとおりにしなくちゃいけないんですね？」

「プロデューサーはこの溝をどう埋めるか考えてください」

「下はもっと上をどう攻めるか考えようぜ」


ほとんど体をはった「編集権」のぶつかり合いの現場だった。杉崎氏は僕と会った酒場の片隅で話し出した。

「だって、筑紫さん、大物だもん。そこにひれ伏すんじゃなくて、ＴＢＳ報道局の編集方針は何かっていうことを自分たち一人ひとりで常に考えてるわけじゃん」

当時は広告不況と言われていた時代の初期で、メディア企業各社はのどから手が出るほどスポンサーからの広告費を欲しがっていた。経営が苦しかった毎日新聞はそうした事情が強く働いていたと、杉崎氏は推察している。念のため付言するが、筑紫さんと久木氏の個人的友情は終生変わることはなかった。

あのパッションはどこから生まれたか

筑紫さんの面目躍如たる所以(ゆえん)は、この日の9日後に、再び「多事争論」でこの問題を取り上げたことだ。これはその日に朝日新聞が『筑紫23』がこの問題を取り上げたことを記事として報じたからだったのだが、これが実に激越な調子なのだ。まるで、そう、前に記したハルバースタムのような切れ味である。

> (朝日の記事は)当初、私どものスタッフはこれを7分間でやろうとしたのですが、局側の幹部から中止を要請されて、結局3分半に短縮した、という問題をとりあげたニュースであります。……この10日間というもの、……私どものスタッフ、関係者のあいだで、私を含めて長い長い議論がありまして、へとへとになったくらいであります。……しかし、この記事そのものは……浅い不正確な記事だという感想です。つまりこの問題をテレビでちゃんとニュースとしてとりあげたのは、『NEWS23』だけということが抜けています。朝日新聞系のテレビ朝日を含めて、この問題には触れなかった背景にどういう事情があったのか、自分の身内でありますから、取材されたらいかがでしょうか。
>
> ——同年4月15日の「多事争論」『一身上の説明』

福島第一原発事故はなぜ起きたのか。その大きなバックグラウンドには、「原発安全神話」の形成という大きな問題が横たわっている。この事故に先立つこと18年、当時の『筑紫哲也NEW

S23』のキャスター、スタッフたち、そしてそこに突っかかっていった人たちも含めて、問題の所在に対して実に真剣に向き合っていた。この熱意、パッションは一体どこから来ていたのだろうか？

1993年当時は、朝日新聞に加え、『広告批評』誌の故・天野祐吉氏、それに同志社大学の渡辺武達教授らがこの原子力「推進」広告の政治性について論じていた。とりわけ、渡辺教授は『メディア・トリックの社会学』（1995年　世界思想社）において、瀬戸内海放送の「原発バイバイCM」中止事件の事例を踏まえて、原子力広告の政治性全般について深く洞察していた。しかし当時のこうした「警告」は、結果的には大きな力とはならなかった。

少しお酒の入った杉崎「タコ社長」がしみじみと語り出した。

「金平ね、矜持ってものがあるだろ。何でこのテレビ局に来たか。健全な娯楽と正しい情報を提供する。社会をあらためる、少しでもいい方向に前進させると思って入ってきたんじゃないか。時の政権とかとしっかりと対峙するために『編集権』はあると思っているんだよ。ああいう番組を出せたことは自分の歴史のなかで本当によかったと思う。人生のなかで一番楽しかった。俺、入間市に住んでるだろ。過去のことを知らない人に『筑紫さんの番組やってたんですね』と言われると本当に嬉しいと思う。68歳になっても『いい番組でしたね』って言われると、とっても嬉しいと思う」

僕はこうした言葉を信じている。

冒頭に奇妙なタイトルをつけたが、この原稿を書きながら、ＢＧＭとして頭の中に流れ続けていたのは、中島みゆきの『ファイト！』だったもので……。たたかわなくなったら、もうおしまいだ。なあ、諸君！

第5章 遊びをせんとや生まれけむ、戯れせんとや生まれけん

——井上陽水の証言

文化はニュースだ、ニュースは文化の一部だ

筑紫さんのように本気で「文化がわかんない奴に何でニュースのことがわかるんだい？」と言い放つことができた人は、日本においては残念ながら数えるほどしかいない。誤解しないでいただきたいのは、筑紫さんはニュースキャスターでありながら、文化「も」よくわかる、という意味のことを言っているのではない。文化はニュースだ、いやもっと言えば、ニュースは広い意味では文化の一分野にしかすぎない、ということを言っているのである。政治・経済のニュースはいわば「天下国家」のことであって、文化はそれ以下のこと、あるいは従属しているものという、メディアの世界に広く流布している考え方をとても嫌悪していた。

長いこと、こういう仕事をしてきたが、本心を言えば、私は「天下国家」が嫌いなのである。

——『筑紫哲也のき・ど・あい・らく』1994年　晩聲社

ニュースキャスターとしての地位が確固たるものになってからも、筑紫さんのこの基本線は変わらなかった。極論すれば、文化の動きの方が省庁発表の官製ニュースなんかより、よっぽど価値があると思っていた。だが、このことをニュース番組で実践するのは「言うは易く、行うは難し」だった。

端的に言って筑紫さんはミーハーだった。これは悪口ではない。好奇心旺盛で何にでも首を突っ込む。まさに「遊びをせんとや生まれけむ、戯れせんとや生まれけん」(梁塵秘抄)を地で行っていた。面白いものをみに出かけると戻って来ない。行方不明になる。これはデスクとして番組を預かる身になってみると、実にハラハラドキドキの連続なのである。

芝居、演劇、ミュージカル、コンサート、イベント、野球場……、けっこう出かけている。(中略)会場でひとり白髪頭が突出して見える若者文化に首を突っ込んだりもしている。映画は永(六輔)さんより観てるかもしれない。(中略)週末は気分転換と称して、ほとんど旅に出ている。(中略)もちろん、長年の宿病、麻雀狂いはいまだ治癒の見込みなく、もうひとつの職業病、乱読、とばし読みの活字中毒も治りそうにない。(中略)生来怠け者のくせに、遊ぶことだけは熱心で、やりたいことが山ほどあるのに、近年仕事の割合が不当にふえた。本当のことを言えば、いまの〝定時仕事〟を引き受けたのも、こういう定職を持てば他の諸々の仕事をブロックできるだろうという企みがあったからである。

——前掲書「私は自分が欠格人間で、とくにキャスターという仕事には向いていないのではないか、という思いにとりつか

れることがある。」より

ここまで明け透けに書かれてはどうしようもない。局で待っている『23』スタッフの身にもなってくださいよ、と泣きを入れたくなる。だが、筑紫さんは、時には海外にまでオペラをみに行く（3大テノールは全部みていた）など、面白いものを常に求め続けていた。番組スタートが夜の11時だったけれど、時には午後10時過ぎになっても姿をみせないことがあった。局に入ってもメイクや着替えなど最低限やらなければならないルーティンというものがあるのに。局に着いたはいいけれど、少々アルコールが入っていて、頬に赤みがさしていたこともあった（ごくたまに）。そんな時、僕が覚えているのは、サブキャスターの浜尾朱美さんが、ペットボトルの水をどくどくと筑紫さんの口に注ぎ込んで「酔い」を薄めようと必死になっていた「女房役」としてのかいがいしい光景である。当時は携帯電話などない時代、また、あったとしても筑紫さんは持とうとしないタイプの人だった。現にポケベルさえ持とうとしなかった。筑紫さんが初めて携帯電話を持ったのは後年、癌を発病して入院生活の身となってからである。

井上陽水が筑紫さんを語る

映画、演劇、音楽（クラシック、ジャズ、邦楽、フォーク、ロック、シャンソン、ファド、演歌、民謡に至るまでのありとあらゆる音楽）、伝統芸能、ダンス、文学、詩、美術、サブカルチュアなど筑紫さんが首を突っ込んだ領域に関するエピソードを一々書きだしたら、とても1回では収まりきらないだろう。

まず、『筑紫23』と音楽とのかかわりについて言えば、第2章で、番組のテーマソング製作を筑紫さんが提案し、最初の曲を井上陽水さんが手がけたことを記した。名曲『最後のニュース』誕生の経緯も筑紫さんは後年、書物に残している。だが例によって記憶に行き違いがあったりする。そこで陽水さんに会ってそのあたりを直接聞いてみることにした。趣旨を伝えると、陽水さんはツアー中の忙しいなか、快く時間をつくってくださった。以下、Y（陽水さん）、K（金平）と記す。「KY対談」でもいいのだが、放送コードすれすれの部分も多くエッセンスだけにとどめよう。

Y　まあ、引き受けるに当たってはいろいろと細かい事情があったのですが、あるパーティーで筑紫さんとお会いしたんです。その時はまだプライベートでのお付き合いはあまりなくて、テレビ画面で見る筑紫さんのイメージしかなかったのですが、パーティー会場の筑紫さんはちょっと違ってた。ちょっとボロついてたんですよ。つまりヘアとかスタイリングとか、テレビ画面の時ほどの配慮がなされてなかった。その会場で「やっぱ筑紫さん、テレビに出なきゃダメじゃないですか」と、生意気を言ったんですよ（笑）。そんな経緯も軽くあって、筑紫さんが後で「ちょっと曲作って欲しいんだけど、番組のために」って言うんです。だいたい僕は、そんな責任が重いようなことは断るタイプなのですが、「いや陽水が言ったんだよ、テレビに出ろって」みたいなことになって、もう断れないような感じになって……それで、引き受けたものの、何を書いていいかわけわからなくて。それで苦し紛れに、そうだ、印象に残っているいろんなニュースを列挙してみようという感じだったたんですけどね、歌詞的にはね……。

K　こんなこと聞くのは野暮なんですけど、歌詞から最初に作ったんですか、それともメロディが先だったんですか？

Y　歌詞ですね。それもだいたいの大まかなことをチラチラと書いて……。それでニュースの言葉が並んでるだけだから、メロディといっても大変なので。まあしゃべるような感じでね、やったんですけど。サビだけがメロディがあって歌っぽいんですけど……今で言うラップでもないですけどね。でもまあちょっとしゃべってる感じで。当時はそういうものがあまりなかったのですけど。

K　当時は、毎日やるニュース番組がテーマソングを持つということは、画期的なことだったんですよね。

Y　そうですね。報道ですからね。

K　それで番組の一番最後にあの歌をかけて、その日に起きたニュース映像をモンタージュしていく作業をやってくうちに、皆が面白くなってきたんですよ。

Y　うん、あれはよかったね。

K　作っている人間がそこで勝負をかけるわけですよ。

Y　あそこの映像と歌の掛け合いがね、本当に楽しみで……。

K　指名された人は、朝から晩までずっと映像を見ながらプランを練っていました。編集の面白さをそこから学んで、みんな育ってきました。一種の〝学校〟だったんですね。

Y　歌に映像を合わせるプロモーションビデオが出てきたので、僕も最初はあの歌の通りの映像を自分なりに作ったんですけど、面白くもなんともないんです。ただの説明なんですよ。筑紫さんにその話をしたら「そうだろう」って得意そうな顔をされました。

K　アハハハ（笑）。

Y　「今日のニュースとあの歌の掛け合わせでイマジネーションが膨らむ、そこがいいんだよ。井上君、まだわかってないね」みたいな言われ方されましたよ（笑）。

　報道番組は嫌いじゃないから『こちらデスク』をみていたら、僕の名前が突然出てきて、筑紫さんが「こんな歌を作っているヤツがいる」と紹介してるので、僕もびっくりしたんです。でもそこからすごく意識するようになったんですよね。『こちらデスク』は新聞記者がテレビで語り合うというコンセプトが新鮮で、日曜の夕方にいつもみてました。それからどうなったかは記憶にないんですけど、たぶん飲み屋か麻雀で一緒になって、そうこうしているうちに『こちらデスク』の最終回で『傘がない』を歌ってくれないかと声がかかった。筑紫さんとしても、歌詞の「テレビではわが国の将来の問題を　誰かが深刻な顔をしてしゃべってる」という……。

K　あのフレイズがね。

Y　今でもそうですけど、報道というのがその……。

『NEWS23』出演中の
井上陽水

K　「天下国家」を語るのがニュースだと。

Y　そうそう。簡単に言うと「硬い」というか、まあ、そうならざるを得ないし、あんまりくだけると不謹慎だという視聴者の声もあったりしながら、まだ旧態依然としていた時代ですよね。筑紫さんなどは、不謹慎だとか何とか言う人達に対して、それはどうなの？　と思ってらしたかもしれないね。

筑紫さんは自著の中にこう記している。

私は後にこの歌（『傘がない』）を「足払い」の歌だと言ったことがある。「天下国家」をしかつめらしく論ずることが「天下の一大事」と思い込む風潮に向かって、同じ「天下」でもこちらには天から下りて来る雨のほうが問題なのだと、足払いをかけたと思った。

――『ニュースキャスター』

K　筑紫さんが74年にワシントンから帰ってきたときのことですね。この本によれば、「銀座のシャンソンバーに飲みに行ったら、明らかにシャンソンではない、しかし一度聴いただけですぐに心に染み入るような歌を歌っていた。これは何だと傍らの友人に尋ねたら『傘がない』と。その作り手〝井上陽水〟なる人物を初めて知った瞬間である」と。

Y　ああ、そうだったんですか。

K　『傘がない』は、だから、いろんなものの出発点になったんですよ。

Y　そうなんでしょうね。しかも、シャンソンバーで聴いたというのは面白いな。今日、初めて聞いたけど。誰かが歌ってたんですね。

K　『最後のニュース』を聴くと、ご詠歌だったりレクイエムだったり。とにかく、時代とともに、ますます深みを増してくる歌ですよね。

Y　筑紫さんがコンサートにいらっしゃってると聞くと、『最後のニュース』はなんとなく曲順に入れましたね。

K　そうですか。筑紫さんはそれをすごく喜んでいて、２００８年６月に筑紫さんが最後にコンサートにいらした時もやったでしょう？

Y　ええ、やりましたね。あのときは楽屋に僕の好物のカニを差し入れてくださった。「（癌が）性質（たち）がわるいやつでね、これから鹿児島で療養するんだ」と言っておられた。

K　でもまあ、本当に歌は好きでしたね。

Y　そうですね。とにかく芸能・文化が好きと言うか……アメリカ生活が長かったとすると、向こうのアンカーマンの幅広い人間性をみたせいかなと思ったり、いやそんなものみなくたって、好きなものは好きだったんだろうなと思ったり、いろいろ思いますね。

K　そうですね。

Y　やっぱり報道する人間は、映画・音楽・美術……いろんな文化がわかってないと話にならんだろう……みたいなね。

徹夜マージャンの記憶

Y　麻雀もずいぶんやりましたね。

K　筑紫邸でやったんですか？

Y　それもありましたけど、赤坂に「乃なみ」という旅館がありましてね。そこは、吉行淳之介さんのお友達の近藤啓太郎さんが、上野の美術学校にいたときのガールフレンドが、後々その旅館の女将になるんですけど、その当時上野にあった旅館が赤坂に来たんですよね。色川武大、五木寛之、吉行淳之介、本田靖春といった作家や、園山俊二、安孫子素雄（藤子不二雄Ⓐ）といった漫画家が顔を出していました。筑紫さんと僕と黒鉄（くろがね）ヒロシさんとあと何人かが集まって、この「乃なみ」で正月に麻雀をやろうということになったんです。そのとき筑紫さんはあまり調子がよくなくて始まったんですけど、そのうち筑紫さんが、ズボンを脱いでステテコ姿のブンヤ麻雀的な感じになって、一升瓶を小脇に抱えて……的な感じのね。

K　へえ！

Y　それから筑紫さんがどんどん勝ち出したんです。やっぱりブンヤは怖いなあ、みたいな（笑）。時代もあってね、あの頃はやっぱり、男が自分の家庭がどうしたこうしたなんて話は、職場の中や麻雀中なんかにはできない空気ってありましたよね。雀荘で2日も3日もやり続けていると、もうそろそろ家に帰らないとなあと思っても、ぼくの周りは先輩ばかりだったので、「そろそろ家に……」とか言えない空気があるんですよ。「えッ、家帰る？　ああ家庭が大事。そういうヤツだったのか！」的なね（笑）、そういう時代ですよ（笑）。それでもさすがに「仕事だ」と言えば、「それじゃあしょうがないね」ということはあったんだけど、あるとき、2日くらい雀荘で徹夜して、畑正憲さんが宮崎の巨人軍キャンプに仕事で行かなければいけないということで、朝方になるとソワソワし始めたんですね。「ぼちぼち出ないと飛行機が……」とか言うと、「ほー、仕事行くんだ、畑さんは」みたいな感じで（大笑）。で結局、畑さんは行けなかったです。怖いですよ（大笑）。

含羞を知ったジャーナリスト

K　何だか映画『麻雀放浪記』のような世界ですね。僕が今日、聞いたお話は、ある種、確認作業みたいなところが多かったですが、一方で、喪失感を埋めるみたいなところがあって、一人の人間がいなくなるとこんなにも変わると。ニュースの現場が変わっちゃったんです。なんか、押しつけがましい「俺はこうだ！」という人ではないから、なおさら……あの人がいただけで違った。いろんな人を引きあわせたりとか。

Y　そういうふうに思う人もたくさんいて。確かに今のキャスターなんてみていると、恥じらいとかみせる人は筑紫さんぐらいでしたよね。はにかんだ表情とか。

K　だって本当のことを言うと、人前に出て偉そうなことを言うのは恥ずかしいことですからね。含羞って大事ですね。

Y　そういうことが、わかった上でのキャスターは大きいよね。

K　ウォルター・クロンカイトという、筑紫さんが、たぶん師匠にしていた人は、やっぱりどっか、分を弁(わきま)えているというか、「今日はこんなところです」（"And That's the way it is."）なんて、とってもすごいですよね。

Y　クロンカイトのケネディ暗殺を最初に伝えている映像というのは、あれも名シーンという言い方もおかしいけど、眼鏡を取ったりして、それでもジャーナリストとして、取り乱してはいけないし、こんな悲しいニュースを言わなきゃいけない定めとか、いろんなことを視聴者に感じさせる。すごいシーンですね。

K　キャスターとしてというより、人間として、ああいうことになって取り乱したときに、取り乱したことをすべて出してしまうような、いまの風潮とは違いますね。Decency（品格）というか……。

Y　人間としての厚みとか深さですね。「みなさん！　大変なことが起きました！」でもないし、すごいですね。あのシーンは、すごい。

「KY対談」はこの辺で止めないとKYになってしまう。

さて、この陽水さんの『最後のニュース』は初代のエンディング・テーマ曲となったが、TBS・オウム事件のあおりを受け『筑紫23』の第二部が廃止される（1997年9月26日）までのあいだ、実に24曲のテーマ曲が番組の末尾を飾った。

『筑紫哲也NEWS 23』第二部のテーマ曲

	曲名	アーティスト
❶	『最後のニュース』	井上陽水
❷	『ネオ・ブラボー!!』	サザンオールスターズ
❸	『あなたを見つめて』	小田和正
❹	『また明日…』	佐野元春
❺	『NEWSを知りたい』	忌野清志郎
❻	『今、思い出してみて』	森山良子
❼	『Soul Searching』	宇崎竜童
❽	『川は流れる』	加藤登紀子
❾	『世・世・世』	りんけんバンド
❿	『最後の女神』	中島みゆき
⓫	『川は流れる』	艾敬
⓬	『風よ! FORTISSIMO』	ヤドランカ
⓭	『黄金(コガネ)の花』	ネーネーズ
⓮	『風を追いかけて』	憂歌団
⓯	『シンシアリー[Sincerely]』	渡辺美里
⓰	『清河(チョンハー)への道』	新井英一
⓱	『ファムレウタ(子守唄)』	新良幸人パーシャクラブ
⓲	『翼』	石川セリ
⓳	『メロディー』	玉置浩二
⓴	『月桃の花』	朝霧舞、国吉なおみ、国吉昭子
㉑	『星の河を渡ろう』	カルメン・マキ
㉒	『平和の琉歌』	サザンオールスターズ
㉓	『手引きのようなもの』	井上陽水、奥田民生
㉔	『私はあなたの空になりたい』	今井美樹

よくもまあ、こんなに豪華な顔ぶれが連なったものだと思われるかもしれないが、よくみると、これらの歌、歌い手たちは、いわゆる音楽業界でトップセールスをあざとくめざす類のものではない。今で言えば例えば、ＡＫＢ48のような存在とは全く対極の次元で活動する人たちである。これらの歌は人々のこころに残る。泡のように消え、ファストフードのように消費される歌とは違う。それぞれの曲の選択にあたっては、もちろん筑紫さんの嗜好や人脈的な要素に加え、そのときどきの社会の空気も反映されていた。例えば沖縄に縁のある歌が何と多いことか。また世界のホット・スポットも取り込んでいた（艾敬（アイジン）、ヤドランカの起用）。僕がデスクとして『筑紫23』に在籍したあいだで、多少その選曲の経緯を知る歌についてちょっとだけ触れておこう。

ネーネーズの『黄金の花』は筑紫さんの沖縄への愛を象徴するような選曲だった。ちょうど僕がモスクワ勤務を終えて『筑紫23』の職場に参入した日（１９９４年7月4日）から、この曲がエンディングで流れていた。何とも懐かしいようなこころ洗われる美しい曲だ。生前、筑紫さんは、この曲をコンサート会場で一緒に聴いた房子夫人から「パパ、これ、いい！」と言われたことを嬉しそうに呟いていた。当時、第二部に在籍し音楽全般を担当していた小畑賢次氏によれば、筑紫さんと在沖の音楽家・知名定男さんとの交友の縁で、『23』にネーネーズがゲスト出演したことが最初の出会いだったという。実はこの選曲が後年の沖縄サミット開催にも微妙につながっていくのだが、そのことを記すのは別の機会に譲る。

95年4月から流れた新井英一の『清河（チョンハー）への道』は全くもって強烈な曲だった。果たしてこのような強烈な歌が深夜に終了するニュース番組のエンディング・テーマ曲として成立するのかどうか。正直戸惑う人も多かった。だが、あの曲は突き抜けていた。新井英一というすごい歌手がいるということを『筑紫23』に教えてくださったのは、永瀧達治さん（フランス文学・音楽・映画評論家）だった。それでなぜか僕にも声がかかって、ある晩、下北沢の「ＬＡＤＹＪＡＮＥ」に筑紫さんらとともに新井英一のライブを聴きにいった。ぶったまげた。声の野太さ。まるでソ連の国民的歌手ヴィソツキーのようだった。新井さんの魂のルーツを求める叫びのような歌だった。この曲もエンディング曲として役割を立派に果たしたのだが、ついには48番までの長編詩のような連歌にまで発展し、第二部でスタジオコンサートが実現する事態にまでなった。前出の小畑氏は、その際スタジオで歌を聴いていた観客たちの多くが、歌の強さに打ちのめされたように涙を流していた光景を覚えているという。

武満徹へのオマージュ

95年の10月から半年間にわたってエンディング曲に選ばれたのは石川セリの『翼』だった。前出の井上陽水さんの奥様でもある。この曲は武満徹が作詞作曲したポップソングだ。選曲は多分に武満徹へのオマージュという意味合いがあったように思う。というのも、この時、武満さんは癌との闘病生活を続けていた。そしてこの曲がエンディングとして流れていた96年2月に息を引き取った。『翼』はそれからも1ヵ月以上流れつづけた。実に不思議な縁で、筑紫さんを武満徹氏に引きあわせたのは何と井上陽水さんなのだった。再びＫＹ対談の一部。

K　石川セリさんの『翼』はどんなルートだったんですか？

Y　僕はよくわからないですけど、何でしょうかねえ。そういえば武満徹さんのお宅に、僕が筑紫さんをお連れしたことがありますよ。その時が初対面だったんじゃないかなあ……。麻雀するって言うから「武満さんのところに行きましょうよ」って、筑紫さんに。

K　武満さんって麻雀するんですか？

Y　まあ、ちょっと並べるくらいはやるんですよ。

K　へえ、びっくりしたなあ（笑）。

Y　武満さんもいろんな人が来るのは嫌いじゃないみたいで、確かそういうことがあったような気がしてて。そういう意味じゃ、武満さんと筑紫さんを引きあわせたのは俺か、的なね（笑）。

K　その『翼』を聴いた時にですね、「これどうやって見つけてきたんですか？」って筑紫さんに聞いたんですよ。そしたら、ニヤニヤしながら「もう一曲いいのがあってどっちにしようか最後まで迷ったんだよ」と言ったのが『死んだ男の残したものは』という曲でね。

Y　どういう経緯なんでしょうね。石川セリの起用、きっと武満さんからみれば、若い女性の歌手で自分の楽曲が歌われたということで、多少胸を張る部分もあったでしょうから、どういう風に世の中の人に聞いてもらおうかというので、レコード会社も含めて、何かあったのかもしれないですけどね。ちょっとわからないですけど。ああ『死んだ男の残したものは』ねえ。

K　あれもすごかったですね。

Y　どなたでしたっけ、作詞は？

K　あれは谷川俊太郎さんです。

Y　谷川さんと武満さんは近いからね。

K　それでどっちをエンディングに使おうか、ギリギリまで迷ったんですよ。

Y　結局『翼』になったと。

K　『翼』になった。でももう一曲もいいんだよって。

Y　困ったなあ、みたいな。

K　どちらも捨てがたいという感じで言われたのを、すごくよく覚えているんですけどね。

ああ、やっぱり文化の話となるととても1章では収まりきる筈がない。紙幅が尽きてしまった。次章も音楽の件で書ききれなかったことと、演劇とか映画のことを書こう。ねえ、筑紫さん。

第6章　筑紫さんがこぶしを振り上げて歌った

――坂本龍一、忌野清志郎、高田渡との関わり

坂本龍一の起用

さて、『筑紫23』の音楽にまつわることどもの続きを。1997年10月から、番組を大幅リニューアルすることになり、それまでの井上陽水作曲のオープニング・タイトル曲やCM前のジングル（番組に挿入される短い音楽）を衣替えすることになった。そこで登場したのが坂本龍一さんだ。当時から坂本さんはすでにニューヨークに住んでいたが、筑紫さんとは彼の地でも面識があり、何かと波長があうようだった。それでオープニング曲の作曲をお願いにうかがうことになった。古い日記を紐解いたら、その日のことが書かれていた。7月23日、筑紫さんに同行したのは、前章に記した第二部の音楽担当のディレクター小畑賢次氏と僕だった。場所は新宿のパークハイアットホテルのラウンジ。その日のことを筑紫さんは生前、本に書いているのだが、例によって記憶に行き違いがある。

正攻法でまず用件を述べると、早速ご下問があった。「筑紫さん、次の世紀はどんな世紀に

なると思いますか」（中略）これ以上、自然破壊を続けたら人類は生きていけない。人類が滅びれば地球は生き残る。人々の生活が都市化、人工化し、そしてヴァーチャル・リアリティ（仮想現実）の比重が大きくなればなるほど、ここでも自然の持つ意味は大きくなり、そして人、一人ひとりの心のありようが様々に問われるようになるだろう……。大要、そんな話を私はしたと思う。「ほぼ私も同意見です。それならお引き受けしましょう」

――『ニュースキャスター』

そうだったかなあ。僕の記憶はそれとはちょっと違っている。坂本さんは結構多弁だった。インターネットによるコミュニケーションの可能性について、ネガティブな側面も含めて熱く語っていた記憶がある。僕はその時、テレビの視聴者が求めているのは、「癒し」かもしれないですね、とか言ったようなかすかな記憶があるのだ。「癒し」なんて今ではすっかり手垢の付きすぎた言葉になってしまったが、坂本さんも同意されたような記憶なのだった。その証拠に8月11日の僕の日記にこうあった。

〈坂本龍一さんからオープニングのサンプルが送られてくる。「癒し」のコンセプトにはとてもよくあっていると思う〉

なぜ「癒し」か。1997年という年がどんな年で、『筑紫23』がどんな取り組みをしていたか。この年で何と言っても僕の記憶に残っているのは、2月から5月にかけて起きた神戸連続児童殺傷事件（通称「酒鬼薔薇事件」）だった。この事件で6月には当時中学生だった少年が逮捕され、社会に大きな衝撃が走った。『筑紫23』はこの事件にこだわった。ある夜、高校生たちをスタジオに招いて事件について徹底的に話し合ってもらった。ゲストは児童文学者の灰谷健次郎さん（故人）と小説家の柳美里さんだったと思う。その際、ある高校生が「人を殺してなぜいけないんですか?」という言葉を言い放った瞬間は忘れられない。スタジオにいた灰谷さんが、発言した高校生に対して何かを必死に説こうとしていたが、みていた僕らもそれが説得力のある言葉として響いたとは思えなかった。あまりに根源的な質問だったため、そこにいたすべての人々も虚を突かれたようだった。

そのような不安な空気が世の中に徐々に拡がっていた。バブル経済が破綻して、拓銀や山一証券が潰れたのもこの年だ。4月にはペルーの日本大使公邸占拠事件で、特殊部隊が突入して犯行グループ全員を射殺した。「癒し」というのはそのような時代背景のなかで、ごく自然に僕の心の中から出てきた言葉だったように思う。

さて、当の坂本龍一さんの記憶はどうだろうか。ニューヨークにいる坂本さんに電話で聞いてみた。〝教授〟の記憶は、僕らのものとはまたちょっと違っていて、そこが実に面白いのだ。

「うん、僕はあの曲（『Put Your Hands Up』）をつくった時はねえ、『文化の多様性』ということを意識していたように思うんだけどねえ。『自然』？『癒し』？あの当時の筑紫さんは、『自然』ということで言えば、まだ地球温暖化問題については別の意見をお持ちのようだったし、僕がその後のTBS地雷ZEROキャンペーンを立ち上げたのは、地球環境問題

坂本龍一作曲の
番組テーマ曲
「Put Your Hands Up」は、
今も聴き続けられている

にもっと目を向けて欲しい、自分もそちらに力を注ぐから力を合わせようということが条件になっていたと思いますよ」

――1997年、日本時間5月14日朝のNYとの電話

これだから記憶というのは楽しい。〃教授〃の言っていた「文化の多様性」で思い出したのだが、確かに『23』版『Put Your Hands Up』では、冒頭に呟き（つぶやき）のようなフレイズがまず流れる。何だかアフリカ音楽のような感じで、フェラ・クティの世界につながるような部分だ。主旋律は中国の胡弓で奏でられているし、アジア的な美しい女声がそれに絡むように流れる。あの曲は言われてみれば「文化の多様性」そのもののような曲なのである。おそらくは「自然」も「癒し」も「文化の多様性」も「何でもあり」だったのだろう。

〃教授〃の言っていたTBS地雷ZEROキャンペーンとは、2001年、「21世紀最初の祈り」として坂本龍一さんの呼びかけで世界中のアーティストたちが参集し、特別ユニットN．M．L．（NO MORE LANDMINE）によって制作された楽曲CDの収益を地雷除去のために使っていこうという、今から考えると実に壮大なキャンペーンだった。あんなことが出来ていた時代があったのだ、と言えるほどの大事業だったと僕は率直に思う。筑紫さんはその特別番組の総合司会をつとめた。番組プロデューサーは鈴木誠司（執筆当時の『報道特集』プロデューサー）である。『筑紫23』の黄金時代のメンバーのひとりだ。

少なくともその当時の『筑紫23』は、地球という僕らの住処にまともに向き合おうとしていたのではないか。

忌野清志郎という生き方

筑紫さんとミュージシャンとの関わりでもっともっと書かねばならないことがたくさんある。それだけで一冊の本になってしまうくらいだ。そうするとこの本が終わらなくなってしまう。だから涙を飲んであと2人だけについて記す。

ひとりは故・忌野清志郎だ。そう、あの清志郎。筑紫さんは分野を問わず、やんちゃ者が大好きだった。また異端好みのところがある。清志郎はやんちゃだった。その2人が同じがんという病気で半年の間をおいて相次いでこの世を去るとは誰が想像できただろう……。『筑紫23』のエンディング・テーマ曲もつくってもらった。ストーリーは山ほどある。でも『筑紫23』との関わりということだけでピックアップして書くしかないか。個人的に思いが深いのは『筑紫23』で「忌野清志郎という生き方」という特集を僕がデスク業務のかたわらつくって出した1999年11月25日のこと。いわゆる国旗国歌法が施行された少し後のことだ。やんちゃ者の本領を発揮して清志郎がパンク版『君が代』をリリースしたのを機に、僕はどうしてもこのやんちゃぶりをニュース番組で扱いたいと思った。この特集のなかで清志郎は言っていた。

「例えば将来、日本がですね、軍隊か何かを持って『軍隊はロックだ!』って言って、あのバージョン（パンク版『君が代』）を流されたら、たまったもんじゃない、と思いますよ、僕は」

清志郎がはにかんだ笑みを浮かべながら言っていたその言葉が、今の僕らの国では現実味を帯びてきていることに、何と答えればいいのか。特定秘密保護法、集団的自衛権行使容認……。

もっと昔には『カバーズ』発売中止事件（1988年8月、東芝EMI（当時）から発売予定だったRCサクセションの同アルバムが、収録曲に反核・反原発・反戦のメッセージ性が強すぎるという理由で発売中止になった事件）のときも僕は取材をして、当時の夕方の『ニュースコープ』という番組で堂々とニュースとして放送した。『サマータイム・ブルース』がテレビで流れた一番最初の瞬間だろう。そんなことはもうどうでもいいかもしれない。時代はさらに進む。

どのような運命のめぐりあわせか、筑紫さんと清志郎は、ほぼ10ヵ月の間をおいてともにがんの発病に見舞われる。筑紫さんの闘病のことは別の機会に詳述するが、2人のあいだには「がんを生き抜く」という共通の目標ができたことになる。それゆえか2人の交流はさらに深まった。清志郎は喉頭がんの発症から1年半は治療に専念し、何と2008年2月には日本武道館で『忌野清志郎　完全復活祭』を挙行するまでに回復したかにみえた。僕もそれをみて感激したことを昨日のように覚えている。筑紫さんもその姿に励まされるかのように、清志郎のライブにつきあった。南青山のブルーノートでやったライブでは前説（開演前の口上）まで買って出た。僕はそれを仲の良かったADさん2人とでみに行った。筑紫さんも清志郎も2人ともよくなるかにみえた。

吉岡弘行（現TBS『報道特集』番組プロデューサー）は当時の『23』のデスクのひとりだ。筑紫さんからの信頼のとても厚い『23』メンバーのひとりだった。彼には忘れられない思い出がある。本章を書くにあたって久しぶりに吉岡に会ったら、手書きのメモを渡された。僕は吉岡の前でそのメモを読むうちに熱いものがこみあげてきた。以下は吉岡メモのほんの一部。いずれ筑紫さん

忌野清志郎との友情は
終生、不滅だった

の闘病記の回でまた詳しく触れたいと思う。

私は2008年3月2日に京都で開催された清志郎の〝完全復活ライブ〟に筑紫さんと一緒に出かけた。当時、がんと闘っていた筑紫さんは、つらい治療の合間に好きな音楽を聴いていた。邦楽では陽水、〝教授〟、清志郎だった。なかでも『JUMP』には特別な思い入れがあったようで繰り返し聴いていた。〝完全復活ライブ〟の前説を清志郎さんに頼まれていた筑紫さんは、治療で髪が抜けた頭に毛糸の帽子をかぶり、バンダナを覆面にしてステージにあがり、覆面をとって「今晩は、筑紫哲也です」と前説を始め、清志郎復活を祝う観客を盛り上げた。ライブが始まると客席に座り、心から楽しんでいた。私はその姿を見ながら「筑紫さんも復活して欲しい」と念じていた。それは『JUMP』の演奏が始まった時だった。筑紫さんがこぶしを振り上げて「JUMP!」と叫んだ。ステージの清志郎さんと客席の筑紫さんを見ながら、涙が溢れてきた。こんな経験は初めてだった。それから数日後の深夜、筑紫さんから電話がかかってきた。「もしもし、筑紫です。まだ寝てないよな? 最後の放送のことなんだけど。陽水と清志郎で、ネット部分の特集と『金曜解放区』をやるっていうのはどうだろう?」18年余り続いてきた番組もエンディングに向けてカウントダウンが始まっていた。「湿っぽく終わりたくないんだ。最後に言いたいことは『多事争論』で喋るし、番組のスタートが陽水だったろ? 清志郎は〝がん友〟で、このあいだ〝完全復活祭〟を君とも見たし、陽水は歌がメインで、清志郎は対談という形になると思うけど、やりようによっては行けると思わないか?」私は「いいですね。陽水さんの『最後のニュース』で18年間を振り返れるし、復活した清志郎さんとの対談は勇気が出ますよ」と応じた。これに対し、筑紫さんは「そうだな。よし『ドクサラ(毒を食らわば皿までも)』で行くか!」と答えた。(以下、略)

——吉岡メモ

吉岡は『JUMP』の歌詞をわざわざ手書きで書き写して持ってきてくれた。その歌詞を読んでいるうちに僕らは何だかいても立ってもいられなくなった。あのシャイな筑紫さんがこぶしを振り上げて叫んだ瞬間を想う……。

Oh くたばっちまう前に 旅に出よう/Oh もしかしたら君にも会えるね/JUMP
夜が落ちてくるその前に/JUMP もう一度高く JUMPするよ JUMP!

高田渡の自宅で

もう一人、どうしても僕が触れておきたいシンガーがいる。高田渡だ。知る人ぞ知る日本産の元祖フォークシンガーだ。その歌声も風貌も、味わい深い歌詞も、そして何よりもその漂流詩人のような生き方が際立っていた。酔っ払ってコンサートのステージの上で眠ってしまったという伝説もある。こういう歌手がニュース番組に登場するのは、『筑紫23』以外ではあり得ない。誰が高田渡のことを筑紫さんに教えたのか、あるいは自分で探し当てたのか。前記の鈴木誠司によれば、その昔、毎年ゴールデン・ウィークの頃に、日比谷の野音で南こうせつさんがいろんなミュージシャンを招いてやっていたコンサートで、筑紫さんは高田渡をみて一遍に魅了されたのだという。

その高田渡と筑紫さんが『23』のための対談を吉祥寺のいせやという高田渡行きつけの焼き鳥屋さんでやった。担当したのは田中誠一ディレクター（現TBS報道局ウェザー班）だった。僕もその放送を赴任先のワシントンに送られてきたDVDでみたが、あの高田渡がものすごく嬉しそうに、小さな自宅に筑紫さんを案内して、ニコニコしていた姿が脳裏に焼きついている。田中によれば、もともとこの対談の企画は、ドキュメンタリー映画『タカダワタル的』の公開にちなんで、配給先側から持ちかけられたものだったが、対談ができると伝わるや、筑紫さんはとても乗り気になったのだという。そして実は高田渡も、筑紫さんと会うのを楽しみにしていたようなのだ。相思相愛（?）というか、お互いにどこかで遠くから惹かれあっていた節がある。

対談場所に高田渡は自転車に乗ってひとりでやってきたそうだが、いせやの2階で話し出すと、お酒が止まらなくなり、帰りしなにはすっかり出来上がっていたそうだ。それで乗ってきた自転車を「置いていきます」と言い出す始末。そのあと撮影チームは筑紫さんともども高田渡宅へと向かった。そこで高田渡は「筑紫さんに全部見せたいんだ」とご機嫌になって、20アンペアの電力のご自宅の小さな居間で、秘蔵のコレクションを次々に披露したのだという。なかでも高田渡の宝物『山之口貘詩集』を高田は「筑紫さん、持って帰って欲しい」とプレゼントしたがった。さすがに筑紫さんは丁重にお断りしたそうだ。

高田渡や大工哲弘が参加し、山之口貘の詩をフィーチュアしたCD『貘』は、ある時期、筑紫さんが熱中して聴いていたことを僕は知っている。この対談が行われた時、高田渡は55歳。対談を収録した特集が『筑紫23』で放送されたのは2004年7月2日のことだ。高田はわずかその9ヵ月後の2005年4月、ライブ先の北海道白糠町で倒れ、入院先の釧路の病院で亡くなった。「あれは遺言だったのかもしれないな」後日、筑紫さんがそう語ったのを田中は覚えている。

野次馬としての「映画への思い」

紙幅がどんどんなくなってきた。まだ演劇と映画が残っているというのに。ええい！　演劇のことは涙を飲んで別の機会に回そう。野田秀樹さんや鴻上尚史さんのことを書く余裕が今の僕にはない。お会いしてお聞きしたいことが山ほどあるのだが。残るは映画だ。映画は筑紫さんにとって特別の分野だ。とにかく試写会にはよく足を運んでいた。観た映画の本数は半端ではない。オリバー・ストーンや陳凱歌といった監督とも時間を繰り合わせて直接会って話を聞いたりしていた。映画への思いは僕らの世代とは比べ物にならないくらい強い。

少年のころから、あらゆる機会をとらえて、（しばしば人目を盗み、仕事をさぼって）映画を観続けてきた。それでいて、飽きたという覚えが一度もないのだから、私にとって映画はコメのメシのようなものではないか、と思う。

——『筑紫哲也の小津の魔法使い』１９９９年　世界文化社

コメのメシと言われてしまってはこちらも立つ瀬がない。この『小津の魔法使い』という本は筑紫さんの映画への思いが、ごった煮のように詰まった本なので、ご興味のある方は是非とも何とか入手してお読みいただきたいと思う。僕がここで書き足せることと言えば、せいぜい『筑紫哲也NEWS23』という番組にとって、映画と関わることがどんな意味を持っていたのか、ということぐらいである。映画とてその時々の社会状況と無縁に存在していない。ベタに社会問題をテーマとしている映画のことを言っているのではない。そうではない映画全般、たとえば恋愛をテーマにした内外のコメディ作品をみると、いろんなことがわかる。ポルノ映画然り。筑紫さんが愛した宮崎駿アニメ然り。

何度でも言うが、官庁省庁、警察発表のものだけがニュースではない。自称「ニュースのプロ」がしたり顔で解説するものがニュースではない。素人の視線、立ち位置、言葉を変えて言えば、市民、生活者の目線こそが大事なのだ。ジャーナリストはその点で徹底的に、素人と専門家のあいだを往還するつなぎ屋、もっと言えば「野次馬」であるべきではないのか。そういうことを筑紫さんは実践していたし、『筑紫23』も率先してそれを支えた。知日派学者の泰斗、コロンビア大学のジェラルド・カーティス名誉教授が僕によく言っていた言葉を思い出す。英語でpublic intellectualという表現がある。

「日本にはpublic intellectualがいないね。いるとしたら、筑紫さんぐらいだ」

局内においてすら、そのような文化志向には攻撃が加えられた。僕は身をもってそのことを知っている。

私は時々、「家なき里のこうもり」のような心境に陥ることがある。世間では一応「硬派」と見られる世界でジャーナリストとして仕事をしていて、そこでは私の文化志向、遊び志向は絶えず批判にさらされてきた。私のやることをカルチャーどころか〝軽チャー〟と揶揄する向きもある。しかし、映画をふくめて、いかなる文化についても私は専門家ではない。試写室ではプロから「困るんだよなぁ、近ごろは素人が荒らしに来て」とひそかに嫌がられている種族に属する。そういう境遇は長年のことで慣れっこになっているつもりだが、（中略）プロではないのだから映画そのものだけでなく、この20世紀を象徴する文化と現実社会の森羅万象とのかかわりについての観察と考察にいささか力点を置かせていただいた。スクリーンを観るだけでなく、それを観ている人たちのことも観ようとした。

——前掲書

おすぎさんと筑紫さん

『筑紫23』では、お正月と夏休みの年に2回、映画評論家のおすぎさんと筑紫さんが映画を縦横無尽に語り合う特集が恒例となっていた。丁々発止のトークも魅力だったが、作品に対する評価が全く分かれる時がとても面白く、その映画を観ていないのにこちらの方が勝手にわくわくした記憶がある。そのおすぎさんに是非話をうかがいたかったが、おすぎさんは多忙をきわめている。僕もウクライナの現地取材を控えていて、とうとう話を聞くことが叶わなかった。いずれかの機会におすぎさんに直接話を聞こうと思う。

「文化にこだわった『筑紫23』の最後に、こんなことが実際にあったんですよというエピソードをひとつご紹介したい。本当にこれはあったことなんですから。

映画評論家の淀川長治さんが、1998年11月11日に亡くなられた。当然大きなニュースなので、当日の『筑紫23』で是非扱おうということになった。淀川さんが懇意にしていた映画分野の人物では、やはり、おすぎさんに話を聞くのがいいだろうということで、天野環ディレクターが取材を担当した。急遽、局におすぎさんに来ていただき、VTRでインタビューを収録した担当者だ。時間が切迫していて「追い込み」（オンエアまでの時間が少ないことの業界用語）になった。夜になって放送時間が近づき、さて各ディレクターたちの「追い込み」具合はどんなもんだろうと、当日のデスク編集長だった僕は編集ブースの集中している一角を偵察しに出かけた。ある編集ブースのなかで『23』の杉山麗美ディレクターが、それこそ文字通り「腹を抱えて」笑い転げていたのだ。それも横隔膜が痙攣を引き起こしているのではないかと心配になるほど、笑いが波状的に襲ってきて苦しんでいるほどだった。

「どうしたの？」と聞いても杉山Dは笑いが止まらず答えてくれない。「天野が……、これ本当に、おかしい……、環が……」。一体何が起きたのか。笑いがなかなかおさまらないなかで、ようやく聞き出して事情が呑み込めた。「淀川さんについての一番の思い出は何ですか？」とかいう陳腐な質問を天野はしていたのだが、おすぎさんは「ロンドンに淀川さんが旅行にいらした時にね、おみやげにマイセンを買ってきていただいたの、それがとっても嬉しくて……」と言って声を詰まらせた。それを聞いていた天野が思わず「ああ、とんかつの……」と相槌を打ったのだった。そして気まずい沈黙の時間が訪れた。ええっ？　まさか、天野は？　そうなのだ。天野は東京・青山にある老舗のとんかつ専門店「まい泉」のことを想起していたのだ。当時『筑紫23』では夜に及ぶ作業が常態化していたのでスタッフ全員にお弁当が支給されていた。「まい泉」のとんかつ弁当はスタッフに人気のあるメニューだったものなあ。僕は一瞬、頭の中で、淀川さんがニコニコしながらロンドンから買ってきたとんかつ弁当のおみやげをおすぎさんに手渡しているシュールな映像を想像してみた……。

おすぎさんは健気に何もなかったかのように、気を取り直してインタビューを続けた。さすがプロである。そのインタビュー・テープは当時「永久保存」にしようとみんなで決めていたのだが、歳月の経過とともに行方がわからなくなってしまった。

第7章 沖縄を愛し、沖縄を最後の旅先に選んだ

――「生活の一部としての文化」への共感

沖縄「特派員」として

さて、今回は大きすぎるテーマ。沖縄に対する筑紫さんの想い、そして『筑紫23』の沖縄への取り組みについてである。筑紫さんの沖縄への想いは長く、深く、かつ切ない。筑紫さんが沖縄の地に初めて「上陸」したのは、早稲田大学の学生だった当時の1956年のことだというから、かれこれ半世紀以上のつながりということになる。

決定的だったのは、1968年春から70年にかけて、返還前の沖縄に朝日新聞の「特派員」として足かけ3年、家族とともに那覇で暮らしたことだ。そこで筑紫さんはジャーナリスト人生の最初の転機を経験することになった。当時、沖縄は本土復帰運動の最高揚期にあたり、自身も述懐していたように「馬に食わせるほど」原稿を書いていたという。

沖縄に住んでいたとき、自分にとって大きな変化がありました。（中略）まず、沖縄に行く前、東京本社の政治部にいて国会の赤絨毯を踏むという仕事は、新聞記者としては檜舞台に

立ったようなもので、いわばエリートの道ですが、自分にこういう仕事は合わないという気持ちがあった。さらに自分には新聞記者、ジャーナリストとしての適性がないんじゃないかという思いも芽ばえていた。（中略）ところが、高揚期の沖縄に行って、本土復帰運動を取材すると、（中略）以前とは比べられないほどの自由を感じた。すると、この仕事は面白いな、と思えてきた。十年で新聞記者をやめるつもりでいたけれど、（中略）目の前で起こっていることが非常に面白いわけですから、いってみれば、やめる理由がなくなった。（中略）十年たってやっと仕事で充実感を味わった。その転機をもたらしてくれたのが沖縄だった。記者クラブに集まるのではない新聞記者の姿、ジャーナリズムの原点を見つけたということなのかもしれない。そのように目を開かせてもらった沖縄には、強い感謝の念を持っている。

――『沖縄がすべて』１９９７年　河出書房新社

当時、「本土」から復帰前の沖縄へ渡るには、特別のパスポート（身分証明書＋入域許可書）が必要だった。それゆえ、沖縄に赴任した本土メディアの記者も「特派員」という呼称だった。つまり沖縄は外国扱いだったのだ。朝日新聞那覇支局は沖縄タイムス（旧社屋）の３階に間借りしていた。

屋良朝苗（やらちょうびょう）氏が主席公選で当選して本土復帰運動の先頭に立ち、ニクソン・佐藤会談後の日米共同宣言（69年11月）で、復帰の道程が一応示されたものの、その内実たるや、米軍基地内の核兵器の扱いや、基地そのものの永続的使用について、米政府の要求を日本が丸呑みしていたことが今では明らかになっている。
69年は朝日新聞が長期連載『沖縄報告』を100回にわたって掲載していた時期だ。その一員として特派員の筑紫さんは、政治家ではない市井の人々、全軍労、教職員組合、沖縄戦の生き証人たち、沖縄の芸人さん、公設市場のおじい・おばあ、そして復帰運動を進める地元のリーダーたちと精力的に会い、前述のように「馬に食わせるほど」原稿を書いていた。記者クラブに縛られずに自由に動き回った。東京でその連載の陣頭指揮をとっていたのが、編集局次長（当時）の一柳東一郎（ひとつやなぎとういちろう）氏だった。第1章で触れたが、彼こそが筑紫さんが1987年にTBSに移籍しようとした時に、朝日新聞社長としてTBS会長にトップ会談を申し入れ、移籍を「ご破算」にしたその人だという歴史の巡り合わせ。これだから人間関係の絡まりというのは面白い。

沖縄への思いが化学変化を起こした

だが、ジャーナリストとして転機以上のものを筑紫さんは沖縄からもらったことを後日告白している。それは沖縄での文化体験だ。

沖縄に住むことで自分が変化した、もうひとつの部分。こちらのほうがより大きい変化でした。それは、文化というものが人間の生活や社会で持つ意味、それを沖縄が気づかせてくれたことです。（中略）いまでも自分が仕事をしている基本の部分に、沖縄での文化体験が強く影響しています。（中略）いま「ニュース23」という番組をやっていても、内外から批判が起こるのは、音楽や映画などの文化をテーマにした後半部分に対してです。ニュース番組のはずなのに、なぜそんなものがニュースなのか、と。その点は、私は確信犯です。その出発点となったのが、沖縄の人々の生き方、暮らし方だったのです。

——前掲書

とにかく、沖縄民謡から沖縄ロック、焼き物（やちむん＝陶器）、織物、絵画、琉舞、大衆芸能から沖縄料理の豊かな食文化、テーゲー、チャンプルーといったライフスタイルに至るまで、根っから好奇心の強い筑紫さんのことだ、沖縄での文化体験がいかにディープなものだったかが想像できる。それは消費対象としての商品としての文化ではなく、生活そのものの一部としての文化である。

例えば、宴席で興が乗ってくると、隣にいたおじさんがごく自然に三線を爪弾き、その隣に座っていた女の子がごく自然にカチャーシーを踊り出す、という具合に。沖縄の食文化では、嶺吉食堂という那覇の港湾労働者がよく立ち寄った大衆食堂のてびち汁定食が筑紫さんの好物だった。僕らも何回か食べた。残念なことに、この嶺吉食堂、今年の春に訪ねて行ったら跡形もなく消えていた。歳月は流れる。あるものはなくなる。

すでに触れたが『筑紫23』のエンディング・テーマ曲にいかに沖縄にまつわるものが多かったことか。番組で関わった沖縄のミュージシャンだけでも、ネーネーズ、古謝美佐子、知名定男、大工哲弘、Cocco、新良幸人とパーシャクラブ、照屋林助、りんけんバンド、登川誠仁、喜納昌吉、海勢頭豊ら挙げきれないくらいだ。

こういう具合に、『筑紫23』は、筑紫さんの沖縄への想いに引っ張られていった部分ももちろんあったのだが、番組に関わっていたスタッフたちもそれに応じて化学変化を起こすように、沖縄に対して自分たちなりに独自にコミットするようになっていった。サブキャスターだった池田裕行や佐古忠彦もそれぞれ沖縄にのめりこんでいった。ディレクターの井上波（いのうえなみ）も沖縄在住の個性豊かなミュージシャンCoccoに着目し、取材を重ねた。

『筑紫23』との関係で言えば、クリントン大統領（当時）をTBSのスタジオに招いてのタウンホール・ミーティング（1998年11月19日）のことは後に詳しく触れるが、そこでも筑紫さんはクリントン大統領に向けて「全国から集まった質問の中で非常に数の多かったテーマです。沖縄の米軍基地です」と切り出して、自ら沖縄の米軍基地の存在の是非について問うていた。思うに、沖縄の基地問題だけは絶対に自分で聞きたい事柄だったのだろう。

ブッチホンと沖縄サミット

ここで、『筑紫23』でのあまり知られていないエピソードをひとつご紹介しておきたい。それは沖縄でG8サミットが開催されることが決まる前の1999年の初め頃だったと思う。『筑紫23』の職場に突然一本の電話が入った。その頃僕はまだ『23』のデスク編集長だったのだが、何とその電話の主は小渕恵三首相（当時）だった。当時、小渕首相は「ブッチホン」と言われて、いきなり電話を入れてくることで話題になっていた。本番前の慌ただしい時間帯だったと思うが、そこに電話が入った。僕が応対したのだと思うがもう記憶の彼方で曖昧な点も多い。その電話で小渕首相は「あのね『23』で以前流していた沖縄の歌があったでしょ、あの題名を教えていただきたいんだ」と言ってきた。よくよく聞いてみると、どうもそれはネーネーズの『黄金の花』のことを指していることがわかった。「あの歌はいい歌ですね」とか何とか言われた記憶がかすかにあるのだ。

それからまもなくして野中広務官房長官（当時）から、日本で開催されることになっていたG8サミットの開催地を沖縄にするとの正式発表があった。それはある種のサプライズだったことを覚えている。『23』のエンディング・テーマの『黄金の花』が毎夜流れていたことが、沖縄サミット実現とどこかで関係していたのかもしれないな、と僕は勝手に思っている。

沖縄をめぐる時代認識の落差

前述のように、『筑紫23』では沖縄について数々のニュースや特集を組んだ。実は筑紫さんの誕生日が6月23日で、その日が沖縄戦の終結した「沖縄慰霊の日」とされていることもあり、筑紫さんの誕生日前後は沖縄の局（RBC＝琉球放送）にお邪魔して、沖縄のどこかから放送を出したことも多々あった。そんな折、筑紫さんは「今日は慰霊の日だから、僕は誕生日はここではお祝いしないんだよ」とニコニコしながら話していたのを覚えている。

当時はRBCの人々とも深い交流があった。なかでも大城光恵（おおしろみつよし）さん（元RBC常務、報道制作局長）と筑紫さんはウマがあったようだった。シーサーのような容貌で人望の厚い人だった。僕自身も、大城さんの紹介で、大田昌秀知事（当時）と筑紫さんとの宴席に同席させていただいたりした。その大城さんが急死したのは沖縄サミットの終わった2000年暮れのことだった。急死の報を聞いて僕はいてもたってもいられない気持ちになり、羽田からの最終便に飛び乗って沖縄に向かい、深夜に仮通夜の場に立ちあわせていただいたことを今でも覚えている。大城さんは眠ったように横たわっていた。今にも起き上がって「あら、金平さん何で来たの？」と冗談を言ってくる気がしたものだった。

『筑紫23』で出した沖縄にまつわる特集のなかで僕が記憶しているのは、自分で作ったものなので恐縮だが、『沖縄の基地なんか知らないよ』（1998年3月4日放送）という特集企画だ。渋谷のハチ公前広場で若者に沖縄の基地についてランダムにインタビューをする形式だが、インタビューをする人物が、1967年に、同じハチ公前広場でTBSのドキュメンタリー番組『マスコミQ』のなかでインタビューをしていた沖縄県コザ市（当時。現在の沖縄市）の教員、宮良芳さんだった。TBSの大先輩の新井和子さんがつくったドキュメンタリーに触発され、沖縄をめぐる時代認識の落差のようなものを伝えたいと思ったのだ。最後のシーンの宮良さんの顔のアップからズームバックして渋谷の荒涼とした雑踏の風景に至るシークエンスは取材部の福井光男カメラマンが気を入れて撮影したものだ。その福井さんは2010年の9月に亡くなった。僕よりわずか2歳だけ年上だった。本番前のプレビューを終えた筑紫さんは、この特集に直結してすぐに「多事争論」をやりたいと言い出した。筑紫さんの想いとその特集作品の何かがシンクロした瞬間だった。

もうひとつ僕の記憶に強く残っている特集企画は、田代秀樹ディレクター（当時）がつくった沖縄県伊江島の反戦地主である故・阿波根昌鴻（あはごんしょうこう）さんのインタビューを中心にまとめられた作品だった。阿波根さんの独特の語り口に引き込まれてしまった。

まあ、数々の力作、名作、凡作、駄作も含めて『筑紫23』では沖縄については多大なエネルギーが注がれたのだ。だからいろんな出来事が派生的に起こった。その結果、何とRBCから奥さんを娶ってしまった不届き者（冗談ですからねえ）も出た。1997年、宮崎栄輔ディレクター（当時）がRBCの基地問題担当の徳田玲子記者と結婚してしまったのだ。徳田記者は美貌と知性を兼ね備えた沖縄地元の人気記者で、それを東京の不届き者に（冗談ですよ）持って行かれたRBC報道部では、当時、不穏な空気が流れたとか。これだから人間関係の絡まりというのは面白い。

怒りに燃えた瞬間

当時、沖縄は燃えていた。これから記す米兵による沖縄少女暴行事件（1995年9月4日発生）後、反基地の島ぐるみ闘争が燃えさかっていたのだ。そしてこれに関連して、『筑紫23』の積み重ねの中で、普段は温厚な筑紫さんが烈火のごとく怒りをあらわにしたレアケースがあったのだ。

1995年9月11日のオンエア本番前、だから夜の10時過ぎのことだった。通常、『筑紫23』では、報道局の大部屋のセンターテーブルにキャスターたちが陣取って、原稿のチェックと特集のプレビューなどを行う。そういう時は大体、机の脇に2台置かれていたテレビモニターのひとつは『ニュースステーション』（以下NSと記す）にチャンネルがあわせられていた。久米宏さんがキャスターをつとめていたNSは、さまざまな意味で僕ら『筑紫23』のライバル番組だった。その日のNSのトップニュースこそが、沖縄の米兵による少女暴行事件だったのだ。僕らの局は夕方までのニュースで全く扱っていなかったばかりか、地元局のRBCからのネタ申告さえなかった。筑紫さんは声を荒らげた。

「おい、こんな大事なニュース、どうして僕らはやってないんだ？　一体どうなってるんだ？」

僕はその日は夏休みをとっていてスペインにいたと古い日記にあった。何てこった。当日のデスク編集長の田中龍男（僕の同期入社の同志。『23』で喜怒哀楽をともにした。元TBS監査役）に後日聞いたところ、筑紫さんの怒りようは尋常ではなかったという。以降、『23』はこの出来事に徹底的にこだわったが、大展開できたのは何とNSに遅れること1週間、9月19日になってからだった。僕自身も沖縄に出向いて取材を続けたのだが、その結果、どうしても不可解なことが心に残った。

それは、これほどの酷い事件であったにもかかわらず、県警の発表が「貼り出し」（県警広報が記者たちを招集して発表するのではなく、広報ボードに紙を貼り出しておく形式。通常は軽微な事件の扱いの場合に便宜的にとられる方法）だったことだ。それゆえか地元紙の第一報記事が小さな扱いであったこと等を知り、どう考えても僕は腑に落ちなかったのだ。地元紙では、琉球新報の第一報が9月7日付け夕刊で2段の扱い、沖縄タイムスの第一報は、それより半日遅れだったが8日付け朝刊で社会面トップ記事だった。全国紙はもっと遅く、9月9日付け朝刊（朝日、読売ともに）でとても小さな扱いの記事だった。この事件が地元の新聞・テレビで大々的に報じられることになったのは、那覇市議（当時）の高里鈴代さんらが北京で行われていた世界女性会議から帰国して急遽記者会見を開いた9月11日の午後以降である。

なぜ少女暴行事件の報道が遅れたのか

僕にはこの第一報の「時差」の事情が長い間ナゾだった。なぜ、このような一報の遅れがあったのか、と。そして、この本のために多くの関係者から話を聞く旅に出たなかで、20年目にしてようやくその事情がわかった。このことを記すのは古傷の瘡蓋を剝がすためではない。「歴史の記憶」を事実としてとどめておくことの大切さを熟考したうえのことである。

NSは9月8日にいち早く全国ネットのニュースとしてこの出来事を報じていた。なぜか。それは次のような事情による。テレビ朝日系列の地元局QAB（琉球朝日放送）は、この事件当時、翌月に開局・放送開始を控えて最後の準備段階に入っていた。そのいわば「助走」作業として、テレ朝は那覇臨時支局をおいて、ネタ申告を毎日のルーティーンとして東京のデスクあてに送らせていた。当時のNSの統括デスクは、川村晃司氏（執筆当時はテレビ朝日コメンテーター）だったが、氏は那覇から送られてきたネタ申告のなかに地元紙の小さな記事（おそらく琉球新報の第一報）が添付されていたのを見逃さなかった。

「東京からみるとこれは大変なことだと思ったので、直ちに取材にかかるように沖縄に指示を出しました」（川村氏）

氏によれば、沖縄からの反応は当初必ずしも積極的に報道しようという姿勢ではなかったという。

「あんまり関わりたくない。こういうのは沖縄ではよくあることなんですよ、と乗り気ではなかったですね」

それでも川村氏は地元紙の小さな記事にこだわった。結果、9月11日には、トップニュースで大展開した。それを僕ら『筑紫23』は放送直前に目の当たりにしたのである。沖縄への想いの深い筑紫さんにとっては、心穏やかではなかったのは想像に難くない。

だが、それにしても沖縄の地元紙を含めた第一報の「時差」は腑に落ちない点が残る。

当時、一体何があったのか？　この間の事情をある人物が証言してくれた。大田昌秀知事の下で副知事を4年にわたって（1993年〜97年）つとめた吉元政矩（よしもとまさのり）氏だ。こういう事情をメディアの人間に話すのは初めてだという。

吉元氏によれば、事件発生の第一報を受けて、まず考えたのは被害に遭った少女を徹底的に保護することだった。少女の将来を考えて「外部」からまもること、これを何よりも優先して考えたという。応急的なケアの時間も絶対的に必要だ。狭い地域社会で小さなことから身元がわかってしまい、心ない反応が返ってくることを防ぎたい、と。そのため吉元氏は、ここには記すことができないが、センシティブな、かつ具体的な動きをした。その上で、吉元氏は当時の地元メディアの上層部に、被害者の将来のことを考えて慎重な報道をするように「お願いをした」という。

「被害者がこどもの場合、家族だけでは対応しきれないんですよ。つらい仕事でした」

それで納得がいった。吉元氏は、僕の前で大きく息を吐きながらこんなふうに述べた。

「私の対応が、結果的によかったのかどうか、わからないです。でも、あの子の将来のことを考えるとね……。この種の問題は沖縄では実は本当にたくさんあるんですよ」

吉元氏は、当時、北京から帰国して急遽、怒りの記者会見を開いた高里さんとは一切話をしていなかったという。念のために確認しておくが、高里さんたちも、被害に遭った少女の保護については、長期にわたる実質的な支援を行い、メディアに対しても鋭い問いかけを行っていた。被害に遭われた方の回復・安寧を心から願わずにはいられない。この事件は、日本全体に大きな衝撃を与え、沖縄では反基地感情が空前の高まりをみせた。当たり前である。米政府は危機感を募らせた。このままでは沖縄に基地を維持できなくなるのではないか。橋本龍太郎内閣は、米政府との協議の結果、普天間基地の返還等について合意に達した（いわゆる「ＳＡＣＯ合意」）。その普天間基地を同じ沖縄の地に移すなどとは当時一体誰が想像していたことか。さらには、日米地位協定の根本的な改定は今に至るまで行われていない。筑紫さんが生きていたならば、今の沖縄の風景をどのように見るだろうか。

「沖縄のおばあ」から見た筑紫さん

がんとの闘病生活をしていた２００７年の9月、筑紫さんは何とか家族旅行ができないものだろうかと考えていた。それまで苦労をかけ続けていた家族への感謝の気持ちもあったのかもしれない。当初はアメリカに行くことも考えたが、当時の体力や旅の目的などを考えた末に選んだのが沖縄だった。

実は沖縄を選んだのには理由があった。そこで筑紫さん一家はある人物に会いたいと思ったのだ。家族のあいだで「沖縄のおばあ」と呼んでいた糸数志ずさん（大正元年12月10日生まれ。僕がお会いした当時で101歳）と再会するためである。

志ずさんは、筑紫さんが沖縄特派員時代の那覇の住まいで家政婦さんとして働いていた人だ。その後も家族ぐるみのお付き合いが途絶えることがなかった。筑紫家では当時次女のゆうなちゃんが生まれたばかり。長女のいづみちゃんがまだ小さくて、てんやわんやの日々だったという。こどもたちは志ずさんにすぐになついた。筑紫さんとはたばこ仲間で、一緒によく吸っていたという。

「新聞記者の家の家政婦なんてできるかねえ、怖いと言ってたら、筑紫さんは、とてもいい人だったねえ」（志ずさん）

志ずさんは当時ご主人を亡くして落ち込んでいた。自分の長女もまだ4歳だった。

僕は沖縄本島北部、やんばるの森の近くに住む志ずさんを訪ねた。家政婦の志ずさんからみた筑紫家はどのような状態だったのか。

「あんまり家に帰ってこなかったよ。それで奥さんの房子さん怒ってからさ。でも房子さんとっても偉かったよ。よく辛抱していたな」

僕は覗き屋じゃないから、もうこれ以上書くつもりはない。でも志ずさんの記憶力があまりにもしっかりしているので、僕は驚いてしまった。その志ずさんはテレビで筑紫さんががんに罹っていることを告白したのをみて、元気でいてくださいと直筆で手紙を書いたのだという。それから「やっぱり、おばあちゃんの所に来たよ」と言って筑紫さん一家が志ずさんを訪ねて来たので驚いたやら嬉しいやら。ともに食事をとった。

「それでね、みんな一緒に帰るときに見送りに行ったら『おばあちゃん、ありがとう。また来ますからね』って」

筑紫一家の最後の旅先は結局この時の沖縄となった。

志ずさんは筑紫さんが亡くなった直後、不思議な体験をした。枕元に筑紫さんが出てきて沖縄民謡を歌っていたという。一生懸命歌っているのだがその歌詞の意味がわからない。志ずさんは一生懸命に耳を傾けたがやはりわからない。

「そのうちにみんなが集まって来てから、筑紫さんはすうっといなくなった。魂が来たんだねえ」

志ずさんの目が涙ぐんでいた。

追記――２０２０年7月17日、志ずさんは、故郷、沖縄本島北部のやんばるの森近くの家で息をひきとられた。１０９歳の人生を全うされた。

第8章 「旗を立てる意志」について僕が知っている二、三のことがら
――大テーマ主義が時代を切り取った

沖縄タイムスとの深い縁

前章で記した筑紫さんと沖縄の関係の続きから始める。何しろ、筑紫さんの沖縄への想いが強かった分だけ、沖縄の人たちの筑紫さんへの想いも相応に強烈なので、これだけは語りたいという人がたくさんいるのだ。筑紫さんは１９７８年にこう書いている。

返還決定までの二年間を過ごした沖縄については、書けばキリがない。ここで私の目にかけられた〝フィルター〟からは私はこの先も逃れられそうにない。やきもの（陶器）や舞踊、音楽に対する見方から「日本」に対する見方に至るまで――。そこでは、私にさまざまなものを与えてくれ、収支決算すればまったく私が負債を負っている沖縄の友人たちの多くがいま、あの逆境のときの充実感をなつかしみ、現在はやや虚脱感に近い気持ちでいることだけを報告するにとどめたい。

――『猿になりたくなかった猿：体験的メディア論』１９７９年　日本ブリタニカ

筑紫さんの朝日新聞・沖縄「特派員」時代に最もよく付き合っていた沖縄地元メディアの人物は、豊平良一氏（当時の沖縄タイムス・政治部キャップ。その後、編集局長や社長を歴任。2005年に死去）だったことは多くの人が認めるところだ。

筑紫さんは良一氏とともに当時燃え盛っていた沖縄「本土復帰」運動の現場を取材して歩き、夜は酒場で熱く語り合っていた。また趣味も合い（やきもの）、遊び仲間でもあったという。豊平家は沖縄タイムスの創業家で、良一氏の父親・豊平良顕（りょうけん）氏は、戦前に大阪朝日新聞那覇通信部の記者だったことから、沖縄タイムスは創業時から朝日新聞とは浅からぬ縁があった。

沖縄戦への痛恨の思いと非戦の誓いから1948年に発刊された沖縄タイムスは、琉球新報と並ぶ2大地元新聞だ。さらには運命の引き合わせというべきか、筑紫さんが朝日新聞に入社して初めて配属された宇都宮支局に、良一氏の弟さんがいて同じ釜の飯を食った間柄だった。

僕は、その豊平良一氏をよく知る人物に是非とも会って話をうかがいたいと思い、沖縄の友人に相談したところ紹介されたのが、当時の豊平氏の部下・大山哲さんだった。大山さんは沖縄タイムスでの筑紫さんの連載コラム「多事争論・かわら版」の担当記者でもあった。

2週間に一度のペースで第一面に掲載されていたこのコラムは、もともとは良一氏が編集局長当時の1994年に、すでに『23』キャスターだった筑紫さんに無理やり頼み込んで実現した同紙の人気記事だった。その後、単行本化もされている（『筑紫哲也の「世（ゆー）・世（ゆー）・世（ゆー）」：おきなわ版「多事争論」パートⅠ〜Ⅲ』1995〜99年、『おきなわ：世（ゆー）の間（はざま）で』2004年　沖縄タイムス社）。

大山さんによれば、筑紫さんは、毎回400字詰め原稿用紙3枚のコラムを、取材先の海外からでさえも、手書きの原稿で欠かすことなくきちんと送ってきた。

「今だから明かしますが、原稿料はたったの1万5000円だったのですよ。筑紫さんとはお金の話を一度もしたことがなかったです。ご本人はあのコラムを書くことが本当に楽しみだったんだと思いますね」

大山さんはしみじみと語ってくれた。

10年続いたこのコラムが終わるきっかけは、沖縄タイムスの紙面刷新で第一面にコラムを置き続けることへの異論が出たことや、沖縄に対するもっと辛口の視点を入れてほしいという一部からの声があったとか、いろいろとあったようだが、さすがに10年という長期連載での「勤続疲労」があったのかもしれない。

東松照明批判をめぐって

だが、ここでちょっと触れておきたいのは、ひょっとしてその「勤続疲労」と関係があったかもしれないあるエピソードについてである。筑紫さん自身にとっては、ほろ苦い記憶のひとつだったかもしれない。

写真家の東松照明（とうまつしょうめい）氏（故人。筑紫さんの死の4年後、2012年に死去）が、沖縄を撮り続けた写真の評価をめぐって、沖縄の写真家たちとのあいだで激しい論争が起きたことがある。一時は沖縄に移住もして沖縄を愛した東松氏の写真に「ヤマトの文化戦略、植民地主義的なひとつの態度」を読み込んで批判する人々がいたことは、それもまた現実であることは認めざるを得ない。

『筑紫23』とその時代を描写するという、本書の目的からは離れてしまうので、僕はこの論争に深入りするつもりはない。ただ、筑紫さんがこの東松氏批判について沖縄タイムスの「多事争論・かわら版」で触れたことが、その後沖縄で波紋を呼び、異例のことだが、文化面で反論記事が3回にわたって掲載された。

今、それらの記事を読むと実にいろいろなことを考えさせられる。1回目のコラム（2002年7月21日）で筑紫さんは、東松氏の『沖縄マンダラ』展（2002年 浦添市美術館）に向けて期待と賛辞を寄せていた。ところが、その次の回のコラムでは「承前 東松氏批判の真意とは」として、同展にちなんで開催されたシンポジウムで東松氏に対して会場から批判が浴びせられたことに対して、筑紫さんは疑義を呈する内容の文章を書いた。ただし「私自身はこの展覧会を見に行く時間がついに取れなくて」分厚いカタログを手にした上で、と断った上でのことである。伝聞をもとにした疑義表明には、後に批判が及ぶことになるのだが、筑紫さんは、批判の声が浴びせられた東松氏に自分自身を重ね合わせていたようなところがある。

外部、他者による観察、解釈、理解、説明には本来、何がしかの異和感がその当人たちにあって不思議ではなく、その他者が善意か悪意かはこの場合関係ない。むしろ、長く、深くかかわり、沖縄について発言したり、表現したりすればするほど、批判の標的になりやすい。至近距離にいる者ほど切りつけやすいからである。それは今に始まったことではなく、沖縄に長くかかわってきた私にも身に覚えのある感覚である。

――沖縄タイムス「多事争論・かわら版」2002年8月4日付より

ヤマトとウチナーの温度差

こんな12年も前のことを記すのは、ここで語られているある種の「溝」「行き違い」について、今現在でも、沖縄に関わったことのあるジャーナリストであったならば身に覚えがある人がいるかもしれないと思うからだ。

そして、僕自身もそこにある種の普遍的な問いが含まれていると思うからだ。

――本土の人間と沖縄の人々は互いに完全に理解しあえるのだろうか。ヤマトとウチナーには越えられない「溝」があるのだろうか。「違い」や「多様性」を認める価値観が僕らには共有されているのだろうか。「ヤマトゥンチュー（本土の人間）であるあなたに一体、沖縄の何がわかるんですか？」本土メディアと沖縄地元メディアの温度差は根源的には何に起因するのか――

前記の大山哲さんがいみじくも語っていた。

「今、筑紫さんが生きていたら沖縄の現状をどう言うでしょうかねえ。普天間基地を辺野古へ移設させるなんてねえ。海兵隊は沖縄にはいらないと明言しておられたんだから。それに沖縄の問題は全国の問題だと常々言っていた。少数者を尊重しない国のあり方は民主主義ではないとも言っていた。沖縄の人は、あのコラムの筑紫さんの言葉を読み続けて本当に励まされていたんです。だから亡くなられた後に那覇市内で開かれた『「ありがとう筑紫さん」

お別れ会』にはあんなに大勢の市民が押し寄せたんですよ」

——2014年5月6日。那覇での面談の発言

沖縄タイムスの元編集局長・長元朝浩(ながもとともひろ)氏は、2003年、東京まで出向いてコラムの連載終了の旨を筑紫さんに直接伝えた人物である。筑紫さん本人にその旨を伝えると、「そうですね、いろいろお世話になりまして。こっちも何年も書いていて、くたびれていたところで……」と、意外なことにさばさばした印象だったという。

長元氏は今、深い後悔の念に苛まれている。

「振り返ってみれば、どんなことがあっても、あのコラムは続けているべきでした。沖縄タイムスにとって、いや沖縄県民にとって他に代えがたいものでした」

たかがコラム、されどコラムである。

番組絶頂期と「大テーマ主義」

さて、本章のメインは実は、『筑紫23』の全盛時代、黄金期はいつだったのだろうか、という摩訶不思議なテーマ設定だったはずなのだが、沖縄のことについて書き出すとどうしても長くなってしまう。

どの長寿番組でも絶頂期というものがある。それがいつのことかは18年半に及んだ『筑紫23』に在籍・担当したスタッフそれぞれによっても見解が異なるだろう。ある人は数字(視聴率)が

最も高かった時期だったと言うだろうし、ある人は最も困難な状況に直面した時に、番組をやめてしまうという安易なオプションを取らずに番組を継続しようと誓い合った時期だったと言うかもしれない。さらには、タウンホール・ミーティングで世界の政治リーダーたちを次々にスタジオに招いて、視聴者参加型の特別編成番組を次々に打ち立てた時期だったという人もいるだろう。

ただ、そこに何となく共有されていたと思われる認識があると僕は思っている。それは、大テーマを立てて番組のエネルギーを束ねることに成功したこと。それがうまく回り始めると、今度は番組が「自立」して、視聴者にとって、そしてメディア全体にとって、ひとつの道標（みちしるべ）、灯火（ともしび）、風にひるがえる旗（はた）のような存在となり得ていたことだ、と。そう僕自身は思っている。〈旗を立てる意志〉。それは別の言葉で言うと、ジャーナリズムの機能の最も大切なもののひとつ、「アジェンダ・セッティング」（日本語で言うと「議題設定」という堅苦しい訳語になってしまうのだが）に成功していた時期ということではなかっただろうか。

この大テーマなるものは、筑紫さんの提案によって設定されたこともあるが、スタッフ間の忌憚のない話し合いから生まれてきたものも多い。大テーマのシリーズ・タイトルとして（「ワッペン」などという言い方も『23』部内ではされていた）「日本が危ない！」「発熱アジア」「家族の肖像」「乱」「論」「脱」「壊」「幸福論」「世界が変わった日」「このくにの行方」など、書き出してみたら、具体的な特集作品が記憶の彼方からよみがえってくるのだから困ったものだ。それくらいスタッフたちは大テーマのシリーズで特集をつくることに心血を注いでいた。このいわば大テーマ主義、〈旗を立てる意志〉こそが『筑紫23』をいくつものピークに導いたと言っていいのではないか。

僕が『筑紫23』のスタッフに加わったのは、4年にわたるモスクワ支局勤務を終えた1994年の7月からだが、視聴率的には1993年8月に月間視聴率10・2%という「壮挙」を成し遂げ、スタッフがご褒美のハワイ旅行に行くという、今で考えると全くもってバブリーな経験もしていたようだ。

僕はその頃のことを強烈に覚えている。なぜならば、僕はその頃、モスクワ支局で不眠不休の日々を送っていたからである。「モスクワ騒乱」といって、ソ連崩壊後に成立したばかりのロシア共和国内で、大統領府派と議会派が対立し、ついには反大統領府派の代議員ら多数が最高会議ビル（通称ベールイドーム＝白い家）に籠城、怒った当時の大統領エリツィンが戦車で最高会議ビルに砲弾をぶっ放すというとんでもない展開になっていた。

そんな折に『筑紫23』ご一行は高視聴率のご褒美とかでハワイに行っていたのである。僕は怒り心頭に発していた。だから今でも覚えているのだが、考えてみると筑紫さんは、ソ連崩壊の引き金になった1991年8月19日の保守派クーデター（ゴルバチョフ・ソ連大統領が軍・保守派に軟禁された事件）の時も夏休みをとっていて日本に不在だったのだ。全くもう！　後日、筑紫さんは「俺はロシアとは縁遠いんだよな」とかニヤニヤしながら釈明していたことがあったが、その縁遠いモスクワ特派員とその後相当の歳月、仕事をともにするとは考えていなかっただろう。

ハワイ行きの件はその後、関係者に確かめたところ、ADさんや番組スタッフがなるべく多く行けるように筑紫さんや社員らがかなりの部分、自腹を切って資金を捻出して行ったのだという。まあ、いいか。

「中国・盲流列車」の突出

大テーマ主義を進めるなかで、『筑紫23』初期のデスク編集長であった辻村國弘氏や杉崎一雄氏が口を揃えて「あれは凄かった！」と激賞する特集がある。1994年4月5日に『筑紫23』で放送された「中国・盲流列車」（放送時の正式タイトルは「激走！ 出稼ぎ列車 50時間」だが、部内では全員が「盲流列車」と言っていた）という特集である。「発熱アジア」というシリーズのひとつだった。この回を書くにあたって、その特集をみた。いやはや、すごいや。今から20年前にはこんなパワフルな特集を出していたんだ。視聴者がみるわけだ。

「盲流列車」とは、中国の地方から大都市へ奔流のごとく殺到する出稼ぎ労働者たちを運ぶ列車のことをいう。取材班が追ったのは、四川省の農村・太和（たいわ）から上海に出稼ぎに出た7人と同じ列車に同乗したルポだが、2100キロの道のりを50時間かけて移動する。自由席（硬座）の座席を求めて激しい「空間」の争奪戦が展開される。座席の数どころではなく、文字通り「隙間」を確保するのだ。とにかく、貧しい家族の生活を支えるために出稼ぎに出ようと命がけの移動を行う。窓からもどんどん乗り込む。熱気と人いきれで車内は蒸し風呂と化す。

『23』から列車に乗り込んだのは、谷口潤一ディレクター（現TBSテレビ報道局編集部）だった。彼が持って入った8ミリビデオカメラのレンズが熱気でみるみる曇っていった。あまりのすし詰め状態になり、危険だと判断した鉄道公安警察官が、乗客の一部を無理矢理、引きずり下ろしていく。そのシーンが強烈だ。殴ってもいた。身動きできないのだからトイレにも行けない。多くの乗客は垂れ流し状態。すごいことになっていた。ＶＴＲの終わりに近い部分で「発狂・意識不明25人」というスーパー（字幕説明）が入っていた。とうとう50時間かけて上海に着いた出稼ぎの男性に聞くと「上海で仕事をするまでは、と思って耐えました」。民衆のエネルギーというか、逞しさというか。驚くことにその表情が実に純朴なのだった。考えてみれば、この凄まじいエネルギーが中国の今につながっているのだ。その意味ではこの企画の突出した先駆性を誇ってもいい。

中国当局とのタフな折衝

だが、この特集は、その後、中国当局とのあいだで大問題となった。中国政府当局にとってみれば「盲流列車」は、それまで決して海外メディアで紹介されたことのない、ある意味では、どうしても表には出して欲しくない代物だったようだ。特に、鉄道公安警察官が暴力的に乗客を降車させるシーンなどは、人権上問題視されることを嫌っていたのだと思われる。僕らの局に対して中国当局からのクレームが複数のルートで伝わってきた。「許可の範囲を逸脱して取材したものを放送したことは遺憾である」と。そこで、当時のデスクだった横田和人が上海に飛び、先方との協議を続けた。

ある人物が保管していた手書きの記録メモが今僕の手元にある。それを読んでみると、日中間の報道現場の最前線にいる者同士のスリリングなやりとりに大いに感心させられる。すばらしい。双方が大人の対応をしていた。

「中国での取材は中国の原則と法律を守らなければなりません。信義を重んじるのが協力・合作の基本的な基礎です」

「私は中国人だから漢方薬は出せますが、西洋医のような特効薬を出すことはできません、と先方が言いましたので、当方は、その漢方薬の服用を誤らないように今後も機会あるごとに私たちＪＮＮに服用方法をご教示くださいと応じました」

昨今の日中関係の感情的なエスカレーションぶりを考える時、こんなタフな折衝は、あの時だからできたのだと思う。それは、一にも二にも『筑紫23』の〈旗を立てる意志〉のもとに、いい番組を出そう！　という総意が、『筑紫23』、外信部、ＪＮＮ各局、さらには中国側当局者までも巻き込んだ関係者らのあいだで形成されていたからだ、と僕はつくづく思う。

前述した谷口潤一と一緒に20年ぶりに当時のＶＴＲをみた。谷口は今でこそ温厚な紳士だが、『筑紫23』当時のことを考えると、何かと伝説の多い人物だった。

「この『盲流列車』は自分でも一番記憶にある記念碑的な企画ですね。オンエアが終わって大部屋に戻ってきたら、当時のタコ社長が『これはすごい映像だな。よくやった』と言って涙を流して僕の手を握ってきたことを覚えてるんですよ」

タコ社長とは当時のデスクのひとり、前述の杉崎一雄氏である（第4章も参照）。

心に〈旗を立てる意志〉を！

僕はこういうものが出せていた1993〜94年頃が、『筑紫23』の全盛期のひとつではなかったかな、という思いがする。だが、これとて、〈旗を立てる意志〉について、僕が知っている二、三のことがらにすぎない。例えば、「家族の肖像」というシリーズ企画も個人的には大好きな企画だし、米田浩一郎ディレクター（当時）が、作家・柳美里（ゆうみり）の出産および東由多加（ひがしゆたか）との死別を同時並行的に綴った「ドキュメント『命』〜柳美里と云う生き方〜」という作品も、『筑紫23』から生まれた。まだまだ書き出したらきりがない。僕自身は『23』のスタッフに加わる前のモスクワ特派員時代、第二部で連続的につくっていた「世紀末モスクワを行く」（パート1〜11）が最も記憶に残る作品群だ。かつてのスタッフ一人ひとりに代表作、記念作品があるに違いない。

当時の大テーマ主義のいわば立役者のひとり、吉﨑隆（元TBSテレビ執行役員編成局長）に本当に久しぶりに会った。

吉﨑は僕より3年後輩の1980年TBS入社組。テレビをどう面白くみせるかについての情熱は半端ではなかった。生粋の「テレビ屋」である。頑迷な「報道屋」である僕とはテレビ報道の流儀ということでは意見を異にすることも多かったが、彼が『筑紫23』初期在籍当時（1989年の『23』創設時から『スペースJ』立ち上げのために転出した1993年夏まで）に試みた冒険は、番組を大いに奮い立たせたことは間違いない。テレビのみせ方、メイクアップについては、筑紫さんも吉﨑に全幅の信頼を置いていた。

たとえばシリーズ「乱」のキックオフの時のスタジオワークでは、「乱」という文字を含んだ漢語がスタジオ一面に乱舞し（それこそ「戦乱」「混乱」「動乱」「乱世」「乱立」「乱脈」「乱獲」「乱暴」等々という漢語だが、なかにはそこに「淫乱」「乱交」などをこっそり忍び込ませた不届き者もいたそうだ）、それを背景に筑紫さんが、「乱」なる言葉がいかに時代のキーワードになっているかを語って特集をスタートするという構成だった。元来が禁欲的な報道ニュース番組にしてはなかなか凝った演出だった。〈旗を立てる意志〉が確固としてあったのである。

吉﨑は２０１２年に不慮の事故に遭い、現在もリハビリ生活を続けている。療養先を訪ねることに少し迷いもあったが、会って本当によかった。彼を抜きにしては『筑紫23』の大テーマ主義や全盛期のことどもは語れないと僕は思う。吉﨑は、僕が話し続けるかつての『筑紫23』時代の他愛もないエピソードを、時折、懐かしそうに表情を崩しながら、静謐さの中で聞いていた。その傍らには奥様の洋子さんが寄り添っていた。

面会のことはプライベートなことなのでこれ以上は記さない。ただ、奥様が言っておられたことを最後に記しておこう。吉﨑が『筑紫23』に制作プロデューサーとして2度目の在籍をしていた２００４年の2月当時のことだ。『筑紫23』にMr.Childrenが出演し、スタジオで『タガタメ』という曲をオーケストラ付きでライブ演奏した。吉﨑は息子さんをスタジオに立ち会わせてこのライブを直に聴かせたそうだ。奥様もテレビでみていて鳥肌が立つほど感動したと言っていた。ああ、それからもう10年以上の歳月が過ぎた。

〈この世界に潜む　怒りや悲しみに
あと何度出会うだろう　それを許せるかな?〉

――『タガタメ』より　Mr. Children

第9章 「政治部失格」だが「人間失格」では、断じて、ない

――埋没せずにジャーナリストであるために

政見放送への無断出演事件

生前、筑紫さんが、折に触れて幾分自慢話風に僕らに語っていたエピソードがある。朝日新聞記者時代の1983年、参議院選挙で某政党の公職選挙法に基づく政見放送に出演してしまって、会社から停職3ヵ月という、解雇に次ぐ重い懲戒処分を食らったのだ。本人は「いやあ、会社員でありながら、会社に行かなくてもいいっていうことは自由そのものだったぞ、あはは」などと笑いながら言うのだったが、冷静に考えてみると、今ならば即刻クビを言い渡されるかもしれないような出来事ではあった。まして筑紫さんは朝日新聞社で政治部にも在籍していたのだから、ある種の「確信犯」だったのかもしれない。

その某政党とは、無党派市民連合である。永六輔さん（2016年7月死去）、中山千夏さん、矢崎泰久氏といった人々が、既成政党の枠外にある無党派層の結集をはかろうと急ごしらえで立ち上げた政党だった。1977年結成の革新自由連合（略称：革自連）の延長線上にあった政党だったが、内部対立などもあり、青島幸男氏や野坂昭如（あきゆき）氏らとは袂を別った末での選挙戦だった。結

果は議席獲得には届かなかった。

　筑紫さんはもともと本人も自認しているように、朝日新聞政治部時代は、いわゆる「保守本流」担当ではなく、三木派など傍流を担当させられていた経歴の持ち主だ。第3章で記したように、朝日新聞の三浦甲子二（きねじ）氏「タコ部屋」時代の政治部である。「どうもあの人たちとは反りがあわない」と筑紫さんが感じていたのでは、と当時の政治部の先輩・中島清成（なかじまきよしげ）氏が述懐していた。

　にしても、政治部というきわめて堅牢なムラ社会のルールを知らないはずはない。その上で筑紫さんは、無党派市民連合の政見放送に出演したのである。15分あまりの枠の前半約5分間に筑紫さんは司会役として登場して、中山千夏さんと永六輔さんに無党派市民連合の政治理念についてインタビューするという体裁で、後半は千夏さんが永六輔さんとともに候補者を紹介するという内容だった。

「千夏ちゃんから頼まれてるんだ」と言い残してNHKでの収録のために自宅を出て行った姿を房子夫人はよく覚えている。当時の仕掛け人の一人、矢崎氏にお会いして、今だから話せる当時の事情をうかがった。

　矢崎氏は筑紫さんとは半世紀にわたるつきあいで、早稲田大学政経学部での1年先輩だった。同じゼミに所属し、筑紫さんの4年先輩にはのちの社会派ジャーナリスト・本田靖春氏（2004年死去）がいた。矢崎氏によれば、ゼミの担当教授は自分の娘さんをゼミ生と何とか「くっつけたがっていた」とのことで、「チク（筑紫さんの呼び名）にはいつも注意しろよと言っていたんだ」という間柄である。
ある日、チクに対して、無党派市民連合の政見放送に出てほしいと頼んだら「いいよ」と即刻OKしてくれた。会社は大丈夫なのか？　と聞くと「そんなもの、届けを出したら面倒くさい。会社と個人は違うんだ」とあっさりしていたという。ところが収録を終えて放送を待つだけという段階になってから、東京新聞がこのことを事前にすっぱ抜いたのだと矢崎氏は記憶の糸をたぐる。
調べてみたら、1983年6月8日付で2段の記事になっていた。ただ、矢崎氏の記憶とはちょっとニュアンスの違う記事だった。見出しは「筑紫氏、TV番組から降りる　比例代表選の政見放送に出演」とある。

テレビ朝日系「TVスクープ」（中略）のキャスターで、朝日新聞編集委員の筑紫哲也記者が同番組から降りることが、七日明らかになった。理由は、筑紫氏が参院選の無党派市民連合（中略）の政見放送に出演していることが分かったため。この政見放送は三日NHKで収録され、筑紫氏が中山千夏、永六輔両氏にインタビューしている。

——1983年6月8日付東京新聞朝刊

朝日新聞社よりテレ朝の方が先に反応していたわけだ。朝日新聞社では政治部を中心に大変な騒ぎになっていた。「こりゃあ政治部記者失格だな」。そんな声が編集局に渦巻いていた。前年までテレ朝で『こちらデスク』のキャスターを4年半つとめ市民からの信頼を勝ち得ていた当時の編集委員・筑紫さんへの妬み、そねみ、やっかみといった要素もあったが、ただならぬ空気が蔓延していた。金沢に滞在していた矢崎氏のもとに、そんなチクから電話が入った。

「まずいことになった。何とか放送は中止できないだろうか」

矢崎氏は、今更何言ってやがるんだ、とは心中思ったが、筑紫さんの困惑した声に同情もした。恥を忍んでNHKに放送中止の可能性を問い合わせたところ、一旦収録して放送時間も既に決まっているものはどうにもならない、との答えだった。筑紫さんもある種の覚悟を決めたようにもみえたという。政見放送は予定通り放送された。

ところが災いの神もいれば救いの神もいるものだ。矢崎氏によれば、無党派市民連合の代表の中野好夫氏が朝日新聞社の当時の幹部と東大の同級生だったことから、そのラインで何とか筑紫さんの件の善後策を講じたのだという。その善後策において具体的に何が話し合われたのかは不明だが、結果的にはすでに記したように、筑紫さんは停職3ヵ月という解雇に次ぐ重い懲戒処分を受けることになったのだ。クビにはならなかったものの、矢崎氏によれば、筑紫さんはこの時、相当にまいっていたという。

ところが、筑紫さんという人は実に天衣無縫というか、とにかく立ち直りが早いというべきなのか、会社に出社するに及ばずとなるや、その3ヵ月間、水を得た魚のように遊び回り、仕事上の交友関係もますます深めていったのだという。ただしもっぱら社外での活動で、紙面には一行も書けなかった。

矢崎氏はディープな麻雀仲間だった。停職中は雀卓をよく囲んだが、こんなこともあったという。

「チクは本当にかわいい人でね、好きなことをやっていると本当に子どもみたいになっちゃうんだ。だから麻雀していても、早く雀卓に戻りたくて、ある日、麻雀中に小用をたしに席を立って戻ってきたら、モノを出したままで、雀荘の女将に『筑紫さん、ちゃんとしまってください』なんて言われてた」

三木武夫の寝室で

ことほど左様に、筑紫さんは政治部記者としては「失格」と言うか、僕はむしろ「破格」なのだと思うのだが、広い意味での政治は大好きだった。つまり朝日新聞内部の社内政治だの、永田町の派閥政治家の権力闘争としての政治などにはあんまり興味が向かないのだが、そうではない、市民のエネルギーがぶつかり合う場のダイナミズムとしての政治、歴史の波動としての政治は大好きだった。

政治部時代ではないが、ポスト政治部時代に、筑紫さんは自民党では三木武夫首相と非常に懇意になった。ロッキード事件報道に筑紫さんが精力を注いでいた折でもある。前記の朝日政治部の先輩、中島氏によれば、筑紫さんは、三木邸の寝室にまで入り込んで寝食を共にしていたことさえあったのだという。

「普通、政治部記者は担当派閥の領袖に食い込むために、夜討ち朝がけをやるでしょう。最初は玄関に入れてもらって、次は居間にまで入って信用を勝ち得る。次に夜に酒を酌み交わして話をする。そのうちに朝飯を一緒に食べるようになれば、一人前と言うか、よく食い込んだねという評価なんだけれど、筑紫君の場合は、寝室に入ってしまっているんだから。しかも番記者たちに気づかれないように三木家が配慮していたくらいなんだよ」（中島氏）

保守本流に属して当たり前といった政治家は好まず、また、田中角栄、金丸信、小沢一郎の各氏といったいわゆる「金権」「豪腕」と目されていたタイプの政治家は苦手のようだった。だが、「変人」と言われ続けた初期の小泉純一郎氏や、福田康夫元首相、故・後藤田正晴氏や野中広務(ひろむ)氏（２０１８年１月死去）とはウマが合うところがあったようだった。その辺は、融通無碍(ゆうずうむげ)と言うか、結局は会ってみて惹かれるところが少しでもあればそれでいいという感じで、与野党問わず付き合う相手の幅が広かった。

けれども、ごくごく大まかに言えば、筑紫さんはフォワード（順風）の政治家ではなく、アゲインスト（逆風）の政治家が好きなようなところがあった。その典型的な（？）例としてこの章と次章で以下３人について記すことにしよう。いずれの政治家（元政治家）も、大変な逆風の中で生き延びた経験の持ち主だ。僕らマスメディアの餌食にもなった政治家である。

——菅直人、辻元清美、田中眞紀子（何という個性の強い顔ぶれだ！）

なぜか筑紫さんは、この３人とは、一定期間ではあったが、濃密な運命の時を共有することになった。

政治部報道のありようをめぐって

ちょっと話題を変える。僕は今勤めている放送局での長年にわたる記者生活のなかで、政治部という職場を直接は経験していない。もちろんワシントン支局長時代を含めて、内外の政治家の取材は続けてきたが、「官邸・政党にあらずんば政治記者に非ず」（首相官邸や政党をカバーしていなければ政治記者とは認めない）という気風のなかにいたことはない。

僕は常々、政治部記者の生きざまというものを「外部」からみてきた。そして、彼らは同じ記者仲間の中でもなぜあんなに偉そうに振る舞うんだろうとか、なぜ取材対象との距離感をあんなに簡単に放棄してしまうんだろうとか、癒着を誇示して恥じることはないのだろうか、等々の青臭い疑問を保持し続けてきたような人間である。生前の筑紫さんにその疑問を直接ぶつけたことがあった。

「政治部記者のひどいのって、政治家と身も心も一体化しちゃって、しかもそれを社内政治にまで使っている姿とかみると、矜持みたいなもの、ないのかなあって思うことあるんですけどね」

「まあな、政治部記者っていうのは、腐った汚水の沼に潜っていかなきゃいけない場合があるんだ。そうしないとネタがとれないから。でも長く潜っていると時々息継ぎをしなきゃならないから、水面に戻ってくるだろ。そこで息をしてその時何を言うか、だな」

そんなやりとりをした。筑紫さんの死後になって『猿になりたくなかった猿』という筑紫さんが40代半ばに出した本を読んでいたら、政治部記者に関する氏のかなり率直な考えが披瀝（ひれき）されていて、それが僕には非常に新鮮だった。

大事な点はこの職業（引用者註：新聞記者、ジャーナリスト）が決して「当事者」になることはない職業だということである。いや、いまではむしろ、「当事者」であってはならない職業だと思いはじめている。そのさびしさ、空しさに耐えることが大事な職業だと思う。この職業は何も生産しない。（中略）自分たちがとうてい、当事者ではありえぬという限界を十分ふまえて、そこで何をすべきか、を考えることのほうが、この仕事にとって大切なように思う。このことは、私が記者生活の大半を過ごした政治という対象を考えれば明らかである。一つの政治的立場や特定の政治家と同一化し、埋没することはジャーナリストとしての自殺行為となってしまう。

――『猿になりたくなかった猿』

しかしながら、この文章に続く中で、筑紫さんは、政治部記者が政治家に食い込むために「危険な関係」に至らざるを得ないことを「だれかがやらねばならぬ必要な作業だと信じている」と記して、むしろ「擁護」しているようにも思える。そんな中で次の文章を目にした時はいささか驚いた。

政治部に配属されてくる若い記者に向かってこう訓示し続けた編集局長がかつていたという。「君はいまから泥水の流れている川にもぐることになる。とにかく一心不乱にもぐりにもぐれ。だが、ほんのときどきは、水から顔をあげて、流れがどこに向かっているかを見回すことだ」

――前掲書

なあんだ、かつて僕に言い聞かせていたことは、この編集局長の言葉のヴァリアントだったのか、と納得がいった。つまり、僕の主張は、筑紫さんからみれば、新入社員並みに青臭いなあ、とでも思われていたのかもしれない。僕は自分の不明を恥じた。

こんなエピソードをわざわざ記すのは、昨今のマスメディアの政治部報道のありように僕自身が強い違和感を持っているからである。そして一部の政治部記者たちのふるまいを知るにつけ、かつての青臭い議論を成り立たせていた「前提」さえ、ひょっとして共有不能となっているのではないかと、危惧を強めているからである。権力をもつ政治家と一体化する。その政治家にとってプラスになるであろう情報を自分が所属するメディアで率先して報じる。その政治家の影響力を私的に活用する。公私両面で癒着する。情報のギブ・アンド・テークを野放図に行う。自分の立場を守るために同僚を犠牲にする。こういうことは、政治部でなくても「あってはならないこと」「人間失格」だが、最近の政治部報道を見回すと、「お前なあ、一体、どっちみて仕事してるんだい？」と揶揄したくなることもある。だからこんな古いエピソードに触れるのだ。

先の文章の締めくくりで筑紫さんは矜持をこめて次のように記していた。諒とすべし。筑紫さんは「政治部記者失格」ではあったかもしれないが、断じて「人間失格」ではなかった。彼らのように。

政治部記者である前に、新聞記者は新聞記者であるべきだと思う。同様に、新聞、雑誌、テレビの区別の以前に、そこに身を置く者は、ジャーナリストであるべきだと思う。そういう立場から、政治を考え、語ることをやめる気は私にはない。もう「政治部記者」ではないにしても――。

――前掲書

菅直人の証言

さて、筑紫さんがつきあいを持っていたアゲインストの政治家としてまず登場してもらうのは菅直人氏だ。なぜ、菅氏に登場いただくのかと言えば、生前の筑紫さんに僕はこんなことを聞いたことがあるからだ。もちろん僕が『筑紫哲也ＮＥＷＳ23』のデスクだった時代のことだから、1994年から2002年の間のどこかだ。だが、いつ頃の会話だったかは全く記憶が飛んでいる。何かの折に、「筑紫さんは日本の政治家で誰が今後、総理大臣になったらいいと思いますか？」と訊ねたのだ。酒の席だったかもしれない。すると筑紫さんがこんなふうに答えたのでよく覚えているのだ。

「うーん、菅直人かな。彼を推す人間は僕の古巣の朝日でも多いよ」

まだ、政権交代など具体的なプランとしても動き出してもいなかった頃のことだった。正直に言うと、それが僕にとっては意外な答えだったのでその時の会話を記憶しているのだ。今回、菅氏に面会したのは、別件の取材目的があってのことだったので、筑紫さんとの思い出の突っ込んだ部分までは訊く時間がなかったことをあらかじめことわっておきたい。

「『筑紫哲也ＮＥＷＳ23』時代のことをいま書いているんですよ」と伝えると、菅氏はいっぺんに表情を和らげ、２通のコピーをすぐさま持参してきた。

ひとつは『朝日ジャーナル』１９７６年12月３日号のコピー、もう一つは『月刊プレイボーイ』１９８０年10月号のコピーだ。前者は筑紫さんが『朝日ジャーナル』の副編集長時代、菅氏が衆議院選に初出馬して落選した当時のものだが、筑紫さんは、既成政党ではない市民参加型の手作り選挙を掲げる菅氏に着目して、「ロッキード疑獄特集　特報『総選挙』」のなかで、ひとりの候補者だけの論文を全文掲載したのだった。編集部名の前文で筑紫さんはこう釈明している。

政党中心の選挙の下、『○○党（首）に聞く』といった報道がマスメディアを当然にぎわせることが多いのだから、一人の候補だけをとり上げるのは全体としての均衡を失するとは思わないが、念のため付記すれば、この実験の舞台となっている東京七区（定数４）では、このほか次の六氏（届け出順）が立候補している。

――『朝日ジャーナル』前掲号

筑紫さんの思い入れが滲んでいるが、菅氏の主張自体は「市民が政治に参加してゆくことだけが、唯一政治に市民常識を取り戻す道ではないか」（同論文）という点に尽きている。むしろ注目したいのは、〈否定論理からは何も生まれない〉という論文の見出しである。これをつけたのは筑紫さんであり、当時の筑紫さんの立ち位置を非常によく表していると僕は思う。

菅氏は、この見出しこそが後の自分の政治家人生の「すべてのはじまり」だったと告白している。重複を避けたいので、詳しくは、朝日新聞出版のムック『筑紫哲也　永遠の好奇心』（2009年）所収の菅直人氏インタビューをご参照いただきたい。亡くなった筑紫さんについて語っている民主党政権下、副総理時代のインタビューである。

僕はむしろ菅氏が衆議院選で初当選した後の『月刊プレイボーイ』誌インタビューの方に興味がそそられた。8時間にも及んだというこのインタビューで、筑紫さんと菅氏のあいだで期せずして確認されていたのは「全共闘的心情への距離感」とでも言ったらいいだろうか。自分たちが依拠するのはこの人たちではなく「市民」なんですよ、と言ったら近いかもしれない。

> ぼくら（引用者註：菅氏の属した東工大の学生運動グループ）はそういう意味ではややまれな存在で、意外と挫折感がないいんですよ。それは、初めっから路線的にも行動的にも、あんまりエキセントリックになってないいんですよね、もともとの行動が。　――『月刊プレイボーイ』前掲号

全共闘的心情への距離の置き方を、別の言葉で言えば、「戦後民主主義」に対する立ち位置の違いということになろう。筑紫さんも菅氏も間違いなくYESなのだった。全共闘はNOなのである。そこが決定的な違いなのかもしれない。筑紫さんが敬愛する丸山眞男（まさお）は、全共闘によって攻撃の対象とされた。「戦後民主主義」を擁護する筑紫さんの立場からは許し難いことだったかもしれない。

筑紫さんが『23』時代に自室として使っていた窓のない小部屋がTBSの2階にあった。いろ

んな人間がそこに出入りした。勝手に入り込んで寝ていた不届き者もいた。何を隠そう、僕もその一人だった。そんな折にその小部屋の本棚にあった書籍に手が伸びたことがある。ある本に載っていた文章に、筑紫さんは傍線を引いて読み込んでいたのを知った。

全共闘の学生たちが、六八年に丸山を批判したのは、まだ青少年の反抗として、それなりに勇気が必要な「美しい」行為だったかもしれない。しかしそれから二〇年たった八〇年代になっても、三〇代や四〇代のいい大人になった人たちが、「老父」をよってたかってまわしげりにするのは「醜い」というわけです。

――『丸山眞男』KAWADE道の手帖　２００６年　河出書房新社　「丸山眞男の神話と実像」小熊英二

筑紫さんや菅氏が希望を託した「政治に参加する市民」が、その後のこの国のあゆみの中で、どのような役割を果たしたかは、今現在も考えるべき最重要課題だと思う。短命の民主党政権の時代と3・11の東日本大震災、福島第一原発過酷事故を経て、今現在もアゲインスト（逆風）にさらされ続けている菅氏を、筑紫さんが生きていたならばどのようにみていたかは想像の外の世界だ。しかし、筑紫さんはアゲインストになった瞬間に見捨てるようなことは決してしない人間だったことは確かだ。なお、菅氏は小泉純一郎氏とほぼ並んで、『筑紫23』に出演した回数の多い政治家のひとりだった。

放送後を訪ねる辻元清美

さて、お次は辻元清美氏である。彼女が政界入りするにあたって、筑紫さんは熱心にそれを勧めた張本人であることから、「製造元責任者」を自認するほどの、まあ、可愛がり方だったと言っていいだろう。『筑紫23』の放送が終わるのは午前0時過ぎ、第一部・第二部構成だった頃は、反省会が終わるともう午前1時近くになっていた。辻元氏は筑紫さんのそんな帰宅時刻を狙ってよく局に訪ねてきていたそうだ。伝聞体で書くのは、僕が『筑紫23』のスタッフに加わった1994年の7月以前に、特にその頻度が高かったからだ。時には筑紫さんはスタッフと連れだって彼女と焼き肉店に行くことがあったという。そんな深夜に、局のある赤坂界隈でやっている店といえば、焼き肉店くらいだったのだ。そこで辻元氏は遠慮なく「骨付きカルビ！」と注文するものだから、僕らスタッフの間では、辻元氏に「骨付きカルビ」などと密かにあだ名が付けられていたことを彼女は知らないだろう。そのことを今回お会いした際に伝えたら、「あっはっはー！」と笑うのみだった。彼女は強靱だ。

辻元氏が筑紫さんと初めて会ったのは、第1回のピースボート就航後の1983年、彼女が23歳の時だ。安東仁兵衛（じんべえ）氏の『現代の理論』誌が主催した「現代の女子大生は何を考えているか」というテーマの座談会に久和（くわ）ひとみ氏とともに呼ばれ、その時の司会が筑紫さんだったのだという。「何か軽そうな男やな」と思ったという。だが、その後、筑紫さんとは意気投合しピースボートにも乗ってもらった。彼女が政治家・辻元清美になるにあたっても、まず最初に相談に行ったのは筑紫さんだった。1996年10月1日、辻元氏は当時の社民党党首・土井たか子氏（20

14年9月死去）から突然電話をもらい、衆議院選への出馬の依頼を受けた。例によって『23』放送終了後にTBSに訪ねていくと、筑紫さんは「やっと結婚するのか」とからかい、「いや、選挙です」というと、「俺は絶対立候補しないからな」と勘違いされたのだそうだ。それで「私やねん」と事情を話すと、先に記した小部屋に連れて行かれ、即座に「立候補しろ」と言われたのだという。筑紫さんはただちに3つの理由をあげた。

このつづきとその他の政治家たちとの交流（田中眞紀子氏を含む）については、そして、何よりもロッキード事件をめぐる複雑怪奇な人間模様については、次章に譲る。

第10章 「党派性で、人を区別して、つきあいたくないんだ」

――人間同士の「情」と「死闘」

辻元清美の「製造元責任者」として

筑紫さんをして、政治部記者としては失格だが、人間失格では断じてない、などと前章で記したが、いやいや、政治記者としても、なかなかのものだったよ、という声が聞こえてきたので、ちょっとだけ補わせていただく。

筑紫さんは、夜討ち朝駆けに忠勤する旧来型の政治「部」記者ではなかったけれども、取材にとりかかると、深く深くそのテーマを掘りさげていく手腕は、とても他の記者が太刀打ちできないほどだったとは、朝日新聞政治部時代の先輩、中島清成（なかじまきよしげ）氏の述懐である。政治記者としてのセンスがなかったならば、『筑紫23』の18年半にあれだけの内外の政治家たちとわたり合えるはずもなかった。僕が記したのは、政治「部」記者失格という文脈だったことを再確認しておきたい。

さて、アゲインスト（逆風）型の政治家を好んだ筑紫さんだが、政治家・辻元清美の誕生にあたって、辻元氏が、出馬するかどうかを、筑紫さんにまず相談に行ったところまで前章で書いた。1996年10月1日、『23』放送終了後（だから日付は2日に変わっていたかもしれない）TBSに訪ねていくと、筑紫さんは即座に「立候補しろ」と言ったのだという。

そこで筑紫さんは3つの理由をあげた。女性議員が少ないこと。憲法が危ないこと。そして最後は、「人が（土井たか子社民党党首が）困って頼んできた時は断ってはいけない」と諭したのだという。いかにも筑紫さんらしい。その場で、近畿ブロックの比例区という選挙区までほぼ決めてしまったというのだから驚きだ。「製造元責任者」を自認するはずである。

だが選挙運動をするにも、いつもGパン、Tシャツといった辻元氏には着る服がなかった。立候補者がよく着ているスーツみたいな服が。それを聞いた筑紫さんは、何とTBSに出入りしている衣装業者と自ら交渉して、出演者が着古したスーツを廉価で譲ってもらい、辻元氏に送ったのだという。あの派手な真っ赤なスーツは、だからテレビ局の中古品だったのだ。そんなことは今回僕も辻元氏と会って初めて知った。

そして辻元氏は何と当選してしまった。自社さ政権下で社民党は与党となった。当選後も、NPO法案の作成など、辻元氏はことあるごとに筑紫さんに相談に行った。

「NPO法の時なんかもね、ちょっとまだ難しいかなあとかって私、思ってたんです。ほんだら、お前なあ、参議院のドンは村上正邦やと。だからあそこをターゲットにロビー活動をやったほうがいいぞとかってアドバイスしてくれるわけですよ」

――以下、2014年8月7日、面談時の辻元氏

議員生活のなかで最大の成果はＮＰＯ法を作ったことだが、そのために彼女（引用者註：辻元氏のこと）が費やしたエネルギー、説得のねばり腰はすさまじいものだった。

――『旅の途中：巡り合った人々　１９５９―２００５』筑紫哲也　２００５年　朝日新聞社

「事件」渦中の生出演

辻元氏が最も窮地に陥ったいわゆる「秘書給与事件」が起こったのは、僕が『筑紫23』からワシントン支局に転出した前後の２００２〜03年のことだ。

「事件」は、辻元氏らが勤務実態のない政策秘書の名義を使って、給与として支払われた公金を政治資金などに流用していたとして詐欺罪で逮捕・起訴されたものだ。「指南役」として土井たか子氏の元秘書・五島昌子氏も逮捕・起訴された。発端は週刊誌だった。辻元氏は週刊誌による第一報以来、議員宿舎にも帰れず都内のホテルなどを転々としていたそうだ。その渦中に筑紫さんが訪れたという。

「大騒ぎになった二日目くらいに訪ねてきてくれました。議員を辞めた方がいいかどうか、どう対応するかというようなことを心配してくれていました。筑紫さんは、私がほぼ一文無しで議員になったということも知ってるわけです。その時に、秘書の給与とか、みんなで私の給与も含めて（出し合って）事務所を立ち上げていった経緯みたいなものも、具体的には知らないけれども、大きな流れのようなものは理解されているわけですよね。

初出馬の時に、真っ赤なスーツを送った話なんかも思い出しながら慰めてくれました。そしたら、筑紫さんが、清美、その話、ありのままをテレビで言うかって言ったんです」

渦中の人がテレビに出ることについては、土井党首をはじめ社民党は大反対した。しかし、辻元氏は筑紫さんの提案を受け入れることにした。2002年3月25日、辻元氏は『筑紫23』に生出演した。そして、翌日26日に議員辞職した。

人間の記憶というものがいかに曖昧なものか。僕はてっきりこの「秘書給与事件」での辻元氏の『23』出演時にはもう自分がワシントンに赴任していたと思っていた。ところが当時の日記をひっくり返してチェックしたら、まだ日本からワシントンに発つ直前の時期だった。すでに『23』から外信部に移っていた僕はその日、泊まり明け勤務で、夕方から旧『23』のスタッフたちによる小規模の送別会に参加していたのだった。日記にこんな記述があった。

社に戻ると、辻元清美を待ち構えるカメラが100人以上、TBSの正面に。まるでリンチだ。23にいた辻元、大宅映子（おおやえいこ）さん、岸井成格（きしいしげただ）さんらと少し話をする。議員を辞める必要があるのかどうか。自分の考えを辻元氏に伝える。何ともヒドく、えげつない展開になったものだ。

——2002年3月25日の日記

何と、当日、僕は辻元氏と面談していたのだった。ところが2人とも全く記憶に残っていないのだ。

辻元氏はそれから1年4ヵ月後に警視庁から事情聴取を受け、逮捕された。僕は、赴任先のワシントンの地で時差をともなって、辻元氏と五島さんたちが逮捕されたというニュースを知り、驚いた記憶がある。特に五島さんとは旧知の仲だったのでなおさらだった。

裁判になって、筑紫さんは情状酌量を求める上申書を提出している。「製造元責任者」としての一貫性はゆるぎなかった。


辻元清美の知り合いは否応なしに、彼女のやることに巻き込まれる。（中略）彼女の生命力の強さ、たくましさはどこから来るものなのか。

——前掲書

本稿のために辻元氏に会ったが、僕も筑紫さんと同じ印象をもつ。ただ、敵も多いだろうな、この狭い日本という国では、と思ったことも事実だが。

その際、彼女が披露してくれた逮捕時の取調べのエピソードなどは、実に「面白い」。そういうストーリー・テラーとしての才能が彼女にはある。彼女によると、取調べ検事から「政治活動を今後いっさいしないように書け」と言われ、すぐさまその発言を撤回しろと猛烈に抗議したのだという。

「それで、私は検事にね、あなたの一存で言ってないだろうと。誰がそう書けというのをあなたに言ったんだ。上の人、言った人がいるんでしょと言った。その人と相談してこいと。今の発言を撤回しない限り、私は一切ここを動かないと。取調室にずーっとおると。で、弁護士さんを通じて、こういうことを言ったということを声明でも出そうかなと言ったんです。あんた、違うでしょ。一存じゃないでしょ。行って相談してこいって。そしたら、ほんまに相談に行ったんですよ、その検事も（笑）。それで、撤回しますと言ってきた」

出馬要請のための「密会」

辻元氏の語った筑紫さんの思い出で最後に記しておきたいのは、東京都知事選出馬を筑紫さんに打診した時のエピソードである。

２００７年4月の都知事選で、当時、三選をめざして立候補した石原慎太郎氏への対抗馬として、民主党の菅直人氏や辻元氏らが、水面下で筑紫さんに出馬の打診をしていたという事実がある。

辻元氏らは、密会の場所としてホテルニューオータニのカラオケルームを借り切って、夜中まで本人に出馬を要請したのだという。筑紫さん本人は、このとき本当に動揺した。つまり、出るかという気持ちに傾きかけたのだという。２００７年の1月ごろのことだ。

「そういう打診をしてからのある日にね、筑紫さんから電話が入って、清美、今から京都に来てくれっていうんですよ。私、忙しかったけれど、新幹線に飛び乗って京都に行ったんですよ。

そしたら、筑紫さんは瀬戸内寂聴さんにも（都知事選出馬について）意見を聞いてたの。京都のあるレストランで。さて、どうするかと。やるためにはお金とかスタッフとかどれくらいかかるだろうかとか。

それから、自分は実務とか会議が嫌いだから、副知事をどうするかと。そういう話までして、増田寛也さんにやってもらおうかという話で、勝手に合意してたんだよね。もちろん増田さんには何もそんなことは言ってないんだけど」

結局、筑紫さんは出馬を断った。それを決めるにあたって、筑紫さんは珍しく家族会議を招集したのだという。その昔、朝日新聞を退社してTBSでニュースキャスターをやるにあたっても家族会議を開いたことがあった。そして今度は都知事選である。

次女のゆうなさんはその日のことをよく覚えている。

「今度の都知事選挙でパパに出馬の話が来ていてどうしようかと思ってる。最終的には決をとりますっていう感じでした。私たち子ども3人は、『どうぞお好きにしてください』って言ったんだけれど、私は心の中ではやめた方がいいと思っていました。ただ、捨て置けないというか、黙ってみておれないという使命感のようなものを感じましたね。『世代責任』という言葉も後で言ってましたよね」(ゆうなさん)

房子夫人は強く反対した。最後の最後までジャーナリストでいた方がいいと。それで僕は今回も房子さんに確認の電話をいれた。

「あの人は心根が優しすぎるの。政治家とか絶対に向いていないし、つぶされる」

房子夫人はそう言い切る。だが、辻元氏は今でもこう言う。

「あれ、やりたかったなあ。一世一代のね。あの時、筑紫さんが出ていて、石原氏を打ち破っていたら、変わったかもね」

歴史にifを持ち込んでみても詮ないことだが、本書は学術論文ではないので、以下「妄想」を若干記す。

筑紫さんが仮に出馬していたら、ひょっとして当選したかもしれない。ということは石原知事三選はなかった。尖閣を都が購入しようとするというアクションもなかったかもしれない。となれば、当時の野田内閣が国有化を宣言するというような事態もなかったかもしれない。現在の緊張する日中関係の様相はかなり違ったものになっていたかもしれない。これは「妄想」にすぎないのだが。もちろん「猪瀬都政」なるものもなかっただろう。したがって5000万円授受事件というのもなかったかもしれない。これは「妄想」だが。となれば、朝日新聞社のこれに関するスクープ記事もなく、別のネタにもっと取材力が割かれていたかもしれない。これも「妄想」だが。歴史の歯車のほんのひとつの噛みあわせの違いで、世界ではいろいろなことが起こり得る。

こんなことを書くと、筑紫さんは大笑いするだろう。だから人生は面白いんじゃないか、と。

田中眞紀子との信頼関係

続いて登場願うアゲインスト型の政治家は田中眞紀子氏だ。この人を取りあげること自体に違和感を感じる人がいるとしたら、僕の狙いは意外と的外れではなかったことになる。

筑紫さんのライフワークのひとつに、ロッキード事件報道がある。『総理大臣の犯罪』という著書もあるくらいだから、田中角栄元総理は筑紫さんにとっていわば仇敵だという図式ができやすい。確かに筑紫さんはロッキード事件の追及において比類のない精力的な取材を続けた。だから、その角栄氏の、愛娘である田中眞紀子氏とあいまみえることなどないとか思っている人がいたとしたら、その人は、筑紫哲也という人の〈本質のようなもの〉を誤解しているのだと思う。

何かの折に、これも僕が『筑紫23』のデスクだった頃のことだから1994年〜2002年のどこかでの会話だが（記憶がほとんど飛んでいるのだ）、僕が当時興味のあった大昔の新左翼や新右翼の人脈について偉そうに話していたら、面倒くさそうに「党派性で、人を区別して、つきあいたくないんだよ」とぽつりと漏らしたことがあるのでよく覚えているのだ。何だか、ぎくりとしたのだ。

眞紀子氏（以下、ここではこのように記す）と筑紫さんはしっかりとした信頼関係を築いていた。眞紀子氏から話を直に聞きたいと思いアポイントメントをとった。

場所は、眞紀子氏と筑紫さんが初めてサシで会った場所である目白の椿山荘が指定されてきた。

考えてみれば、僕も眞紀子氏とサシでお会いするのは今回が初めてだったので緊張した。だがそれは杞憂だった。眞紀子氏はかなり胸襟を開いて筑紫さんのことを話してくれた。アフタヌーン・ティーの時間だったためか、椿山荘のティールームは混んでいたが、見ると圧倒的に女性の客が多い。この時間に椿山荘でお茶を楽しむ豊かな時間を持てるのは圧倒的に女性の方なのだな、と妙な感慨にひたった。

久米宏と筑紫哲也の違い

とにかく、眞紀子氏の筑紫さん評は、ほとんど全肯定に近いものだったというのが率直な印象だ。元々の眞紀子氏の筑紫像は、どうせ「反田中」の人だとの強い先入観があったのだが、議員になって科学技術庁長官になった頃、最初に会ってみて随分と印象が変わったのだという。

「印象は、えらく控えめに自分をコントロールしてる人なんだなと、私は思いました」

——以下、2014年8月29日、面談時の眞紀子氏

そこで、「なるほど」という人物の名前が眞紀子氏の口からすぐに飛び出したのだった。久米宏氏。眞紀子氏は早稲田大学在学中から久米氏とは旧知の仲だったのだ。

「筑紫さんというと、当時の競争相手は久米ちん（久米宏氏のことを彼女は終始こう呼んでいた）の『ニュースステーション』でしたが、キャラクターが非常に違ってて。久米ちんは、早稲田の劇団で一緒にやっていて、個人的によく知っていましたし。久米ちんは突っ込みが激しいし、切れ味がいい。相当、政権からも叩かれたり、与党の幹事長から電話がかかってきて『あいつ、降ろせ』とか、そういうようなことは聞いていました。

それに比べて、筑紫さんというのは、まあ歯切れが悪いというか、穏便というか、TBSカラーなのかもしれませんが、そういう人なんだろうと。そして、個人的には『反田中』だと思っていたんですよね。ところが1回目の取材が終わったらば、穏やかそうにしている人だなあと」

その後、眞紀子氏は『筑紫23』から幾度か取材を受けるうちに、筑紫さんから「あなたはテレビ向きの人だ」と言われたのだという。ものごとの本質を短くスパッと、的確なサウンドバイトでコメントできると。これは大変な資質だと言われたのだという。

この観察力に富んだ評価の言葉に、眞紀子氏は悪い気がしなかったようだ。その証拠にその後も、『23』には、依頼があればよほどの事情がない限り出演に応じていた（生出演は計3回だった）。

眞紀子氏は言う。

「テレビに出ている司会者というのは、今もそうだけど、結構、自分を売り込むというね、ゲストから意見を聞くということよりも、自分を売り込むような人が多くて非常に鼻につくじゃないですか。久米ちんもそういう傾向があるんですよ。

一刀両断で人のことを斬ってきてね、返り血を浴びても人を斬りつけるところがあって（笑）。終わると、あんた、全然友情ないねって言うと、あるもんかい、プロとプロなんだぜ、なんて言うんですよ、久米ちんは。筑紫さんにはそれが全然ない。それで、あの方は聞き上手。私、本当に聞き上手だなと思う。いろんなキャスター、いろんなメディアと会ってるけれど、あの人は極めつきの聞き上手ですよ。本当にこちらが安心して、胸襟を開いて話せるような、あれは彼のパーソナリティですよ」

筑紫コレクション

聞いている僕の方がこそばゆくなるほど、筑紫さんへの全幅の信頼の言葉が続いた。

「個人的に話をしていると、芸術の話だとか、文化の話だとか、政治だけじゃなくて経済もそうだし、非常によく勉強しておられる方で、お話ししていて楽しいです」

当たり前のことすぎて、そんなことは考えたこともないのだが、田中眞紀子氏とロッキード事件は直接的には何の関係もない。だから、それを眞紀子氏に問いかけてみても意味がない。ところが現実のメディアはそうはならないのだ。角栄の娘というレッテルは重い。ロッキード事件を追及し続けた筑紫さんは、それをどのように意識して眞紀子氏と接していたのか。きれいごとを言えば、「罪を憎んで人を憎まず」。さらには、家族といえども別人格、というモラルに忠実であったということになるが、ロッキード事件の場合、報じる側と報じられる側のあいだには、文字通りの「死闘」というべきレベルの緊張関係があった。

それは僕自身の記者生活のスタート時代、ロッキード裁判取材を担当してきたという濃密な経験に照らしてみて自分なりには理解していたつもりだった。僕にとってロッキード事件は今もなお取材し続けているテーマである。筑紫さんという人間のなかではどのように整理され、混在し、意味づけがされていたのか。次章にわたってこのことはより詳しく述べたい。僕自身は戦後史を画する大事件だったと思っている。

椿山荘のティールームで、僕の目の前の眞紀子氏は、まるで恋人の思い出話を語るかのようにプライベートなエピソードのいくつかを披瀝(ひれき)していた。外国に行くたびに、大好きなイヴ・モンタンのCDをおみやげに買ってきてくれたこと。外務大臣に就任した際にも、ロンドンから「世界初の女性」を特集した雑誌のコピーペーパーをわざわざ取り寄せてプレゼントしてくれたこと等々。筑紫さんからもらった手紙類などとともに、それらは「筑紫コレクション」として大事に保管しているそうだ。

こんなことばかり記していると、まるで筑紫さんが「私情」を優先させて取材対象としての田中眞紀子氏に甘くあたっていたのではないか、と誤解を受けそうなので、念のために記しておきたいことがある。

2004年3月、田中眞紀子氏の長女が、私事に関する記事を掲載した週刊誌の出版禁止の仮処分を求める訴えを起こし、東京地裁がこれを認めて出版を差しとめたことがあった。僕はこの時もワシントン支局だったので、詳しい経緯を知らなかったが、当時の『筑紫23』の担当ディレクターの金富隆によれば、筑紫さんは田中ファミリーの対応について、「これは出版・言論の自由に関わる大きな論議を呼び起こす事態だ」として、『23』で大きく展開した。3月25日の『筑紫23』には、ゲストに鳥越俊太郎氏が生出演して、この問題を論じ合ったという。人に対してではなく、出来事に対してニュース価値を判断していく姿勢は、今から考えてもフェアだったと思う。

「眞紀子の涙」の真実

さて、最後に眞紀子氏が明かしてくれた、初めて聞く話。外務大臣当時、眞紀子氏は外務省と激しく対立して、結局、外相を辞任するのだが、その過程で当時所属していた自民党から「事情を聞きたい」との要請が来た。当時の国対委員長が話を聞きたいと何度も言ってきたので、秘書官らをともなって院内に出向いたところ、待ち構えていたその人物の対応ぶりについて眞紀子氏は次のように語った。

「外交についての話をしたいというふうなことでしたからね。そんなはずないわと……馬鹿だったなと私は思ってますけどね、今でも。そうしたらば、(その幹部は)こういうお菓子をね、事務の女の子に、これ、君、下げなさいと(テーブルから)下げさせて、あれを持ってきなさいと。ポンと籠にピーナツ、殻に入ったのを持ってきて、そして、どうぞと。私は、お話は何でしょうかと言ったらば、まず、食べてくれと。お話は何ですかと。外交の面でのご指導があるのかと思っていたら、私は角さんの娘が南京豆、ピーナツを食べるところを是非みたいと思っていたんですと、そう言ったんです」

なお、念のため補足しておくと、「ピーナツ」とは、ロッキード事件当時、アメリカの議会で明らかになった賄賂受領の領収書に書かれていた隠語。100ピーナツ＝1億円とされ、当時、日本でも流行語になった。

この屈辱的な席を退席した眞紀子氏は、部屋を出たところで泣き出して報道陣の前で涙を流した。当時は何のことだかよくわからない混乱を報じるニュースが流れたのだが、当時の小泉首相が「涙は女の最大の武器だからねえ」とコメントしたとの記事が残っている。最もロッキード事件と眞紀子氏を直結させていたのが、このような人たちだったというのは興味深いことがらである。

第11章　触媒としてのジャーナリスト

――ロッキード事件をめぐる人間模様のなかで

戦後最大の疑獄事件

さて前章で、筑紫さんと田中眞紀子氏との交遊について記したが、そこでも触れた通り、筑紫さんにとって、眞紀子氏の父親の田中角栄元首相を頂点とした戦後最大の疑獄事件、ロッキード事件報道はライフワークのひとつだった。

「総理大臣の犯罪」。僕らマスメディアで仕事をしている人間たちは、当時から好んでこのフレイズを使ったものだ。もうひとつ、「巨悪」という語もこの事件をめぐっては頻繁に使われた。時の最高権力者が受託収賄などという破廉恥な罪名に問われたというだけでも、メディアにとっては最もスリリングな出来事であったことは間違いない。

『朝日ジャーナル』在籍当時や編集委員時代も含め、筑紫さんはこの戦後日本の、ある意味で最も象徴的な政治家について、とことん「角栄型政治」批判を展開していた。それは金権体質批判であったり、政官癒着批判であったり、政治権力vs.司法権力という切り口であったりと、さまざまな局面があった。だが、その追及のエネルギーの原点は一体どこにあったのだろうかと考えた時、僕は、筑紫さんがワシントン特派員当時に体験したウォーターゲート事件だと確信するのだ。

『放逐』（1979年　サイマル出版会）というすばらしい本がある。筑紫さんが朝日の外報部次長かつ『こちらデスク』のキャスターをつとめ始めた時に出版された本だ。みずから「ジャーナリストとしての『青春の墓碑銘』のような感慨がある」と記しているこの本は、朝日新聞ワシントン特派員として「事件の発端から終結までを取材したただ一人の日本人記者」が自分であると自負するほどの力のこもったルポルタージュとなっている。特派員報告の形で『朝日ジャーナル』誌に不定期連載されたものである。今、読んでもほんとうに熱気を感じるのだ。アメリカ合衆国大統領という「地上最大の権力者」がその座から放逐されるドラマを目撃した興奮が時々刻々と伝わって来るようだ。その筑紫さんが日本に帰国してから、2年後にロッキード事件が起きたのである。そこにある種の〈運命的な連鎖〉を感じないわけにはいかないが、それが何だったかについてはのちに記す。

同志としての立花隆

事件に先立ち、日本では佐藤栄作長期政権の後、「角福戦争」なる跡目争いが政治の世界で勃発し、次期首相の本命と目されていた福田赳夫氏が、田中角栄氏に敗れ去るという激しい政治権力闘争が展開されていた。その雌雄を決したのは、結局はカネだったと言う人が多い。高等小学校卒業という低学歴を克服して首相の座まで上りつめた田中角栄氏に対して、当時のマスメディア、世論は「今太閤」「コンピューターつきブルドーザー」などともてはやしたが、一方で、そのあまりの金権体質、弱肉強食的なリアリズムは、民主主義の根幹を腐らせたとの批判も生まれた。だが当時のマスメディアの政治報道からはそのような批判はなかなか立ち現れなかった。強いものに巻かれていたのである。

　そこに立ち向かったのは、〈在野のジャーナリスト〉たちだったのだ。角栄氏は在任中「日本列島改造論」をぶちあげ、「土建屋政治」などと言われるほど強力な社会基盤整備を柱に据えた開発型成長政策を展開したが、狂乱物価を呼び、その失政の責任を問う声も日に日に強くなった。計2年5ヵ月に及ぶ在任の後、１９７４年12月に角栄氏は退陣した。田中角栄政権は実は長期政権とはならなかったのだ。首相の座を退いたあとに追撃するような形で角栄氏に致命傷を負わせたのがロッキード事件だったのである。僕はその頃は大学生だった。東京の片隅でのんべんだらりとした生活を送っていた。そして、たまに『こちらデスク』という番組をみていた。そこに出ていた男とのちに仕事で深く関わるなどとは思ってもみなかった。

　ここで登場していただくのは、立花隆氏（２０２１年4月死去、第20章参照）である。実は前段でわざわざ〈在野のジャーナリスト〉たちと書いたのは立花さんたちのことを指している。立花隆さんらの田中金脈追及の一連の仕事こそが角栄氏を退陣に追い込んだと言っても過言ではない。立花隆さんはさまざまな面で、筑紫さんのいわば盟友、同志であった。『筑紫23』でも多岐多様なネタで協働関係にあった。とりわけ『23』の絶頂期にはそのような協働が実にうまくいった。「筑紫23とその時代」を語るときには絶対に忘れてはいけない人物のひとりが立花さんだ。

僕自身は、立花さんとは筑紫さんと出会うよりも前に知遇を得ていた。なぜか。それは僕がTBSに1977年に入社して4年ほどしてから、ロッキード裁判丸紅ルートなるものを社会部の若造記者として担当していたからである。司法記者クラブの一員として寝食を忘れるような働き方をしていた時代だった。旧東京地裁の701号大法廷で、必死に記者傍聴席で取材を続けた。吉永祐介、堀田力、伊藤栄樹、大堀誠一といった東京地検特捜部の検事諸氏や検察幹部らと仕事を通じて知りあったのもこの時期だ。ごく自然な成り行きで立花さんとも知りあったのだ。それこそ筑紫さんが前記の『放逐』を出版してから2年後くらいのことだ。

立花さんと筑紫さんの出会いは、筑紫さんが『朝日ジャーナル』に副編集長として在籍していた当時のことだという。当時、多忙をきわめていた立花さんはしばしば、締め切りギリギリの段階で大日本印刷の出張校正室で原稿を書くことがあったが、そんな折りに『ジャーナル』編集者たちとは知りあいになっていたそうだ。

『ジャーナル』編集部とロッキード事件

久しぶりに立花さんに会うため猫ビルを訪ねた。相変わらず本まみれのビル内の4階に立花さんはいた。立花さんといい、筑紫さんといい、両人とも途方もない「多面体」の人物なので、僕は、予(あらかじ)めロッキード事件との関わりということで筑紫さんとの関係をお聞きしたい、と条件をつけた。そうしないと、話が広がりすぎて収拾がつかなくなる。

――そもそも、立花さんと筑紫さんとロッキード事件をつなぐものは何だったんですか？

「それは『ジャーナル』ですよ」

即答だった。

「僕と朝日新聞ないし『朝日ジャーナル』との関係は筑紫さんの前からなんです。最初の担当は初山有恒さんだった。田中金脈裁判傍聴記という連載です。それを引き継いだのが筑紫さん。『田中角栄研究』が出る前までは、朝日には僕と仲のいい人はあまりいなかったんです。初山さんが『角栄研究』が出た直後にコンタクトしてきて、それから『ジャーナル』から原稿依頼が来るようになった。それまでは『文春』と『現代』でしたから」

立花さんはこの頃まで、主に『週刊文春』『文藝春秋』『週刊現代』『現代』を舞台に精力的に田中金脈問題の追及を続けていた。『朝日ジャーナル』はむしろ後発だった。そこでロッキード事件が起きたのである。そして、筑紫さんが『ジャーナル』編集部に移ってきた。

ロッキード事件は当初、世界的な規模で展開されたロッキード社の売り込み戦略に絡んで露見した巨大スキャンダルだったことから、日本の司法当局が果たしてどこまで動くのか、全く予想がつかなかったのだという。ロッキード事件を日本で初めて報じたのは朝日新聞だったが（1976年2月5日朝刊）、記事の入稿が締め切りギリギリであわてて突っ込んだためか、第二面の小さな扱いだった。他紙は朝刊にまにあっていない。だが6日朝刊以降は各紙一面トップ記事となり大騒ぎとなった。立花さん自身がこう記している。

ロッキード事件のはじまりは、まさに電撃的だった。昭和五十一年二月四日、アメリカ上院の多国籍企業小委員会（チャーチ委員会）での公聴会で、児玉誉士夫が、ロッキード社の〝秘密代理人〟であったこと。ロッキード社のワイロが児玉と丸紅の手を通じて日本の政府高官の手に流れたこと。それによって、トライスターの日本への導入が決定されたらしいこと。ヒロシ・イトーなる人物がサインした、「ピーナツ百個受領しました」という奇怪な暗号領収証があること。（中略）児玉と丸紅を通じて流れた黒い資金は、三十億円にものぼることなどが一挙にバクロされた。（中略）こうして、戦後最大のスキャンダル、ロッキード事件の幕が切って落とされた。（中略）今回の問題は、田中金脈の問題とはケタが違うほど大きい。

——『田中角栄研究　全記録』下巻　1976年　講談社

オリジナル資料の出所

今回、立花さんの口から初めて聞いた事実がある。立花さんもこのことは少なくともこれまでどこにも書いていない。それは、立花さんが、筑紫さんから直接、事件に関するチャーチ委員会のオリジナル資料（全239ページ　1976年2月13日にワシントンでリリース）を入手していたという事実である。

「筑紫さんがね、僕にアメリカのチャーチ委員会の資料、丸ごとくれたの。239ページの全部のコピー。僕らはそれを徹夜で必死に読み込んで分析した。あの時期、おそらく筑紫さんのポストが朝日社内でちょっと不安定な時期だったのかな、外報部付きという肩書きをもちながら『ジャーナル』に移ってきたんだと思うけれど、その外報部に籍が残っていたから（朝日が入手していた）チャーチ委員会のオリジナル資料にアクセス可能だったんだと思う。それをくれた」

立花さんはニコニコしながらそう話してくれた。

> 私は、これだけ規模が大きい事件なら、そう簡単には結着がつくまいと考えて、現段階でなにより必要なのは、事件全体の構図をはっきりさせることだと主張した。毎日毎日、マスコミのあらゆるメディアが生産する情報の洪水の中で、みな目先の新情報に追いまわされているが、そこから一歩身をひいて、事件の全容がどうなっているかの総合的分析が必要なのではないか。そのために、なにより欠けているのは、事件のオリジナル資料である、チャーチ委員会の公聴会の記録と、同委員会発表の資料を冷静に分析することではないだろうか、というのが私の考えだった。（中略）あちこち手配して、ようやくわれわれがオリジナル資料の全コピーを手に入れたのは、やっと二十日になってからだった。それからほとんど不眠不休で資料分析をすすめ、ようやく書き上げたのがこの「事件の核心」である。「田中角栄研究」も相当の無理をして作ったが、これを書くにあたってはそれ以上に無理を重ねた。
>
> ——前掲書

立花さんたちが資料を筑紫さんから入手したのが2月20日。「事件の核心」を書き始めたのが2月23日。書き終わったのが2月27日。掲載された『文藝春秋』が発売されたのが3月10日だというから、おそろしいほどの切迫した執筆プロセスだったことは想像に難くない。

執筆されてから38年と8ヵ月という歳月を経てその「事件の核心」を僕は読んだ。すごいや。調査、分析、推論、謎解き。これが、ジャーナリズムの本来発揮すべきチカラというものではないか。ほんとうにそこにはロッキード事件の「核心」が記されていた。この論考は、その後の日本の司法当局の捜査の方向の、さらにはメディア報道の方向の、基本的なフレームを決定づけたと言ってもよい。

僕は先に〈運命的な連鎖〉という言葉を記した。

ワシントンでウォーターゲート事件を相当なエネルギーを注いで取材してきた筑紫さんが、日本に戻ってきて2年後に今度はロッキード事件が起きるという、単なる経験の類似性なんぞということを言っているのではない。「事件の核心」という論考が今でも輝きを失っていないのは、立花さんが当時、ロッキード事件の「核心」のひとつとして、ロッキード社がニクソン大統領への違法政治献金というもっと大きなスキャンダルが露見しないように、海外にまつわる自社の不都合な事実を積極的にさらしてしまおうという作戦をとったことではないか、という鋭い指摘をしていることだ。

ロッキード社が、もしニクソンに政治献金をしていたとしたら、いわば、アメリカ政界におけるロッキード疑獄事件になってしまうわけである。そうなったら、ロッキード社の倒産は百パーセント確実である。アメリカ人の関心はここに集中していたし、ロッキード社はこの一点を否定しつくすことに全力を注いでいたのである。(中略)ロッキード社が、かなりあけっぴろげな証言をしたのは、のっぴきならない証拠をつかまれていたこともさることながら、（中略）九の正直で一のウソを守るという戦法である。

——前掲書

ウォーターゲート事件を詳細に取材してきた筑紫さんにとって、アメリカの議会発でロッキード事件が露見したとき、「ニクソン金脈」という大きな影が脳裏になかったとは考えにくい。筑紫さんが立花さんにチャーチ委員会のオリジナル資料のコピー全文を手渡した根っこには、このリチャード・ニクソンと田中角栄という2人の男をつなぐ〈運命的な連鎖〉があったように僕には思えてならないのだ。

ＴＢＳのロッキード特番の制作過程で、僕はロッキード社のコーチャン元副会長に会うことができた。とても多弁だった。それからまもなくして東京地裁は田中被告に懲役4年の実刑判決を言い渡した。その判決特番で、僕は地裁前のテントに向けて夢中で法廷から飛び出してきて何やら興奮気味に放送し続けていた。遠い昔の記憶のようだ。その時も立花さんにはゲストとして番組に出演していただいた。その時の裁判長の岡田光了（みつのり）氏も、ロッキード事件捜査の主任検事だった吉永祐介氏もすでに亡くなられた。時は流れ人はまた去る。

〝ロッキード陰謀論〟の真偽

ロッキード事件をめぐって、今もくすぶり続けている言説がいわゆる「陰謀論」「謀略論」と呼ばれているものだ。田中角栄氏はアメリカの虎の尾を踏んだために切られた、アメリカの東部エスタブリッシュメントの逆鱗に触れたために粛清された、エネルギー自立をめざす田中外交を石油メジャーが阻んだ、だのいくつものヴァリエーションがある。なかには、軍用機疑惑を隠蔽するために、ありもしない民間旅客機導入にまつわる疑獄話をでっち上げたというものもある。せっかくの機会なので、立花さんにストレートに聞いてみた。

――いわゆる陰謀論については、どう思いますか？

「田原総一朗さんの書いた『アメリカの虎の尾を踏んだ田中角栄』（『中央公論』１９７６年７月号）という文章があってね、それが陰謀論者の拠り所らしいけれど、ガセネタ。あの論文には実はネタ元がいるんだ」

立花さんはある人物の名前をあげて、いかに根拠を欠いた無責任な内容かを批判していた。僕が立花さんから聞いたほぼ同じ内容が『「田中真紀子」研究』（立花隆　２００２年　文藝春秋）という本でも語られていたので、実名を出して言えば、角栄氏の秘書官だった通産省出身の小長啓一氏から出た話をもとに田原氏が論文を書いたのではないか、と。妄想的な謀略論と立花さんは一蹴していた。

というわけで、ロッキード事件に関する限り、立花さんと田原総一朗氏は相容れない緊張関係にある。また、田中眞紀子氏にとって立花隆さんはいわば仇敵のような関係にあることは否定できない。ところがこの複雑なロッキード事件をめぐる人間関係のなかで、筑紫さんは、並みの想像力では並立できないような人間とのつきあい方をしていた。そのことを僕は『筑紫23』時代を通して驚きをもちながらみてきた。

僕は今ではそれをこういうふうに考えている。「触媒」。Aという人物とBという人物は反目、対立関係にある。ところがその間にCという人間が介在することによって、A、B、Cが共存するのである。こんなCのような芸当はそう簡単にできるものではない。このような人物を僕は「触媒」だと思う。考えてみれば、ジャーナリストというのは触媒的な存在であることが求められているのかもしれない。僕にはなかなかできないけれど。筑紫さんは、立花さんとも、田原氏とも、田中眞紀子氏とも、ひとりの人間として向き合って信頼関係を築いていた。これはなかなかできることではない。

そういう僕も、ロッキード関係では、故・倉田哲治弁護士とは親交を結んでいた。倉田氏は、ロッキード裁判の田中弁護団で控訴審を担当していた。倉田氏とは、僕が司法記者クラブ時代に知り合った。冤罪事件の弁護人を倉田氏が引き受け（免田事件、財田川事件、土田邸・日石・ピース缶爆弾事件など）いずれも無罪をかちとったことから、公私共によくお付き合いをさせていただいた。酒を愛し、本を好み、踊りを愛した。わりさや憂羅（うら）さんというフラメンコ・ダンサーを紹介していただいた。すごいダンサーだったが、急逝された。

筑紫さんは、そのように人と分け隔てなく付き合っていく自分の性分について、次のように書いていたことがある。

「人あたりしませんか」そう言われたのがどういう状況の下だったのか、私に向かってそういう問いを発したのがだれだったのか、今となってははっきりした記憶がない。（中略）「湯あたり」の連想から来た表現である。（中略）そんなに立て続けに人とばかり会っていたらおかしくなりませんか。つまり、あたりませんか、という私の挙動への批判である。（中略）人と会うのが職業のはずの新聞記者として社会に出た人間が、そのころになって人と会うおもしろさを知って、「人あたり」する心配を他人にされる――それはないだろうと言われるかもしれない。その通りなのである。

――『旅の途中』２００５年　朝日新聞社

この「触媒」としてのジャーナリストという存在になじんだ（しかし、そこに至るまでは時間がかかったと述懐してはいたが）筑紫さんは、本当にしあわせだったと思う。こういうスケールの人がジャーナリズムの世界からいなくなった。まわりには時の権力者に擦り寄る小人たちが犇めいている。

権力批判でジャーナリストが共闘

今回、立花さんとお会いしてあらためて気づかされたことがある。それは、立花さんが筑紫さんと知りあう前後の時代は、『週刊文春』とも『朝日ジャーナル』とも実に良好な関係のもとに仕事をしていて、当時は、現場の記者、編集者同士も、権力批判ということでは共闘関係にあったということである。「巨悪」を撃つこころざしにおいて、それはごく普通だったことがうかがえる。かつては『週刊朝日』編集長だった扇谷正造氏が『文藝春秋』の常連だったりする関係があった。いま現在では考えられない。

権力監視という役割を忘れてしまったメディアが、ウォッチドッグ（権力監視をする犬）とペットドッグ（権力の愛玩犬）に二極化し、果てはお互いに食い合うという関係になってしまっていないか。その時、喜んでいるのは一体誰か。筑紫さんの古巣朝日新聞が満身創痍の状態に陥っている。この機に乗じて、死者が反論できないのをいいことに、従軍慰安婦問題を捏造しただのと筑紫さんらの実名を出して攻撃を加える卑怯な週刊誌記事があった。口に出すのもおぞましい退廃が僕らの国のメディアを覆い始めている。

前述の『放逐』を読んでいたら、当時37歳の若き筑紫さんが、ウォーターゲート事件をスクープし、その後ホワイトハウスと全面対決を続けながら孤高の闘いを続けたワシントンポスト紙をたたえた文章があった。今にずしりと響く。

事件の報道のプロセスには（中略）悲壮な気負い、思い切った決断というようなドラマ性はあまり見当たらない。一発勝負の特ダネならともかく、10ヵ月に及ぶ長い闘いには、そうしたものは大した役には立たないものである。実際に取材に当たった記者たちが持ち込む記事を採用するかどうかを決める基準は、社の上層幹部から現場のデスクにいたるまで「正確なものは載せ、間違っているものは載せない」という平凡な、だが貫徹するには実際には苦労の多いルールだった。（中略）ポスト紙にとって、この闘いが、真実を追求する闘いであるだけでなく、いや、それ以上に信頼度（クレディビリティ）との闘いであった、という点で、多くの人々の見方が一致している。それほど、この事件、とくにそれがホワイトハウスの指揮、参画の下で起きたという事実は信じがたかったのである。（中略）ジャーナリズムはひとつのことを勇気をもって追及するときには、必ずそれ相応の傷を負わなければならない。ワシントンポストの今度の報道ですら、例外ではない。

——前掲書

筑紫さんとの最後の電話

2008年、筑紫さんが末期の治療を続けていた鹿児島県の病院にいた時、立花さんは東大大学院情報学環特任教授として続けていた筑紫さんからの聴き取り調査の締めくくりとして、入院先の病院でインタビューをすることに同意していた。病院には『文藝春秋』の編集長や速記者らも同行することになっていた。念のために約束の日の前日に、確認の電話を入れたところ、ゴホン、ゴホンと筑紫さんが電話口で咳が止まらなくなってしまったのだという。肺がんの症状が末期に近づくと、咳が止まらなくなることがある。その様子を電話口で察知した立花さんは「延期しましょう」と申し入れたのだという。

「あまりに咳の様子がひどくて、インタビューどころではないと思ったんだ。それでこちらから延期を申し入れたんです。お会いするチャンスはそれを最後になくなったわけです」

立花家からいただいた猫が我が家に2匹いた。オスの1匹（ミーシャ）は2012年、18年生きたのち逝った。もう一匹のナージャは20歳を超えて健在だ。

第12章 タウンホールミーティングの時代

——アメリカ大統領がＴＢＳに来た日

クリントンがやってきた

それは１９９８年11月19日午後5時12分のことだ。第42代アメリカ合衆国大統領ビル・クリントンを乗せた高級車キャディラックを含む車列が、警視庁のパトカー3台に先導されて、ＴＢＳ本社の地下駐車場に入ってきた。沿道からはキャーとかウォーという歓声があがっていた。『筑紫23』がスタートしてから10年目に入ったばかりの時期であった。アメリカ政府サイドとＴＢＳ側との間の文字通り突貫工事のようなてんやわんやの折衝の末、番組進行や警備態勢、対話集会参加者の選定、スタジオセット、接遇の手順などが固まって、あとは本番を待つばかりになっていた。

アメリカの現職大統領を日本の放送局が迎え入れるという出来事は、今現在に至るまで、空前絶後のことであり、今やＴＢＳ内でさえ、このようなことが現実にあったことを知らない者がいるくらいだ。この原稿を書くにあたって会ったあるアメリカ大使館関係者から「金平さん、クリントンの件は、今やＴＢＳではレジェンドになっているそうですね」などと皮肉まじりに言われてしまった。発言の奥に、あの頃の勢いはどうしたのか？　というメッセージを感じ取ってしまうようでは不本意きわまりない。

　ともあれ、クリントン大統領とのタウンホールミーティング（政治家と市民が膝を突き合わせて行う対話型の集会）番組は、18年半続いた『筑紫23』にとっては、最も輝かしい業績のひとつであり、筑紫さん本人も自著『ニュースキャスター』のなかで、全13章のうちの2章を、わざわざこのクリントン大統領とのタウンホールミーティング番組にあてているほどである。その特別番組『筑紫哲也NEWS23――クリントンスペシャル　大統領があなたと直接対話』の収録が終わった直後の『23』の職場に、当時のCBSアジア総局長のブルース・ダニング氏（2013年8月に死去）が、手にシャンペンを携えて現れて「すごいことをやったね、おめでとう」との言葉をかけてきた。その場に僕はたまたま立ち会っていたが、筑紫さんは満面笑みを浮かべて受け入れていた。よほど達成感があったのだろうと思う。

　クリントン大統領を迎えてのタウンホールミーティング番組をめぐるさまざまなエピソードについては、前記の『ニュースキャスター』第六章、第七章にかなりのことが書かれているので、ご興味のある読者の方はそちらを読まれることをお薦めしたい。

　実は、筑紫さんがその2章を記述するにあたって参照したであろう「ネタ本」というのがある。TBS社内で限定的に配布された『クリントンがやってきた「市民対話集会」放送までの全記録』という内部報告書（1999年3月）である。これを書いたのは伊藤友治・外信部デスク（当時。元TBSテレビ報道局外信部長）である。制作に関わった多数の社内関係者に事後ヒアリングを行って書き上げたものだ。あれだけの大イベントだったので、当時、ＴＢＳが組織全体としてどう動いたのかを知る手がかりになる。こういうものを残しておくのはそれ自体はとてもよいことだ。上層部への評価が甘すぎるのが少々目立つ点を除けば（ごめんなさいね）史料的価値もあり、とりわけ「裏方」に徹したプロ・職人たちの仕事ぶりがしっかりと記されていることから、伊藤氏の思いの一端も伝わってくる。『ニュースキャスター』からも『クリントンがやってきた』からも当時の熱気は十分に伝わってくる。

ここでは、だが、そうした「公式記録」「公認ストーリー」ではおそらく決して記されることがなかったエピソードや背景などをいくつか記しておこうと思う。あの出来事は決して「レジェンド」なんかではない、生身の人間たちが真摯に取り組んだ仕事だったということを再確認する意味でも。

実は、前記の2種類の文章を読んだあとでも、僕のなかに依然として残っているナゾがある。──結局のところ、一体どうしてＴＢＳがあんな事をなし得たのだろうか。筑紫さんの本も、ＴＢＳ内部報告書も、そのことの決定的な内実を語っているとは思えなかった。いや、むしろ全社一丸となって正攻法で努力したことが結実したという「美談」となって語られている側面が強い。

「どうやって実現できたのか。何かウルトラCでも使ったのか」アメリカの大統領が日本のテレビ局のスタジオにやって来ることも、ましてやそこで一般市民と対話をすることも初めてのことだったから、そういう問いが出てくるのは当然である。「特別なことはやっていない。局のスタッフたちが正攻法で積み重ねていった努力の結果だ」と私は答えてきた。事実、その通りなのだが、同じように努力しても、時機、チームワーク、相手側の状況などさまざまな条件が作用して結果を生むことも生まないこともある。

――『ニュースキャスター』

内部報告書には岡元隆治（たかはる）外信部長（当時。元ＴＢＳ報道局長）が三辺吉彦報道局長（当時）に提出したメモの内容が紹介されているが、そこには６項目の成功要因があげられていた。今回、岡元氏に会って、その事実を確認した。

（一）今回のクリントン来日に際してインタビューを申し込んだテレビ局はＴＢＳ以外にはおそらく一社くらいだった。（二）ホワイトハウスがＪＮＮワシントン支局長、小川潤の名前と顔を知っていた。（三）ワシントン小川支局長の前任者である斉藤道雄・報道特集キャスターが数年前にＴＢＳでの市民対話集会を提案し、実現しかけた経緯がある。（四）キャスター筑紫哲也に対する評価が高い。（五）筑紫と番組は歴代の駐日アメリカ大使のインタビューなどをきちんとフォローしてきた。そのことに対してアメリカ側が理解と評価をしている。（六）ふだんからアメリカ大使館と良好な関係を保っており、今回は彼らがホワイトハウスに対してＴＢＳを積極的に後押ししてくれた節がある。

――前記　ＴＢＳ報告書

これが決定打といえるものを一つだけ挙げるのは難しい。こうしたいくつもの要因が絡み合って大きな成果を生み出した、というのが岡元の結論のように読み取れる。

あの番組からもう16年以上の歳月が流れた。これまでなかなか語れなかったことで、今だからこそ語ってもいいと思われることがあるのではないか。そういう思いもあって、僕は16年前にタイムトリップすることにした。何人かの関係者に直接会ったりコンタクトを試みたりした。すると、僕も知らなかった事実がいくつか浮かび上がってきた。

単独インタビューの依頼

クリントン訪日がありそうだとの情報を知ると、当時『23』担当デスクだった僕は、迷うことなく筑紫さんを聞き手として、クリントン大統領への単独インタビューを申し込むことにした。井上波（なみ）ディレクターに書面を作成してもらって、それをアメ大（駐日アメリカ合衆国大使館のメディア内での通称）に届けるように頼んだ。何とその文書がアメ大に今も保管されていた。10月6日付けのＴＢＳのレターヘッドのある文書だ。『23』の岡田之夫（ゆきお）プロデューサー（当時）の署名がある。ワシントン発でクリントン訪日の可能性が報じられた第一報は日本時間の9月30日だったから、もうこの時点では約1週間が経過していた。

組織が官僚化する時の弊害の常で、こういう時、立ち上がりが遅いのがＴＢＳの欠点だと僕は常々感じていた。それと組織につきものの縄張りのようなものもあった。本来は、外信部がいち早く動きだす種類のことだ。あるいは出先のワシントン支局がアクションを起こす。そういう際に一番起こりがちなのが「俺はその話を聞いていないぞ」という横槍が入ることなのだが、この時点では僕らは『23』独自に、つまり勝手にアメ大に文書を提出していたのだ。外信部への連絡は文書提出以降の後回しになった。というよりも、正直に言えば、確信犯的にそのようにしたのである。なぜなら僕らには筑紫哲也という最重量級の武器があった。それを他社よりも早く使わない手はない。ダメ元、つまり仮にうまくいかなくても何もしないよりはずっといい、ダメで元々、と考えて行動することが時折あったのだ。そのような僕らの振る舞いをみて、局内には「あいつらは筑紫を盾に好き放題をやっている」というような不満・怨嗟の声も一部に鬱積していたようだ。それを僕自身は何年も後に思い知ることになるのだが……。

だが、すでに井上ディレクターの提出した文書はアメ大を経由してホワイトハウス、国務省にも伝達されていた。この時点で『23』プロデューサーと外信部のあいだで、どのようなやりとりがあったのかはどこにも記されていないが、結果的にはとても幸運なことに、外信部はこの『23』による申し込みを全面バックアップする姿勢をとってくれた。東京のアメ大へのインタビュー申し込み自体はTBSの『23』が一番早かったのだ。他の民放やNHKからも後日申し込みがあった。NHKが一番遅かった。なかには、「クリントン大統領vs.七人のサムライ」というような突飛な企画内容もあったようだ。日本側の七人の論客がクリントン大統領との論戦を試みるというものだったらしい。

井上ディレクターの文書には、1998年6月29日号の英文経済誌『ビジネス・ウィーク』(国際版)のコピーが添付されていた。アジアのリーダー50人を特集した号で、その50人のなかの一人に筑紫さんが選ばれ紹介記事が載っていたのだ。

先見の明のあるテツヤ・チクシは、今、日本で最も強力かつその批判精神で称賛されているニュース番組に出演している。

紹介記事の内容は、『筑紫23』がバブルの余韻の残る中で、いち早く「日本が危ない！」という特集シリーズを立ち上げて国民に警鐘を鳴らした先見性を賞賛するものだった。井上ディレクターは、アメ大側とのやりとりのなかで、「タウンホールミーティング」という形式をとり得る可能性について何か言われたことが記憶に残っているが、具体的にいつ、どのような文脈だったかは定かではない。

単独インタビューの申し込みについてその後の推移をフォローアップした岡元外信部長は、10月29日にアメリカ大使館の報道部の担当者との電話での会話で初めて「ホワイトハウスはタウンホールミーティングをやりたがっているようです」と告げられたと記憶している。そこで初めてTBS側がタウンホールミーティングというアイディアを知らされたことになっているが、アメ大側にとっては、奇妙に映っていることがひとつあった。10月26日付で同じTBSからラジオでの大統領とリスナーとの直接対話番組の申し込みを受けたばかりだったからだ。当時、ラジオニュースのディレクターだった千葉茂聡が提出したものだ。

「同じTBSからオファーが2つ来ていて、しかもひとつはラジオを使ってのタウンミーティングだったので、ＴＢＳのなかはどうなっているのかな、と正直思いましたけどね」

当時のことを知るアメ大関係者の言葉だ。ただ、アメ大側が、どうやら単独インタビューよりも、テレビによるタウンホールミーティングを強く望んでいるらしいという感触を最初に得たのは、ＴＢＳにおいては、交渉窓口の中心となっていた岡元氏であったことは間違いない。岡元氏によると、タウンホールミーティングという言葉を初めて耳にした瞬間は、アメ大自身かどこかの大学かが主体となって実施するミーティングの「テレビ放映独占権」を、ＴＢＳが別の局と競うことになるのか、という考えも頭をよぎったのだという。

なぜＴＢＳが選ばれたのか

今から考えると、実に急激なというか、強引な話の進み具合なのだが、何と翌30日金曜日の正午前、アメ大側から「今日の午後にそちらに伺いたい」と突然申し入れがあった。そして、土・日をはさんで11月３日（祝日・火曜日）の午前にはＴＢＳが番組をつくることに決まったのだ。

カレンダーからわかる冷徹な事実がある。ホワイトハウス・国務省のあるワシントンＤＣと東京の時差は14時間。土・日は原則、業務は休みになるので、アメ大が本国の判断を仰ぐ日は、実質11月２日（月）の一日だけとなる。判断を仰ぐと言っても、実は、アメ大側でかなりのことを「決め込んだ」上での決裁に近いものだった。つまり「ＴＢＳを強く推薦するが、ついては本国の決裁を仰ぎたい」という意向が東京サイドで固まっていたのだ。

11月３日の午前、岡元氏の携帯電話にアメ大の報道部テレビ担当部長メアリー・エレン・カントリーマン氏から電話が入った。

「タウンホールミーティングはＴＢＳさんにお願いすることに決定しました」

岡元氏は飛び上がるような気持ちだった。と同時に、これは大変なことになったとも考えた。ただちに全社的な取り組みが必要になる。アメ大からは当分のあいだ箝口令を敷くように求められた。限られた関係者に連絡を入れた。僕自身は、この日の夜、岡田プロデューサーから「タウンホールミーティングをやることに決まった」と告げられた。

なぜ、こういうことの運びとなったのかを理解する上で、知っておくべき２つのことがある。

ひとつは、ＵＳＩＡ（アメリカ合衆国広報庁）の存在だ。１９５３年に設置され、１９９９年に統合廃止された組織だが、広くアメリカの海外での広報文化戦略を担っていた。もともとは米ソが冷戦に突入した時代に、対共産圏を意識したプロパガンダ活動をその目的のひとつとして作られた経緯があるが、その後の歴史の流れの中で、アメリカという国の対外イメージアップのための広範な活動を担うに至った。例えば、大統領が海外を訪問する際の民間交流行事などは、このＵＳＩＡがプランを作り上げていた。１９６９年にアポロ11号が人類初の月面着陸に成功した時に、世界各国で公式記録映画を配給する際、動いたのもＵＳＩＡだし、古くは日本がアメリカから原子力技術を導入するにあたって「原子力の平和利用博覧会」を日本各地で開催することで動いたのもＵＳＩＡである。当然、クリントン大統領が訪日した際に、民間交流行事を行うとすれば、その任に当たるのは在東京のＵＳＩＡである。だが、その担当者の数はきわめて限られていた。

タウンホールミーティングの〝輸出〟

もうひとつ、知っておくべきは、タウンホールミーティングという対話集会の性格である。今でもアメリカでは大統領選挙のたびに、予備選や党員集会（コーカス）を通じて候補者が絞り込まれる仕組みが生きている。候補者は対話集会でのコミュニケーション能力を厳しく問われることになる。歴代のアメリカ大統領は、このタウンホールミーティングを勝ち抜いてきた人物たちで、グレートコミュニケーターなどとよく言われる。とりわけ民主党系の大統領には、このタウンホールミーティングを好む人物が比較的多くいて、弁が立たない者は大統領にはなれない。ケネディもクリントンもオバマも、このタウンホールミーティングを好むタイプだ。このアメリカ的制度は、その後世界各国に輸出され、今ではロシアのプーチン大統領も好んでこの方式を採用してテレビ市民対話なるものを放送している。皮肉なことに、ロシアでは大統領が自らの威光・権力をアピールする格好の場となっているのだが、日本でこの方式に耐え得た首相は今のところ、小泉純一郎氏だけだったように思う。現に『筑紫23』は、小泉純一郎首相（当時）を招いてのタウンホールミーティング形式の番組を放送したが（2001年10月12日放送）、やはりクリントンの時のようには弾(はじ)けなかったように記憶している。

さて、話をTBSがなぜ選ばれたのかの経緯に戻そう。10月30日にアメ大から岡元氏にかかってきた電話で、先方は、クリントン大統領のタウンホールミーティングを番組として放送する件で直接会って話をしたいと伝えてきた。この電話で、先方は、きわめて重要なことを伝えてきた。それは、ホワイトハウスがタウンホールミーティングを強く望んでいること、想定しているのは1時間くらいの番組であること、CMはアメリカの法律で入れられないことになっていること、TBS以外にもうひとつの局にプロポーズすることになっていること、である。もうひとつの局とはNHKであることは双方暗黙のうちに了解していたうえでの会話である。

局幹部がアメ大側と面談

アメ大側は午後4時にと言ってきたが、岡元氏は午後2時半に早めてもらうように逆提案した。NHKよりも先にこちらの意向を伝えたいと思ったからである。OKとなった。さらには、先方は「その場ですぐに決定を下せるような、たとえば報道局長クラスの人物に同席してほしい」と言ってきた。岡元氏は直ちに午後2時半の会合に、三辺報道局長、植田豊喜・編集主幹、平本和生・ニュース編集センター長、岡田『筑紫哲也NEWS23』プロデューサーら（いずれも当時の役職）に同席するように要請した。午前の電話から会合開始までのこの約2時間半のあいだで実質的にすでに勝負は決まったのである。というのは、この間、編成サイドでCM抜きの件は非公式に了承され、報道局内でも、タウンホールミーティングを作り上げるのはTBS自身であること、筑紫さんが番組を仕切ることまでも含めて、コンセンサスが幹部間で出来上がったのである。岡元氏は今でも、この時、機敏な反応を示せたことに強い自負をもっている。

午後2時半から報道局長室で行われた会合に、アメ大側は報道部の3人がやってきた。そこで、CM抜きノーカットの放送が可能かどうか、TBSのスタジオに百人前後の一般市民を集められるかどうか、東京以外に中継地点を設けてそこの市民とも対話できるかどうか、等を聞かれた。ＴＢＳ側からはすべてにイエスとの答が返された。帰り際に、同席していたＴＢＳの人間が意を決したように次々に発言した。「あなた方はＴＢＳを選ぶべきです、われわれを選んで後悔することは決してないはずです」（三辺局長）、「クリントン大統領は市民と対話したいのでしょう。ならば官製の番組に出演するのはかえってマイナスになりませんか」（平本センター長）、「ともかく、日本で一番信頼の厚いキャスターのいる放送局が一番いい選択ですよ」（岡田プロデューサー）。アメ大関係者のひとりは、この会合でほぼ９割がた決まったようなものだったと打ち明けてくれた。その後、渋谷区神南のＮＨＫを訪れたアメ大の関係者は、ＮＨＫ側のあまりに対照的な対応ぶりに戸惑った。先方は部長クラスのひとりとプロデューサーがひとり出てきただけだった。「決定権のあるような」人物は同席していなかった。帰りの車中でアメ大の報道部のメンバーらは顔を見合わせて感想を言い合ったという。

「タウンホールミーティングはやっぱりＴＢＳさんにやってもらう方向だわね」

ＴＢＳ側から見てのストーリーは、以上のようなものだが、今回、僕はいろいろな人に取材をしてみて、自分の考えの前提のなかからすっぽりと抜け落ちていた部分があったことに気づかされた。それは何気なくアメ大関係者たちとの話のなかから出てきた。とにかく、ホワイトハウスはタウンホールミーティングをやることに異様に熱心だった。それは、クリントン大統領の「得意技」であって、成功例としてホワイトハウスがイメージしていたのは、前年１９９７年10月16日にアルゼンチンのブエノスアイレスで行われたタウンホールミーティングだった。クリントン大統領はそこでハンドマイクを持ってスタジオを縦横無尽に立ち回り、まるでクリントンによるクリントンのための番組のような印象を（少なくとも僕は）受けた。ホワイトハウスは日本でもそれをやろうという意向だった。となると、東京のＵＳＩＡに白羽の矢が立つことになる。

「金平さんね、日本のテレビ局各局さんたちとの長いおつきあいの中で、本国から言われてもしタウンホールミーティングもできないとなると、こちらが恥をかいてしまうことになるのですよ」

筑紫さんはアメ大関係者の心をも摑んだ

アメ大の当時のこのプロジェクト担当のトップは必死だったのだという。目からウロコとはこんなことを言うのかもしれない。実は、アメ大側は追い込まれていたのだった。本国からのプレッシャーで。そこに確固たる熱意を示したＴＢＳと、お上のような対応を見せてしまったＮＨＫとの争いでは、結論はみえていたようなものだったのだ。さらに言えば、そこに一番決定的な影響を与えたのは、アメ大内部での筑紫さんに対するきわめて高い評価だった。

「筑紫さんは本当にジェントルマンシップに溢れる人でしたものね。歴代の大使とのインタビューを続けておられたんですけれど、われわれはロジを担当していたわけですが、いつだったか、民主党のフォーリーさんから共和党のベーカーさんに変わった時に、『何だかやりづらいなあ』とか言って、インタビュー前にわれわれの方に向かってニコニコしていたことがあったんですよね」

井上波の提出した添付文書の通り、筑紫さんはアメ大関係者の心をも摑んでいたのである。

なお、ＴＢＳがクリントン大統領とのタウンホールミーティング番組を放送することが決まった直後、ワシントン支局勤務の経験もあるＮＨＫの某有名記者がアメ大を訪れて、なんでＮＨＫを選ばなかったのかと怒りをぶちまけた後に、「この顚末を野中（広務。当時の官房長官）さんにも伝えますからね」と捨て台詞を吐いて退室していったのだという。アメ大関係者は「こちらはフェアに対応したんですけれどね。どうぞ勝手になさってくださいと思いましたよ」と苦笑した。

追記――文中で「アメ大関係者のひとり」と記した人物は、広報室に在籍されていた渡辺吉輝氏である。氏の尽力がなかったならば、クリントン大統領のタウンホールミーティング実現は困難だったのではないか、と僕は思っている。渡辺氏は２０１６年１月に死去された。合掌。

第13章「私の人生、百八十度、変わりましたんよ」

――「クリントンスペシャル」登場人物たちの物語

ワシントン支局長のファイル

まさかこんなものが保管されていたとは。正直驚いた。当時の小川潤ワシントン支局長の業務ノート（私物）と、関係資料のファイル（以下、小川ファイルと記す）だ。小川氏は今もそれをきちんと保管していた。やはり思いが強かったのだろう。

前章では、1998年11月に『筑紫哲也NEWS23』スペシャルの形で、クリントン大統領をTBSに招いてのタウンホールミーティング特番が実現するに至るまでの秘話を記した。取材すればするほど、僕の知らなかったエピソードが予想以上に出てきた。あれはもう16年以上も前のことなのに。

本章でも、その「クリントンスペシャル」をめぐる、語られなかったストーリーとその後について書こう。登場人物は多い。この本のために多くの人たちと再会できたことに感謝したいくらいだ。

「クリントンスペシャル」（以下CSと略記）の章を記すための基礎資料として、僕が当初念頭に置いていたのは、筑紫さんの著書『ニュースキャスター』と、TBSの内部資料『クリントンがやってきた「市民対話集会」放送までの全記録』（1999年3月）だった。だが、小川ファイルは生の資料なのでリアルさが違う。

ホワイトハウスの報道官が1998年9月29日（現地時間）の記者会見で、日本訪問の見通しについて初めて言及したあと、小川支局長も勿論手をこまねいていたわけではなかった。小川ファイルによれば、10月21日のホワイトハウスの朝の定例懇談の席で、支局のシニア・プロデューサーのマイク（マイケル・ラヴァリー氏。現アメリカ国務省）が訪日の際の単独インタビューの可能性について打診した。ところがその場では、担当者からは「一社だけへのインタビューはむずかしいが、今年6月の中国訪問の際に成功した方式＝ラウンドテーブル形式でマスコミや有識者らとの間でディスカッションをやる可能性はあるかもしれない」との情報を得ていた。それで、マイクは参加したい旨、口頭で伝えたという。小川支局長は、うまくいってラウンドテーブルかなあ、くらいに思っていた。

小川ファイルでは、ワシントン支局からの申し込み書面として、11月1日付のものが残されているだけだ。そこには筑紫さんの名前は記されていない。タウンホールミーティングという形式も想定されていない。書面は11月2日にホワイトハウスに提出された。だから、その日の深夜（現地時間）に東京の岡元隆治（たかはる）外信部長（当時）から、「クリントンが局に来ることになったんだよ」との一報を受け取った時は衝撃を禁じ得なかった。

ワシントンと東京の時差は14時間。前章で記したように、日本時間の11月3日午前には岡元外信部長のもとに内々に、在東京アメリカ大使館の担当者から「タウンホールミーティングはＴＢＳさんにお願いすることに決定しました」と電話の第一報が入った直後のことだ。

「タウンホールミーティングのプロデュースをＴＢＳにお願いする。ついては、ワシントンの窓口として、貴方と打ち合わせをしたいので、あす来てほしい」

小川支局長のもとにホワイトハウスのプレス担当ドリー・サルシド女史から電話が入ったのは、11月4日の夕方（現地時間。日本時間の11月5日早朝）だった。この経過を見る限り、前章で記した通り、ホワイトハウス←東京のＵＳＩＡ（アメリカ合衆国広報庁）というラインで、強力なタウンホールミーティング実現に向けての指示があり、東京サイド（アメ大）主導でものごとが急ピッチで進められたことになる。

それを裏付けるホワイトハウス作成のメモ（11月4日付）が小川ファイルに綴じられていた。メモは東京のアメ大のＵＳＩＡ担当者3名が宛名となっている。議題はずばり「タウンホール」。このメモでホワイトハウスの担当者は、こう記している。

> 木曜日（11月5日）に小川支局長と会うことになっている。……われわれとしては現時点でＴＢＳにこの番組について公表する準備を始めるように促したい（We would like to encourage TBS to begin publicly announcing the program at this time.）。

小川ファイルを読み進むと、これ以降の小川支局長と東京ＴＢＳ本社サイドとの調整、連絡の頻度、内容の緻密さは、実にスリリングで精力的だ。東京から、アメ大との予備折衝（と言ってもかなり突っ込んだやりとりになっていたのだが）の結果の打ち返しを受けた上で、小川支局長は11月5日にホワイトハウス側との打ち合わせに臨んだ。

本日、ホワイトハウスにて、以下の3名とミーティングを持ちました。（中略）司会の方の名前はどう発音するのか（筑紫さんへ敬意を示しての確認。多分、大統領に間違って教えないためだろう）。そのMr.チクシは、どのような人か。クロンカイトのような人物と聞いているが。（略歴を説明した上で、筑紫さんが単にMCとして進行役となるのではなく、コーディネーター的に大統領に質問することを希望している旨伝えたところ）私たちの期待は、参加者とのトークのなかで上手に噛んでくれることだ。ABCテレビのアンカー、ピーター・ジェニングスがやった時のように、ある時は討論のフォローをしたり、ある時は質問のポイントを整理したり、大統領に敬意を持って当たってくれることだ。「筑紫さんの経験を信頼している」との言葉をもらった。

——小川ファイル　11月5日付報告書

即時につくられた台本

報告書に含まれる実務上の機微に触れる部分はここでは明らかにはできないが、当時、TBSの東京とワシントンの情報共有は驚くほど順調に運んでいたことがうかがえる。何と11月8日の段階で、すでにCSの台本第1版が出来上がっていて、それが小川ファイルに残っていた。冒頭の挨拶の素稿はこうなっていた。

〈こんばんは、筑紫哲也です。番組開始以来10年目。「当事者主義」つまり、ニュースの主人公に直接話を聞こう、という方針で、これまで通算○○人のゲストに来てもらってきました。そしてきょう、紛れもなく世界最高の政治権力を持ち、地球の未来について最も大きな責任を負っているこの方をお招きしました。『23』を普段ご覧いただいている100人の視聴者とともにお迎えいたします。アメリカ合衆国大統領、ビル・クリントンさん！〉

実際の放送はこの通りにはならなかったが、原稿全体を読むと、最終稿の大筋とそれほど異なってはいない。

ところで、全社的なプロジェクトとなったCSに『筑紫23』から特番スタッフとして参加したのは、筑紫さんと、草野満代キャスター、佐古忠彦キャスター、岡田之夫プロデューサー（CSの制作プロデューサー）、藤原清孝デスク（CSの番組プロデューサー）、黒岩亜純（あずみ）ディレクター（CSのディレクター）だった。

あの頃の『23』スタッフたちの正直な気持ちを思い起してみれば、「何だか、いいとこ取りされちゃったよな、『23』プロパーにとってみればさ」くらいの気持ちだったと思う。それほど、筑紫さんがやるものは命がけで自分たちが担当すべきとの気持ちをスタッフ全員が持っていたのである。僕らはまだまだ未熟だった。だが考えてみれば、あれだけの大プロジェクトである。とても『23』プロパーだけで背負えるものではなかったことは、その後の展開からも明らかである。大体、毎日『筑紫23』を出し続けながら、CSも準備するなど不可能に近いことだった。だから『23』でも全面的にCSを支援する態勢が自然に出来上がっていった。いい時代だったと思う。

先に記した台本第1版を書いたのは、『23』から参加した藤原デスクだった。ワシントンに転送された台本に対して小川支局長からはすぐに感想が寄せられていた。

全体の印象ですが、筑紫さんの役割中心の台本だけに、筑紫さんの出番が具体的で、いろいろ仕掛けが目立ち、その分、大統領が市民と対話したという「満腹感」に欠ける印象にならないか、気になります。

——小川ファイル　11月8日付報告書

こんな本音のやりとりが何度となく繰り返された。小川氏は述懐する。

「ワシントンと東京の時差がうまく働いて、準備と宿題のキャッチボールが効率よくできたですね。実質10日間の準備期間しかなかったけれど、それが2倍の20日分働けた」

藤原デスクも当時を回想してこう述べる。

「あの頃は、テレビがまだ信用してもらえる、いい時代だったんだなあと、今つくづく思いますね。もうああいう形ではタウンホールミーティング特番は二度とできないかもしれないですね」

小川ファイルには、なぜTBSが選ばれたかについての小川氏個人の所感が記されている。

なぜＴＢＳを選んだのか。私にもはっきり返事がみつかりません。もちろん筑紫さんの存在が大きかったのは間違いないでしょう。そんな疑問を直接ホワイトハウスにぶつけてみました。「ＮＨＫとは、過去に何度かお付き合いをしている。しかし、大使館から寄せられた情報、報告から、ＴＢＳの若い積極的（young and enthusiastic）な対応を評価しました。そして実際、ＴＢＳのスタッフのそうした取り組みに接して、私たちも気持ちよく仕事する（enjoy）ことができました。そして何よりも、大統領がめざしたものとＴＢＳが求めたものが同じ舞台（stage）にのっていたのが何よりの理由です。」とサルシド女史は語っています。

――小川ファイル　12月4日付報告書

実は、小川支局長がギリギリまで最も頭を悩ませたことがらがあった。ドタキャン、直前での訪日中止である。その恐れが現実的にかなりあったのだ。当時、サダム・フセイン大統領が統治するイラクに対して、アメリカは、大量破壊兵器開発疑惑があるとして、査察を受け容れなければ空爆に出る可能性があったのだ。そして実際、クリントン大統領は日本・韓国訪問に先立つＡＰＥＣ参加をとりやめた。

小川支局長にしてみれば気が気ではなかっただろう。ドタキャンなら、東京で全社的なプロジェクトとして必死で進められている努力が全部水の泡になってしまう。東京のＣＳに立ち会うためにワシントンを発つ直前まで、この不安は続いた。訪日のドタキャンはないと確認できたのは、11月16日の朝（現地時間）、何と飛行機に乗り込む直前だったという。

クリントン大統領の時代から、いやそれ以前のパパ・ブッシュの時代から、イラクのサダム・フセイン大統領はアメリカにとって目障りな除去すべき存在だった。湾岸戦争が直接の引き金だが、それが、クリントン政権に続くジョージ・W・ブッシュ政権のもとでイラク戦争が始まり、逃亡の末に捕獲されたサダム・フセインが処刑されることになるとは、この時点で一体誰が想像できただろうか。クリントン政権が98年にもし空爆を実行していれば、もちろん「クリントンスペシャル」どころではなかっただろう。そのイラクは今、イスラム国の勢力浸透で混沌としている。

歴史とはこうして予測不能の方向に流れていく。

「市民100人を集めてほしい」

タウンホールミーティングと言うからには、市民がスタジオ及び中継先（CSの場合は大阪）にいなければならない。100人近い市民を放送日までの実質10日くらいの間にどうやって選んで確保したらいいか。これができなければ番組が成立しない。政治部の矢部恒弘デスク（当時）は、平本和生ニュース編集センター長（当時）と岡元外信部長に報道局長室に呼び出された日のことを今でもよく覚えている。11月4日午後1時だった。

「とにかく市民100人を集めてほしい」

えっ！　矢部氏は頭がクラクラしたという。アメリカ側の希望は、「日本の国勢調査が反映されたようなスタジオにしてほしい」とのことだと告げられた。そんなことできるか？　だが、やるっきゃない（Ⓒ土井たか子）。

矢部氏は直ちに、社会部の西村武彦、経済部の鈴木宏友の2人を「出演者チーム」のメンバーにと指名した。以降ＣＳ放送終了まで、矢部氏らの死に物狂いの作業が続いた。箝口令が敷かれているので、公募もできず、とにかくあらゆる手段を使って人を集めた。企業広報や労働組合まで訪ねて愚直に面接を重ねた。

「今から思うと、追い込まれると知恵は出るもんですね」

矢部氏は笑みを浮かべながら当時を回想する。その年の春までソウル支局長だった矢部氏にとってみると、ＣＳは自らの人生の重大な転機と重なる。妻のがん発症が4月に判明、東京に帰任し、その後妻の体調は一時回復していたかにみえた。ＣＳが放送された頃も比較的元気にしていて、夫の仕事ぶりをほめてくれた。だが放送が終わった翌月になって容態が急変し、12月14日に逝った。

「あの特番が成功したのを見せられて本当によかったと思っています」

アメリカ側の希望は、東京のスタジオ以外にできれば2ヵ所くらい中継ポイントを設けられないか、というものだった。当初は、大阪と沖縄という案も検討されたが、結局、大阪1ヵ所に絞られた。大阪の中継場所選定と出演者選びの重責を担ったのは、ＭＢＳ毎日放送の宮隆啓社会部長（当時）と、坂井克行ディレクターだった。

ＣＳ本番の大阪からの中継で、ひとりの市民から出た質問とクリントン大統領の答が世界を駆け巡る大ニュースとなったのだが、これはよく知られているモニカ・ルインスキー不倫疑惑について質した主婦、土橋初枝さんのことだ。坂井氏は今でも「大統領の肩書きが消え、人間クリントンが垣間見えた瞬間だった」と自負する。後述する。

当時、MBSが受け持つエリアでは、和歌山毒入りカレー事件の取材が過熱化していた。中継車はそちらの方に貼りついていたのである。坂井氏に当時のことを聞いて驚いたのは、土橋さんに行き着いたのは本当にCS放送の前日だったということだ。東京も大阪も、出演者選びはギリギリの作業だったのである。で、結果的にそれが実にうまく成功した。矢部氏の言うとおり、人間は追い込まれると知恵が出る。

リハーサルで用意された「お面」

黒岩亜純ディレクターは『23』内では黒ちゃんと呼ばれていた（執筆当時は『夢の扉＋』チーフプロデューサー）。その仕事ぶりとセンスのよさは『23』で一緒に仕事をしてきたから、僕もよくわかっている。彼に話を訊いたのは七回忌を迎えて旧『23』のメンバーが三々五々集まっていた筑紫邸においてである。黒ちゃんが覚えているエピソードを若干披露しよう。もう時効だからいいでしょう。

黒ちゃんによれば——リハーサルで、黒ちゃんはクリントン役として入場してきたのだが、その時に用意していたクリントンのお面を被って出てきた。それまで緊張のあまりカチカチになっていた市民参加者たちから笑いがこぼれ、スタジオがいい雰囲気になった。ところがそれをみていたアメリカ側からクレームがついた。あのお面は無礼である、と。文化摩擦の典型例だが、無用のトラブルは避けたい。ところがCNNがこのリハーサルの模様を撮影していた。岡元外信部長はCNNクルーに事情を説明してこの映像を使わないように求め、実際に了承を得た。この時、実はクリントン氏のお面ばかりか（使わなかったが）モニカ・ルインスキー嬢のお面も用意していたのだという。何てこったい。CS本番で、黒ちゃんはフロアを仕切っていたので筑紫さんの間近にいたが、冒頭の挨拶の「こんばんは、筑紫哲也です。……」の時、極度の緊張からかあの筑紫さんの下顎が震えているのを目撃したという。

もうひとつ、事前の取り決めでは、TBS入りして化粧室でメイキャップを終えた大統領は、そのまま筑紫さんと市民らが待つスタジオに一人で入ってくることになっていたが、筑紫さんが、スタジオ前で出迎えたいと言い出した。それで待っていたところ、クリントン大統領は、スタジオに向かわずに90度方向を変えて、何とトイレに駆け込んでしまった。どうやらクリントン氏はおなかをこわしていたようなのだ。個室の大の方に大統領は入って行ってしまったが、その時すでにピンマイクがついた状態になっていた。黒ちゃんは咄嗟に「ピンマイクの音を下げて！」と絶叫した。個室の中の音が全部聞こえてしまうからである。

黒ちゃんが今でも最も記憶に残っていることがらは、アメリカ側との事前交渉で感じた彼らの凄みだという。メディア・コントロールのプロだな、と。フェアという言葉を強調し、指示はしないがrecommendするという言葉を常に用いる。だがその時の先方の目は決して笑っておらずきっちりと自分を見据えていたという。

収録時間がどんどん超過する

岡田プロデューサーは、自分の担当する『23』のキャスターを担ぎ出した以上、その責任の重圧を痛感していた。アメリカ側の基本姿勢は、収録したものはノーカット、CMなし、質問は何を訊いてもいい、というある意味ではシンプルなものだった。モニカ・ルインスキーとの不倫問題を訊くことでは、アメリカ側との事前交渉でも岡田氏はひるまなかった。ただ、収録時間は55分という合意が双方でできていた。だから実際のスタジオ収録で、クリントン氏が「約束」を逸脱して、どんどん時間を超過して対話を続けようとしたとき、岡田氏は慌てた。副調整室（サブ）で「ダメだ！　ダメ、ダメ」とどこかで聞いたようなフレイズを発し、打ち切りを指示した。フロアの黒ちゃんはそれを筑紫さんに示したが、筑紫さんはそれを無視した。

> ディレクターのサインが私の目に入ってきた。が、私は無視することにした。大統領が自らその気になっているのに、それを押しとどめるなんて「もったいない」ことをだれがするものか。
>
> ──『ニュースキャスター』

その岡田プロデューサーがサブで叫んでいた時、サブのピッチャー卓に座っていたのは、中井敏之氏である。ピッチャーというのは、業界用語で、ニュース番組で映像の選択や番組進行の司令塔役となる重要ポジションだ。ピッチャーの指示ですべては進行する。中井氏は岡元外信部長

空前絶後。
クリントン米大統領を
招いての市民対話

からピッチャーに指名された。適役だった。声が通るし、反射神経がいい以上に、放送されている内容をきちんと把握していて指示を出す。Qシート（番組進行表）通りの進行ばかりに神経を奪われるタイプとは異なる。出来事の進捗の度合いに臨機応変に対応するタイプだった。中井氏はかつてピッチャーとしてニュース番組で、宮沢りえと貴乃花の記者会見の生中継を延々ととり続けたことから「あとでボコボコにされた」（本人談）経験があった。

彼は今、がんを患い長期療養中だ。僕は久しぶりに中井氏に会いに行った。思ったよりも元気な様子だった。開口一番「あれは楽しかった！」。それが本人のCSピッチャー役の偽らざる気持ちである。「楽しくて、いつまでもやっていたかった」。いくつかのエピソードが今も彼の記憶にあるが、CS本番前にスタジオ内に放送に直接関係のないギャラリーが20人以上たむろしていた。大統領の警護が神経をピリピリさせながらクレームをつけてきた。フロアディレクターの黒ちゃんも困惑していた。その時だ。サブからピッチャーの中井氏が叫んだのだ。「番組に関係ない人は、速やかに退去してください！　出てけ！」。サブからのマイクを使って声をスタジオに響かせたのである。俗にこれは「天の声」と言われる。滅多にはやらない。それだけに効果覿面（てきめん）だったという。療養生活のなかで随分と痩せていたが、中井氏の笑顔はあの頃とちっとも変わっていなかった。

不倫疑惑を問い質した「モニカおばさん」

最後に記すのは、クリントン大統領に大阪の中継先からガツンと言った「モニカおばさん」こと土橋初枝さんだ。ＣＳでの彼女の質問は以下のようなものだ。

クリントンさん、初めまして。私は二人の子どもがいる主婦の土橋初枝です。よろしくお願いします。モニカさんの件でお聞きしたいんです。ヒラリー夫人や娘さんにどのように謝りはったんか、お聞きしたいんです。私やったらね「許されへんわ」とか思うんですよ。でも、あのお二人は本当にね、許して下さったんですか。

――『ニュースキャスター』

折からアメリカ国内では、不倫疑惑で大統領に対する弾劾手続きがどうなるかが焦眉の問題だった。この質問に世界中のメディアが飛びついた。クリントン氏の答は「（許したかどうかは）二人に訊いてもらうしかない」と歯切れが悪かった。アメリカＣＢＳのバリー・ピーターセン記者は「ここ日本もモニカ・フリー・ゾーンではありませんでした」と東京からの記者リポートの冒頭で伝えた。ＣＳ放送後、土橋さんは一躍脚光を浴び、ＣＮＮなど外国メディアから取材が殺到し、時の人となった。あれから16年。土橋さんに話をうかがった。

「あれがきっかけでね、百八十度、私の人生、変わりましたんよ」

土橋さんによれば、いろいろなメディアから取材を受け、いろいろな人と知り合いになれた。周りの人たちからもよかったですと声をかけられるうちに、自分の居場所を見失いそうになったこともあったという。

「天狗になったらあかん」

自分にそう言い聞かせ続けた。身近な人のことを忘れてはいけない。そう思い、松原市の民生委員を17年間つとめ、社会貢献を続けた。あの番組に出演したことで、人生をポジティブにとらえる姿勢ができた。

「運命というのはわからんもんだなと思います」

土橋さんの声は今も弾んでいる。

追記——文中の中井敏之氏は２０１５年10月に死去された。享年57歳。若すぎる死だった。合掌。

第14章 中国トップと市民の直接対話

——やりようでは、私たちにはいろんな将来がある

上海のホテルのバーで

中国・上海のホテル和平飯店は、1929年開業、アールデコの装いを活かした由緒ある最高級ホテルだ。なかでも1階にあるジャズ・バーはこのホテルの歴史を象徴する場所である。蔣介石と宋美齢はここで結婚祝賀パーティーを開いた。オンシアター自由劇場の名作『上海バンスキング』の舞台とも重なるのだが、戦前このジャズ・バーには上海在住の外国人たちが夜な夜な集い、ジャズが自在に演奏され、人々がジャズをこころから楽しんでいた時代があった。日本の軍国主義者たちが、完全にジャズを禁止するぎりぎりまで演奏は続けられていたという。今でも平均年齢75歳とも言われるオールドジャズバンドの演奏は人気を博していて、このホテルの名物となっているそうだ。

2000年の9月7日の夜9時近くのことである。TBSでクリントン米大統領のタウンホールミーティング特番が成功裏に放送されてから、ほぼ2年の歳月が過ぎようとしていた。山東省で地元テレビ局との業務交渉を終えて上海に移動してくるともう夕方になった。このバーで旅の

疲れを癒していたＴＢＳメディア総合研究所の小笠原紀利社長（当時。元北京支局長。２００７年死去）は、少し酒に酔っていたが、突然鳴った携帯電話に出ると、聞き覚えのある声が聞こえてきた。だが、ジャズの演奏の音で相手の言っていることがはっきりとは聞こえない。バーの外に出て携帯に耳をあてた。

「ＴＢＳの皆さんは、この大事な時に中国に出張に出ている方ばかりですね」

相手は言って笑いが続いた。電話の主はこう言ったのだ。

「朱鎔基総理は、ＴＢＳのスタジオで日本の市民と対話することを望んでいます。そのように決定しました」

電話の主は、東京の中国大使館の李文亮参事官（当時）。小笠原氏は、興奮のあまり飛び上がりそうだったという。同席していた劉珂さん（執筆当時はＴＢＳメディア総研主任研究員）は今でも小笠原氏の表情を覚えている。

「とにかく豪快で、真っ直ぐで、情熱的な人でしたから、よっぽど嬉しかったんだと思います」

１９９８年11月の「クリントンスペシャル」（以下、ＣＳと略記）と相並んで、『筑紫23』の歴史のなかで最も輝かしい業績のひとつが、中国の朱鎔基首相と日本の市民との間のタウンホールミーティング番組の放送（「筑紫哲也スペシャル　中国の朱鎔基首相があなたと直接対話」　以下、ＺＳと略記）である。２０００年10月14日に収録され、同日放送された。中国政府の現役トップを日本の民間放送局がスタジオに招き、日本の一般市民と直接対話する様子を放映するという試みは、空前絶後のことだ。筑紫さんは、この出来事がよほど嬉しかったらしく、例によって自著の『ニュースキャスター』でも、「『赤い皇帝』の椅子」という一章をもうけて、その時のことを記している。

世界の要人のなかでいちばん会ってみたい人はだれか――という問いに、近年、私がためらうことなくあげてきた第一の名前は朱鎔基だった。今、世界中を見回してもこれほど強烈な個性の指導者は他にいない。しかも一三億人という世界最多の人々の頂点に立つリーダーである。官僚主義かメディア操作によって生まれる指導者が世界中でますますふえるなかで異色である。（中略）一九九八年、中国で登場した新しい首相は草稿に頼らず、教条主義的言語を使うこともなく、自信をもって自分のことばで語った。いかつい顔とユーモアとが同居している。

筑紫さんは朱鎔基首相に惚れ込んでいた

読んでわかるように、筑紫さんはある意味で、朱鎔基首相に惚れ込んでいた節がある。それは、岡田之夫（ゆきお）『23』プロデューサー（当時）の影響が多大だったように思う。岡田プロデューサーは「岡P」（おかぴー）などと番組スタッフ内では呼ばれていて親しまれ、筑紫さんからの信頼も厚かった。かつて北京支局長を経験し、中国の政治家像については一家言をもっていた岡Pが、朱鎔基首相に惚れ込んでいたのである。

「筑紫さん、朱鎔基はやっぱりすごいですよ」

そんな会話をよく耳にした。ＪＮＮの北京支局の勤務者たちの間には、「チャイナ・スクール」とでも呼びたくなるような強い矜持と連帯感があり、JNNのよき伝統になっていた。小笠原氏がZS実現に奔走したのも、この北京支局人脈という背景を抜きには語ることができない。

上海の小笠原氏から国際電話で「朱鎔基のタウンホールミーティング、OKになったぞ」と僕が告げられたのは、その9月7日の深夜、『筑紫23』のオンエア直前のことだった。当時、『筑紫23』は最も信頼される夜のニュース番組として、テレビ朝日の『ニュースステーション』とともに不動の位置を固めていた。クリントンに続いて、今度は中国だぞ。妙な胸の高まりを覚えたことを記憶している。

2007年9月に北京の五洲伝播出版社から発行された本がある。日本語版と中国語版の2種類があり、日本語版のタイトルは『忘れ難き歳月　記者たちの見た中日両国関係』となっている。日中国交正常化35周年にあたって、日中両国の識者・記者ら計20人ほどが寄稿しているのだが、日本側の多くの執筆者にはTBSの歴代北京支局長・記者たちも含まれている。とても厚みのある内容の本だ。北京支局経験者の人脈以外でこのような書物はTBSには存在していない。

このなかに、朱鎔基首相を招いてのZSについての文章「朱鎔基首相の『市民対話』―中国首脳の「胸襟」を開く道―」が寄せられていた。執筆はTBSのメディア総研と報道局になっているが、実質的にこれを書いたのは、岩城浩幸TBS報道局解説・専門記者室長（当時。元北京支局長）だ。これを読んで、なるほどと腑に落ちたのは、ZSが実現するにあたっては、北京支局人脈の実に息の長い努力の積み重ねがあったという事実だ。その作業は1998年の朱鎔基首相体制のスタートとともに始まり、国務院新聞弁公室に積極的に働きかけを行っていた事実が記されている。

「いつの日か中国要人の話、とりわけ、ざっくばらんなインタビューで本音を聞いてみたい、そしてそれを放送したい」。これは中国駐在経験のある記者ならば、誰もが考えることである。TBSの「北京特派員OB会」もその例外ではなく、必ず話題になることだった。（中略）とにかく門を叩いていこうということになった。中国のリーダーが、日本の民間放送のインタビューに応じた例はない。だが、前例にとらわれず、中国の変化を受け止めて、インタビューの申し込みをしようという意志が固まった。九八年六月、小笠原は北京で、国務院新聞弁公室の趙啓正主任を訪問した。

——前掲書

中国側のキーパーソンは、国務院新聞弁公室の趙啓正氏だった。朱鎔基首相と直接のパイプを持ち、忌憚のない意見交換ができる人物と評価されていた実力者だ。初対面の時からこの趙啓正氏と小笠原氏は波長があったというか、互いに認め合う関係だったとは、小笠原氏に通訳兼コーディネーターとして北京に同行していた劉珂さん（前記）の証言である。

小笠原氏の精力的な北京詣でが繰り返された。当初はとにかくTBSによる単独インタビューをということで、趙啓正氏への表敬訪問を積み重ね、そのたびにTBS砂原幸雄社長（当時）からの書簡とインタビューの質問書が届けられた。質問書をつくっていたのは、前記の岩城元北京支局長と、日下部正樹北京支局長（当時。現在『報道特集』キャスター）だった。そんななかでCS

が大成功のうちにＴＢＳで放送され大きな反響を呼んだのである。

この市民対話集会（引用者註：ＣＳのこと）の〝成功〟に注視していた別の人たちがいた。彼らはこの集会に堪えうるワイルドカードを自分たちは手にしていると確信していた。中国である。

――『ニュースキャスター』

ものごとがうまく働くときは本当にいい方向へいい方向へと転がって行くものだ。中国の指導者には大国としての強烈な自負がある。彼らはＴＢＳで放送されたＣＳを注視していた。クリントンにできたことがわが中国のトップにできないはずがない。そんなふうに考えたとしてもごく自然であろう。筑紫さんの記していた「ワイルドカード」とは、まさに朱鎔基首相という切り札だったのである。小笠原氏はＴＢＳの北京特派員人脈とざっくばらんに作戦を練って、ＣＳ放映後、すぐさまＶＨＳのコピーテープ数本と番組の反響についての新聞雑誌記事を中国大使館経由あるいは直接に新聞弁公室の趙啓正氏のもとへと届けた。日下部北京支局長は、新聞弁公室の「テープをもっと欲しい」との求めに応じて、東京から送られてきたＶＨＳテープを届けに行ったことを覚えている。このことが想像以上に中国側を突き動かしたのである。

「まちがいなく朱鎔基首相本人があのテープをみたんだと思います」（日下部キャスター）

趙啓正氏をＴＢＳに超強引に連れてくる

小笠原氏は僕がＴＢＳに入社した時の社会部（当時はニュース部社会班）の直属の先輩だった。「報道のＴＢＳ」の良き伝統を地で行くような人物だった。せっかちだが熱い、そしてシャイなところを持ちあわせていた報道マンである。小笠原氏は２００７年９月９日に闘病の末にこの世を去った。

今回、劉珂さんはとびきりのエピソードを披露してくれた。２０００年の６月７日、趙啓正氏が来日した際、小笠原氏は、来日情報をキャッチするや空港に直行し、成田空港駐在のカメラマンにいきなり撮影を発注したのだという。そして趙氏一行の空港到着の模様を撮影するとともに、成田空港に到着した趙啓正氏をＴＢＳに超強引に連れてきて、当初は予定にも入っていなかった砂原社長との会談をセットしてしまったのだ。何という大胆なことを。その場で趙氏から「朱鎔基首相のインタビューを実現するべく鋭意努力する」との発言を引き出した。趙氏は「朱鎔基首相は、表情は厳しいが、心はとても優しい人です。厳しい顔は、いい加減な部下に対するものです」と言って笑ったという。

ＴＢＳとしてはタウンホールミーティング方式で進めていきたいとのプランが先方には伝えられた。ところが、その２ヵ月後に中国大使館から不穏な情報が入って来た。「訪日に際してのインタビューは、ＮＨＫおよび、テレビ朝日の『サンデープロジェクト』（聞き手としては田原総一朗氏）にほぼ決定した」というのである。そんな馬鹿な。小笠原さんは憤慨した。その後、８月17日に北京に飛んで、上記の情報をひっくり返した。

劉珂さんによれば、第６回目の朱鎔基首相への取材申請書（タウンホールミーティング方式による）

を東京の中国大使館に提出したのが8月30日。そして、冒頭に記したように、9月7日の夜にはTBSに朗報がもたらされたのである。それからわずか37日後にはZSが収録・放送された。7年後に小笠原氏は死去した。亡くなる少し前、自宅療養中だった小笠原さんの元を劉珂さんが訪ねた。そして好物だった餃子を劉珂さんが手作りでつくり、近所の人たちも呼んでみんなで一緒に食べた思い出が残っている。それが劉珂さんが小笠原さんに会った最後だった。

「私の人生の中で一番やりがいを感じた仕事でした」

劉珂さんはそう言って視線を宙に浮かせた。

首相が座る椅子への注文

10月14日のタウンホールミーティングの進行は、ことのほか順調に進んだ。番組のタイトルは胡弓の生演奏で奏でられた。坂本龍一の「Put Your Hands Up」という『23』の番組テーマ曲である。冒頭部分は、中国五千年の悠久の歴史を映し出す大回廊セットに沿って、朱鎔基首相自身が長いアプローチをスタジオに向かって歩いていくという演出から始まった。とにもかくにも、CSという成功体験があったことが非常に大きかったと思う。参加する市民の選定、質問の厳選、大阪からの中継、スタジオセット、警備態勢、接遇の手順、対外広報など、すべてのお手本が一応はあった。これがあるのとないのでは全く環境が異なる。ただし、異なっていたこともいくつかあった。そのひとつが、筑紫さんも自著に記しているスタジオで朱鎔基首相が座る椅子のことだ。クリントン米大統領の時は、カジュアルなスツール型の椅子が使われた。だがこれについては早い段階で中国側からクレームがついていた。「あのバーの椅子みたいなのだけはやめていただきたい」。僕らは熟考の末、座面の低いソファ型の、かといって中国の皇帝の玉座のような権力者の椅子ではない、センシティヴなデザインの椅子を用意したのだった。CSに続いての登板、美術担当の飯田稔さんの苦心の選択だった。

「中国側からの注文では、朱鎔基さんは腰が悪いので、あんまり柔らかすぎるソファは困る、と。それとソファなのに回転もできるのがいいとか。なかなかそういうのはなかったんですよ」

スタジオで首相を出迎えた筑紫さんが「椅子がお気に召すといいのですが」と着席を促すと、首相は「大丈夫です。ありがとう」と応じた。僕らは本当にほっとした。

「CSのビデオをみて研究してきた中国側は、参加者たちから朱鎔基首相が見下ろされるようなスタジオセットはちょっと困るみたいなことを言ってきた。それで客席の勾配というか傾斜角度をかなり緩めた記憶がありますね」（飯田さん）

番組ではまず、いくつかの質問がぶつけられた。最初は千葉県松戸市の小学校5年生たちからの質問だった。

——中国はなぜ一人っ子じゃないといけないんですか？

「私にも13歳の孫がいて寂しがっています。でも12億5000万人の国が、無制限に子どもを産み続けると、世界中が中国人だらけになってしまいます」

——朱鎔基に怖いものなし。ただし、労安夫人を除いて、と言われています。奥様のどこが怖いですか？

「私は彼女を怖いと思ってはいませんよ。可愛いと思っています」

その時、夫人はスタジオの隅にいて番組を見守っていた。

――本人がいなくても同じことを言いますか?

「私に裏表はありませんから」

スタジオは徐々にリラックスしたムードに包まれて行った。石原東京都知事（当時）の「三国人」発言や日本における中国人の犯罪などについても忌憚なく触れられた。音楽好きらしいという情報を得ていた僕らは、万々が一、興が乗ったら、というダメ元のつもりでスタジオに胡弓も用意していた。通訳は中国大使館の承認のもとで、日中同時通訳の第一人者である及川勝洋、大森喜久恵の両氏が担当したのだが、筑紫さんが「胡弓も名手でいらっしゃいますよね」と尋ねたところ、通訳さんが「ええ、そうですね」と訳してしまった。間違いではなかったのだが、実は正確には「ほんの少しだけ（略知一二）」と謙遜を込めて答えていたのだった。そのわずかな差の〝偶然〟が働いて、筑紫さんは何と「お弾きになりますか?」と言いながら朱鎔基首相に胡弓を差し出してしまった。すると首相は、「お求めということですから、みっともないところをお見せしましょう」と言って、胡弓を演奏しだしたのだった。スタジオは大きな拍手に包まれた。収録時間は64分50秒。30以上の質問に朱鎔基首相は本気で答えていた。少なくとも僕はそう思った。

「特注」の椅子に坐って、
市民対話に臨んだ
朱鎔基首相

放送カットをめぐる交渉

朱鎔基首相は本気で答えているぞ。サブにいた斉藤道雄制作プロデューサーと僕のあいだでそのような実感を共有し、思わず顔を見合わせた瞬間があった。朱鎔基首相が、次のように述べた場面だ。

「今回の訪日で私が（日本に）謝罪を求めていないことについて、私が弱腰だ軟弱だと、国内で批判が殺到して、夜も眠れないことがある」

クリントンの時と同様に、ZS収録中には内外のマスメディアの記者たちを別室に集めて公開していたことから、この発言をとらえて、ニュース価値を見出した社も多く、実際に翌日の新聞ではほとんどの社が記事にしていた。ところが、この発言に対して局内で立ち会っていた中国政府側から、この部分はまずい、とカットを求めてきた。立ち会っている内外メディアがすでに記事にしようとしている発言をカットしても無意味だという僕らの主張に対して、彼らは強硬だった。実際の放送時間は午後10時からだった。収録を終えると、もう放送まで2時間を切っていた。実際の放送時間は総枠で53分10秒。それに対して収録時間は前述の通り64分50秒なのである。どこかをカットしなければならない。クリントンの時はノーカットが当初からの絶対条件だったが、中国側にしてみれば、超過した以上はカットが当たり前だった。僕らと中国側との間に緊張が走った。僕と斉藤制作プロデューサーが、この部分のカットは最も重要な発言に関わるとして退かなかった。それに対し、中国側も一歩も引かなかった。

今から考えてみれば、僕らのとった行動はきわめて原則主義的なものだったかもしれない。朱鎔基首相の「本気」を実感し、それに報いるとはどのような態度をとることを言うのだろうか。TBSの北京支局人脈の人たちは、長年の中国取材の経験と知恵の蓄積から、より深い意味で、そのことを理解していたのかもしれない。信頼関係そのものを壊してしまっては元も子もないではないか、と。そのような現実が確かにあったのだ。正直に告白すれば僕自身はそうした想像力が働かなかった。膠着した事態の収拾にあたったのは、平本和生報道局長（当時）だった。その平本氏と行動を共にしていた伊藤友治外信部デスク（当時。元TBS報道局外信部長）は、当時の記憶がいまだに鮮明だという。

「交渉の大変さという点では、朱鎔基首相の時の方が対ホワイトハウスの比ではなかった」（伊藤氏）

伊藤氏によれば、あの部分の発言のカットを求める中国側と、あくまでも放映をと主張するTBS側（正確には斉藤プロデューサーと金平たち）との間で膠着状態が続き、これ以上編集作業が進まなくなるとオンエア事故になるというところまで追い込まれたと感じたという。その際、平本氏が「20階」（TBSの役員室のあるフロア。TBS社内では会社経営陣のことを指す隠語にもなっている）に駆け上がってゆき、どのように処理するかの一任を取り付けてきたのだという。平本氏は「中国側ともめています。問題は10ヵ所ほどあったが、そのうちの1ヵ所だけがどうするか決まっていない」と社長らに説明したらしい。結局は、時間切れということになって、あの部分の朱鎔基首相の発言は削除された形で放送は終わった。みんな、みんな熱かった。今となってはなぜあれほど報道の中身に命がけだったのかと、懐かしくさえ思える。

いたずらに愛国心をかき立てるべきでない

１９９８年11月のＣＳに続いて、２０００年10月のこの朱鎔基首相のＺＳ放映後、今度は韓国のトップとのあいだでタウンホールミーティングの話が浮上して、これも成功裏に放送が行われた。２００３年６月の盧武鉉（ノムヒョン）大統領、２００８年４月の李明博（イミョンバク）大統領とのタウンホールミーティングである。世界の要人とのタウンホールミーティングと言えばＴＢＳの独占という状態が出現したのである。

小笠原氏の２０００年９月28日付けの新聞弁公室・趙啓正主任あての手紙を前記の劉珂さんが保管していた。すでにＴＢＳにおいてタウンホールミーティングが行われることが決定していたものの、双方とも中国首脳による世界初の試みということで、まだ緊張や不安が解けていない部分もあったのだろう。小笠原氏はそのような不安を鎮めるように切々と次のように書きつづっていた。今、この文面を読み返してみても、考えさせられるところが多い。

> 米国と日本は、ご承知の通りの同盟関係を結んでおります。これまでもインタビューにも応じて頂きました。ただ、大統領がＴＢＳスタジオに来られて、市民との直接対話をされたことは、画期的なことではありましたが、それほどの驚きではありません。しかし、貴国と日本とは、先ず政治体制が異なり、かつての戦争やその後の処理をめぐるさまざまな意見の相違があり、貴国内にも、日本国内にも反発する感情があることも現実です。そうしたなか

に、貴国の首脳がインタビューではなく、民間放送のスタジオで、日本の一般的な国民と直接対話され、日本国民が抱いている率直な疑問や意見にお答えくださることは、未だかつてなかったことです。ですから、私どもTBSでは（中略）筑紫キャスターも含め全社員が、まさに歴史的なことであると認識しております。

こういうことを本気で考えていた人がいた時代があった。

こうして、もう15年も前にZSが実現した経緯を今から再検証してみると、昨今の日中関係の政治レベルでの閉塞状況に照らして、よくも、あのような番組が実現できたものだという深い感動さえ覚えてしまったのが正直なところだ。それくらい日中の間の軋(きし)みは今では痛々しい。かつての特番ZSで充実した市民対話がほぼ終わりかかった時、筑紫さんが発した言葉を著書から引いて最後に書きとめておきたい。

例によって番組では禁欲的に進行役に徹しようと努めた私だったが、その最後には一言だけ自分を出した。「次の世紀に、日本と中国とが手をつなぐことができたら、世界のためにいろいろなよいことができる。そのために考えなくてはいけないのは、お互いのことを言いすぎること、そして放っておいても愛国的な国民なのにいたずらに愛国心をかき立てることだ。やりようでは、私たちにはいろんな将来がある」心をこめてそう言ったつもりだった。

――『ニュースキャスター』

第15章 阪神淡路大震災報道、その失意と責務

――筑紫哲也が見た黒田清

こんな光景が実際にあるのか

さすがに夕方近くになると冷え込んできて、体の芯から震えがきた。2015年1月17日。この日、僕は、担当している『報道特集』の生中継のために、神戸市中央区の東遊園地にいた。阪神淡路大震災から丸20年を迎え、そこでは終日、犠牲者を追悼する営みが続いていた。竹筒に包まれた蠟燭に火が灯された「竹灯籠」が広場の中央部に多数設置され、その周囲を取り囲むように参列者たちが祈りを捧げる姿は、おごそかな雰囲気を周囲に醸し出していた。

あれから20年がたった。あの日、『筑紫23』のデスクだった僕は、早朝の電話で大震災発生を知り会社へと急行した。局に着いて、テレビ画面を凝視していた。高速道路が蛇行して崩落し、各地で火の手があがりはじめていた。いずれも空撮映像だったように記憶している。これは大変なことになった。キャスターである筑紫さんには、今日の出演は東京のスタジオからではなく関西から出てもらおう。できるだけ早く現場で取材してもらわなければならない。すぐさまそう確信した。辻村國弘プロデューサーと相談して、とにかく航空機かジェットヘリで現地入りしよ

う、選択肢のなかでは自衛隊ヘリに同乗するのが一番早いのかな等々と思案しながら、赤坂の筑紫さんの自宅に迎えに行った。

筑紫さんも早朝からテレビをみていた。現場に行くことに躊躇はなかった。

「どんな服装で行けばいいかな。いつものコートでいいよな」

筑紫さんはそう言った。

「いいと思いますよ」

わざとらしく防災服のような格好で現場入りすることに抵抗感があったことを僕は記憶しているが、このことが後日意外に大きな問題に発展するとは思いも寄らなかった。何しろ20年前のことだ。人間の記憶というものは確実にぼやけてくる。この20年以上にわたって記してきた日記も、1995年の1月17日から1月20日までの4日間は空白になっていた。

TBS映像取材部（当時は単に取材部と言っていた）の芦刈一（あしかりはじめ）チーフ・デスクは、当時は入社4年目。どういう運命の巡り合わせか、1月17日は前日からの泊まり勤務明けだった。午前5時46分の大震災発生の一報を受けて、これはとんでもない事態になったと直感した。東京から大量に取材陣を投入しなければならない。彼が最初にやったのは、現地にカメラクルーを送り込むため、とにかく飛行機便を押さえること、そしてヘリコプターを確保することだったという。関西方面への飛行機の席を20席、そしてヘリを、会社が契約していた「朝日航洋」以外にも片っ端から押さえにかかった。彼はそのままぶっ続けで働き続けて会社に2泊し、そこから直接現地入りしたのだという。

調べてもらうと、何と1月17日当日のカメラ配置一覧表と、ヘリ発注一覧表が映像部に保管されていた。阪神淡路大震災関係のカメラ発注は26カメ、うち現地入りは14カメだったという記載があった。ヘリの方は全部で実に14機。当日の17時49分現在の記録だ。そのうちのヘリの一機は「Jロイヤル」という会社名の記載があり、乗組員名に「筑紫キャスター・西村・金平・米田」とある。そうだったかなあ。ここで僕の頭が大いに混乱するのだ。自衛隊のヘリに乗ったんじゃなかったっけというおぼろげな記憶があるからだ。

西村とあるのは、西村武彦『23』ディレクター（当時）だろう。そこで彼に訊いてみた。彼は僕よりも記憶がちゃんとしていた。乗ったのは自衛隊機ではなく民間のヘリで、途中、静岡と津で2回給油して八尾空港に降りた。西村はそこから、陸路タクシーを雇って半日かけて神戸まで辿り着いた。彼は神戸出身で裏道をよく知っているという判断からそういう選択肢がとられたのだった。西村は、自分のよく見知っていた地元・神戸が変わり果てた姿になっていることに強烈なショックを受けたという。

「テレビ画面に映りきらない規模の大きさっていうんですか、西宮から三宮までの物理的な距離が全部壊滅的な被害を受けているのをみて、暗澹たる気持ちになったことを今でも覚えていますね」

僕自身は八尾空港以降の動きをほとんど覚えていないのだが、当日だったか翌日だったか、神戸市の中心部に向かう途中の車窓からの光景があまりにも超現実的で、こんな光景が実際にあること自体が信じられない気持ちだった。三宮駅前のスバルビル（この名称も不確かだが）の窓という窓からブラインドカーテンがクラゲの足みたいに飛び出ていて、グロテスクな姿をさらしていたという記憶がある。その頃、神戸市の長田区ではすでに火災が発生していた。当日は、筑紫さんの神戸上空からのヘリ空撮リポートを持ち上がりMBS（毎日放送）本社から中継したとの記録が残っていた。細かな行動の記憶が飛んでしまっている。

「僕はもうテレビをやめようと思っている」

当時つけていた日記の記載によれば、1月17日に現地入りした僕は1月29日に自宅に戻っている。その日、こう書いていた。

〈今回の取材ほど後悔の残るものはない。〉

同じ思いを筑紫さんも抱いていたに違いない。その日の夕方、ある場所で僕は偶然にも筑紫夫妻と遭遇し、そのまま夕食をともにすることになった。筑紫さんは相当に苛立っていた。そしてその場でこう口にした。

「僕はもうテレビをやめようと思っている」

それは本音だった。本当にそう思っていた。すでにその頃は筑紫哲也といえば、日本を代表するテレビニュースの顔だった。だがその矜持というか自信が揺らいだのだ。

今から冷静になって考えてみれば、阪神淡路大震災という出来事があまりにも巨大で、筑紫さんのやれることは限られていた。筑紫さんはもともと、切ったはったの事件記者的な仕事が適任とは言い難いところはあったが、それでも戦場取材もこなしてきた経歴があった。だが、阪神淡路大震災の場合は、テレビというマスメディアのなかの一個人は圧倒的に無力であった。それを自覚していたが故に、現場では一人ひとりの被災者の声を丁寧に拾い歩くことに徹しようと思うと宣言してそれを実行した。だが実際に限られたテレビの時間の中で放送されたものは切り刻まれた断片でしかなかった。取材した現地と編集する東京との間の温度差や切迫感の違いもあっただろう。

現地入りして3日目の深夜のことだ。『23』のオンエアが終わった瞬間に、あの普段は温和な筑紫さんが、MBS本社のフロアの片隅で「君たちはわかっていない！」と怒鳴り声をあげた。被災者の声をそれこそ地べたを這うように歩き回って集めてきたVTRが東京で編集された中身をみて怒り狂ったのである。それ以外にも、スタッフ同士の激しい衝突や、神戸組と東京組のぎくしゃく、TBSとMBSとのぶつかり合いなどが幾度となくどこかで起こっていた。

いわれなき中傷

もうひとつは、テレビというメディアに対して向けられた敵意、悪意というか反発があの時は非情なくらいに露わになった。たとえば初日に筑紫さんがヘリですでに火の手が上がり始めた神戸上空から発した「温泉場の湯けむりがあがっているかのよう」だとのリポートが視聴者や活字メディアからの攻撃の対象になった。さらには「ヘリで取材する暇があったら救援物資のひとつでも運んで来い」「テレビクルーのチャーターしたヘリの騒音で救助を求める声がかき消された」などというテレビバッシングの声がどんどん拡散した。なかにはキャスターたちが被災地で身に着けていたあの服装はけしからん、という声も聞こえてきた。実際にテレビ報道にたずさわっていた人間たち全員が何の問題もなく整然としていたなどというつもりは毛頭ない。疲れきった被災者たちが身を寄せていた避難所に某テレビ局クルーがライトをつけながら侵入したというケースも聞いた。だが、いわれのない攻撃や中傷には度を越したものがあった。

ここに記すことがためらわれるほどの不愉快なある事例を僕自身は忘れることができない。筑紫さんは亡くなってしまったのでもう和解のチャンスも失われた。自著のなかでさすがに腹に据えかねたのだろう、筑紫さんは以下のように記していた。

> 震災直後、焼け野原のような現場を歩いて話を聞き続けていた私と取材チームは、そこでご両親を失ったばかりの人と出会った。そんな悲痛な状況とわかって近付いたわけではない私たちに向かって、その人は「カメラは止めて下さい。止めた上なら話をする」と言った。私たちはその通りにし、オフカメラで聞いた話を私がスタジオでフォローした。その日の放送を観た視聴者は、現場の映像が途中で止まり、その後の説明を私がするのを聞いたはずである。ところが、これがどう曲がって伝わったのか、私が当人の制止をふり切って撮影を強行したと非難するコラムを書いた作家がいた。おそらく放送は観ていなかったのだろうが、粘着気質なことで知られるこの作家は以来、未だにそのことにこだわっていろいろ書き続けているらしい（私は読んでいないが）。
>
> ——『ニュースキャスター』

この作家がどのような弁明をしようと、あれはひどい事実誤認に基づく誤爆であった。TBSには当時の取材のマザーテープが保管されている。撮影者は加藤孝カメラマン。そのテープでは、筑紫さんが「VTR止めてください」と取材対象の男性から言われた直後のタイムコード1月19日14時16分52秒24のところで撮影は止められている。その後は14時18分00秒27から別の場所の撮影にカットが飛んでいる。当時、取材を受けて撮影されたご本人とは、僕らがその後直接話をして誤解も解けたのだが、問題は事実関係を確かめもせずにあのような記述を残した作家の責任だと僕は思っているし、その認識は終生変わることはないだろう。これ以上この不愉快な件については記すことをやめたい。

震災と黒田清さんの励まし

失意に陥りがちだった僕らを励まし、救ってくれた忘れられない恩人がひとりいる。黒田清さんである。

マスメディアは外部のマスに向かって「こんな大事件が起きていますよ」と伝えておればよいと思い込みがちだが、その手段、道具にされた当事者（相対的ミニ）たちにとっては、そんな大局的情報ではなく、必要なのは「いつ、どこで水や食糧が手に入るか」などの生活情報だった。そういう「民」の視点を欠きがちなメディアのなかで健闘した地元メディアもあったが、個人として私が敬服し、教えられ、助けられもしたのは黒田清氏の姿勢だった。新聞記者出身の黒田氏は大学ノートを拡げながら、文字通り地べたに坐って被災者と同じ目線で聞き書きを続けた。震災報道の記憶は、今や故人となったこの人の姿と分かちがたく私の心のなかに刻まれている。

――『ニュースキャスター』

黒田さんは読売新聞大阪社会部時代、保守色の強い東京紙面とは一線を画した硬派の社会派記事を多く手がけ、配下の記者たちとともに「黒田軍団」の異名をとるほど強靱な報道活動を行った人物だ。さまざまな軋轢を経て読売新聞を去った後は「黒田ジャーナル」を立ち上げ独立、「窓友新聞」を発行しながら、講演や取材活動を続けていた。人懐こい笑顔で何よりも地元の関西弁で被災者に寄り添いながら取材を続けていた姿は今でも忘れられない。

黒田番として氏と共に被災地の取材現場に足を運んだのは鈴木誠司ディレクター（当時）である。黒田さんに阪神淡路大震災取材で声をかけた経緯について鈴木はこう述懐する。

「雲仙普賢岳の火砕流や奥尻の地震など、災害現場には常に出ていた自分があの時は出遅れてしまった。どうやったら現場に合流できるか考えに考えて黒田清だと思った。絶対に他とは違う震災報道ができると踏んで辻村プロデューサーにかけ合ったらＯＫが出た、と」

被災者に寄り添って

その黒田さんが、とりわけこだわっていた取材場所のひとつが神戸市長田区の菅原市場、菅原商店街だった。震災によってこのあたりは大火に見舞われほとんどが焼失した。何と消火栓から一滴も水が出ず消防が全く機能しなかったという不条理な経験を経たことから「あの火事は人災やでぇ」と住民たちは口々に語っていた。震災から4日目、菅原商店街の被災現場に呆然と立ちつくしていた被災者たちに黒田さんは声をかけた。

焼けるまでは、神戸で一番古い菅原市場、それに菅原商店街があって、連合会には百二十軒が加盟して、賑わっていた。瓦礫の上で、男性が二人、茫然として廃墟を見回している。かつおぶし屋の丸豊商店の店主、高田太さん(66)は「百軒以上の鰹節店に卸してましたんや。つい最近、百万円もする真空包装の機械を買い入れて……。寝間着のまま逃げ出してきて、そこへ火事や。現金も印鑑も、帳簿も、何もあれへん。自分が何者や証明するもんもあれへん。(後略)」と足元に転がっている焼けただれた機械をなでていた。

――『窓友新聞』1995年1月号

この鰹節商、高田太さんは当時66歳だった。「せめてもう10年若かったら、やり直せるんやけど」と諦めきった表情だったという。その高田さんが鰹節店の再建を期して立ち上がった。長い長いその過程を『筑紫23』は密着取材することになった。黒田さんの、あの寄り添うような取材がそれ以降ずっと続けられた。高田さんと『23』スタッフとはその後、取材以外でも交流が続き、僕も神戸に足をのばした時には高田さんの鰹節店に立ち寄って美味しい鰹節を買って帰った。高田さんはその一例だが、『23』を通じて震災報道に関わったスタッフ一人ひとりに神戸と

神戸市長田区の
丸豊鰹節店を訪れた
黒田清さん、
筑紫さん（著者撮影）

の縁ができた。
少なくとも在京の放送局のテレビ番組で、最も長く阪神淡路大震災にこだわって取材を続けてきたのは『筑紫23』だったと僕は断言できる。たとえば、細川茂樹ディレクターは、仮設住宅に住むお年寄りたちと交流ができて、何年にもわたって大晦日・元日にひとり暮らしのお年寄りの被災者用アパートに単身通い続け、一緒に年越しをしていた事実を僕は知っている。

拠点となった「五六会館」

『筑紫23』がこだわって取材を続けたもうひとつの場所がある。神戸市東灘区御影の「五六会館」という場所だ。国際都市・神戸でも、古くからの地域社会の濃密な人間関係があった場所は復興の速度が速かったと筑紫さんは感得していた。

私たちは東灘の「五六会館」という町内の寄り合い所を取材や放送の拠点に使わせていただき、その後も町内の人々とのつき合いが続いているが、この場所があるのも、町内のつながりに〝にかわ〟の役割を果たしたのも、「だんじり」という祭りであった。町民たちにとって、一年でいちばん大事で、人によってはそれが生きがいでもある祭りを軸にした普段の人間関係があり、それが非常時の相互扶助に機能したのだった。再起の努力のなかでも、震災で中止されたこの祭りを復活させることが共通の目標となり、思いのほか早くそれが実現した年、私も招かれて山車に乗った。

——『ニュースキャスター』

この「五六会館」の取材を主に担当したのは小池由起ディレクター（当時）だった。彼女は2015年のその日、「五六会館」へと向かっていた。別に僕が頼んだわけでもないのだが、よほど思い入れがあるのだろう、帰京してから僕のところに「取材メモ」を送ってきてくれた。まるで純真な子供の書いた作文みたいなところもあるが（褒め言葉ですよ、念のため）、以下、その一部抜粋。

阪神淡路大震災から20年、2015年1月17日に御影にある五六会館を訪ねた。町会長さんが、わざわざ会館を開けてくれて、町が大事にしているというものを見せていただいた。それは、町のあちこちで撮影した筑紫さんや『23』スタッフとの記念写真だった。会館で避難している皆さんと鍋を囲んでいる筑紫さん、瓦礫だらけの町を歩く筑紫さん。（中略）もちろん1996年5月に復活した「だんじり祭り」に笑顔で参加する筑紫さんの写真もあった。（中略）久しぶりに顔を合わせた数人から「筑紫さんが五六会館に取材に来てどんな影響があったか」と聞いてみた。「こんなことに困っていると声を発信すれば届く相手がいるというのが心強かった」「『元気が出る避難所』という名前をつけてもらった」「『だんじり』があると意見がまとまるんですねと言ってもらえたのが嬉しかった」「偉そうなことを一切言わないで、一緒にお酒を飲んで夜遅くまでおしゃべりしたことが今でも楽しい思い出として残っている」「地元のお酒、御影郷が好きで、全部飲んでしまい、他のをと言ったらこれがいいと言われたので近所の酒屋へ買いに走ったのを覚えている」（中略）会館の近くにある焼鳥屋で当時の思い出、今の生活ぶりなど話しても話題が尽きず、私は最終の新幹線に乗り遅れそうになった。自分たちには筑紫さんがいたから頑張れたといっても過言ではないとそこにいた誰もが言っていた。東北の被災地にそういう人がいるのかなあと、ぼそっと言われたのが印象に残っている。

黒田さんの死

２０００年の7月23日の午前7時、黒田清さん永眠の一報を、僕は当時の『サンデーモーニング』吉崎隆プロデューサーから電話で受けた、と当時の日記にある。その日、沖縄サミットの取材で僕は沖縄にいた。すぐに関空へと飛び、午後3時すぎには「黒田ジャーナル」事務所に到着とある。事務所で、山田厚俊（あつとし）氏、栗原佳子（けいこ）氏の2人と会っていたようだ。沖縄から黒田さんの好きだったお菓子「さーたーあんだーぎー」を持参して霊前に供えていただいた。栗原さんによれば、黒田さんのお棺には、ボールペンとノートとこの「さーたーあんだーぎー」が入れられたそうだ。筑紫さんの一足前に、黒田さんも逝った。

冒頭に記した当時の取材第一陣の取材部カメラマンの氏名をみたら、２人の物故者がいた。岩切清さんと小池雄三さんだ。時は流れ、人はまた去る。思い出だけを残して。当時、ＭＢＳ本社で取材の陣頭指揮をとっていた報道局のデスク、カバやん、こと樺沢啓之（ひろゆき）氏も２００９年5月に亡くなられた。

さて、あれから20年目の日、生中継の場所の下見に先立って、僕はひとりで神戸市長田区のかつての菅原商店街のあった場所へと出かけた。あたりの風景は一変していた。市場や商店街のイメージはほとんど消え失せ、どこにでも見かける小奇麗な住宅地へと変貌を遂げていた。

高田さん宅を訪ねてみた。高田さんが必死に再建したあの3階建ての立派な住居兼店舗の建物は残っていた。だが、表札は高田さんのものではなかった。近所の人に尋ねてみると、高田さんは2年前（2013年1月）に亡くなられたという。息子さんがこの建物を手放され、今は垂水区に住んで商売を営んでおられるとのことだった。3階建ての建物には中国からの人々がシェアしながら住んでいるという。

茫然としながら僕はその近所をまるで漂流するかのようにあてもなく歩きまわった。するとどこか記憶の片隅に引っかかる店の看板が目に止まった。「お肉屋さんの居酒屋　まるやす」。この店でかつて『23』の生中継のあとに打ち上げをやったことがあるんじゃなかったか！　頭のずっと奥の片隅に眠っていた記憶がよみがえった。

後日、「黒田ジャーナル」の遺志を引き継ぐ新聞「うずみ火」の矢野宏さん、栗原佳子さんと、その「まるやす」で店主の吉田ご夫妻とともに話をする機会をもった。やはり、高田さん宅から『23』の生中継をやったあと、確かにこの店で打ち上げをやっていた。その証拠に、店の壁には2002年1月17日に撮影された筑紫さんと吉田ご夫妻の記念写真と筑紫さん直筆の色紙が飾られていた。黒田さんが鬼籍に入られてから2年後の、そして大震災から7年目の中継だ。その日も寒い夜で、中継が終わってからスタッフが冷え切った体で次々に入ってきて、狭い店内は足の踏み場もないほどぎゅうぎゅう詰めになったのだという。矢野さんが黒田さんのことを思い出しながら言った。

「メディアにたずさわっている人たちの立ち位置がこの20年間でどんどん変わってしまいましたよね。誰かが泣いていたら、その泣いている人の横に立っていたのが黒田さん。それが今は、権力者の横にいるでしょ。どこにお前は立っているのかと問いたい」

吉田さんも多弁だった。

「東北の人に言いたいですわ。わしらの町は、行政が中心になって再建された。外から誘致して大きい店舗、ハコモノこしらえたけど、地元の商店はほとんどお手あげ状態になってもうた。昔はここらは玄関開けっ放しにして皆遊んどったけど、今は公園あるけど無人。再建はしたけどその後に家を手放して出ていく人が多い。人口もどんどん減ってく。筑紫さんと黒田さんが生きてはったら何言うかなあ、と思っとるんですわ」

壁の筑紫さんの写真がこころなしかセピア色のように少し褪せて見えた。

第16章　世界が変わった日

――アメリカ同時多発テロ事件を報じた放送

切断を生じさせた日

一つの妖怪がヨーロッパを、いや全世界を徘徊している――「イスラム国」という名の妖怪が。旧世界のあらゆる権力が、この妖怪にたいする神聖な討伐の同盟を結んでいる。

マルクス、エンゲルスの『共産党宣言』の冒頭をもじって世界の現況を言えば、こんなところになるのではないか。このところ、中東イスラム圏諸国へと取材に足を運ぶ機会がめっきり多くなってきた。２０１４年12月～２０１５年3月の4ヵ月間だけでも、「イスラム国」関連で、ヨルダン、レバノン、チュニジアへと出かけた。それ以前にも、エジプト、シリア、リビア、トルコ、アフガニスタンなどというイスラム圏諸国に取材へと赴いてはいた。アフガニスタン入りしたのは、僕が担当している『報道特集』という調査報道番組のキャスターを引き受けるにあたってのキックオフの企画のためだったから、２０１０年の9月のことだったと思う。それ以外は、いわゆる「アラブの春」といわれた民衆蜂起の取材だったり、戦争や内戦、テロ事件、暴力を伴う政変劇、難民等というテーマにまつわる現地取材だったりしたが、そうした激動のそもそもの起点の日付というものがあるのではないか。「9・11＝ナイン・イレブン」だ。

　ある日付によって国民に集合的記憶が喚起されることがある。僕がかつて2度にわたって計5年余り暮らしたアメリカの場合、12月7日という日付は、多くの年老いたアメリカ人にとっては「Day of Infamy＝恥辱の日」と位置づけられていた。ハワイの真珠湾が日本軍の戦闘機によって奇襲攻撃された日ということから、国民共通の屈辱の記憶を喚起する特別の日とされカレンダーに刻まれていたのだ。また11月22日は、1963年のこの日に、ジョン・F・ケネディ大統領がテキサス州ダラスで凶弾に倒れた日付だ。

　それ以前と以降では全く不連続な世界が現出するほどの「切断」が生じた日。多くのアメリカ人にとって、「9・11＝ナイン・イレブン」は、アメリカ本土が短時間のうちに多発的に一斉攻撃を受けた悲劇の日である以上に、国のありようが一変してしまったほどの一種の象徴的記号となった。

　実際、同時多発テロ事件によって、アメリカ社会は大変な変容を被った。2002年の春にワシントン特派員に着任した僕は、ジョージ・W・ブッシュ政権下のこわばったアメリカを長期にわたって取材することになった。冒頭に記した「イスラム国」にしても、この「9・11」がなかったならばおそらく存在し得なかった。アメリカが「9・11」後、それほどの時間を置かずして対アフガン報復戦争を始めてタリバン政権を転覆させ、続いてイラク戦争を開始してサダム・フセイン政権を壊滅させて、イラクを現在のような混乱に陥れたことが「イスラム国」生成と深く関わっていることは多くの研究者が指摘するところだ。「9・11」は『筑紫23』にとっても忘れることができない特別な日付である。

筑紫さんも著書『ニュースキャスター』のなかで、この事件に一章を割いている。章のタイトルは「世界が変わった日」。この文言は月並みと言えば月並みだが、実は『23』内では僕が考案したものだった。今から考えてみると、この「世界」のなかにどれだけ僕らはキリスト教を中心とする西欧文化圏とは異なる、イスラム圏や異文化圏の国々の、地域の人々の存在を想定していたか、そこに内在するある種の西欧中心主義的思考こそが問題の根源なのではないかという視座をどこまで自覚していたかは心もとない。

台風と狂牛病騒動のなかで

2001年の9月11日、火曜日に『23』で何が起きていたのか。

大部屋は騒然となった。突発の大事件の時いつもそうであるように、そこは阿鼻叫喚の場となる。次々と連絡、呼び出しの輪が拡げられ、非常態勢に入る。 ――『ニュースキャスター』

その日、幸か不幸か僕はたまたま編集長の担当日だった。前日の9月10日に、夏休みを家人と過ごしたハワイから帰国していた。それが1日ずれていたら、決してあんなことは経験できなかっただろう。というのも、事件直後からアメリカ発の全航空便がストップしたため帰国できなかったはずだからだ。そういうわけで、久しぶり、かつ滑り込みの編集長登板だったのだが、折から日本列島を台風15号が直撃、各地で被害が出ていて、台風情報と狂牛病（BSE）のニュースを中心に僕は進行表の献立を組み立てていた。

現在、TBSに保管されている当日の『筑紫23』の進行表は、第3版の段階のもので、実際に放送されたものはそれとは全く異なっている。放送時間も何と2時間30分あまり枠大（わくだい）されたのだが、そこに至る過程で何をしようとしていたかがわかる。狂牛病については、前日の10日に千葉県内で飼育されていた牛が日本で初めて狂牛病発症の疑いがあると農林水産省から発表され、127万頭の北海道で飼養中の牛の検査が実施されるというそれはそれで大ニュースだったのだ。だがその日のニュースのメインは何といっても台風情報だった。進行表第3版の段階では、さすがに「NYのビルに旅客機激突の大惨事」がトップニュースで7分、さらにそのあとにも計12分の時間が充てられていたが、その前の第2版の段階では台風がトップニュースで、JNN関係各局（東北放送、岩手放送、琉球放送）に生中継の手配を頼んでその調整をすることに最大限のエネルギーを注いでいた。その日の自分の日記の文言を以下そのまま記す。

〈夜の10時過ぎに、泊まり編集長の福島から第一報。飛行機がNYの高層ビルに激突。その映像をみてぶっ飛んだ。あわててトップ項目をこじあける算段をしていたら、なんと2機目が突っ込んでいく映像。「テロだ！」と斉藤Pが叫ぶ。後は阿鼻叫喚。22時40分少し前から前倒しで特番に突入。まるで映画のシーンをみているような感覚。既視感に襲われる。映画『ダイハード2』の設定のような。一体何が起こったんだ？　激しい疑問のなかOAに突入。NY支局、DC支局、斉藤P、徳光規郎（のりお）さん、板垣雄三、柴田三雄（みつお）。特に中東関係のゲストをさがし求める。浅井

信雄さんをさがすが夏休み中とかでみつからず。2時間30分の枠大仕立て。朝5時まで社に。〉

「テロだ！」という叫び声

福島隆史・泊まり編集長からの一報では、当初はセスナ機かなんかが突っ込んで火事になっている、それにしては煙の量が異様に多いですね、という程度の認識だった。僕もそんなものだと思っていた。あとから考えてみると、当日の『23』放送にはいくつもの「好条件」（不謹慎を承知で敢えて使わせていただくのだが）が働いていた。

ひとつは米CBSとのあいだで包括的業務提携の関係があったため、CBSからの映像回線が常時直接つながっていたことだ。CBSのお天気カメラが東京までつながっていなかったらあの出来事をとてもリアルタイムでは認識できなかっただろうし、ニューヨークやワシントンとの中継があれほど素早くスムーズに立ち上がることもなかっただろう。

そして、あの夜、斉藤道雄『23』プロデューサーと徳光規郎さん（当時『報道特集』ディレクター）という特筆すべき固有名詞の2人が報道局の大部屋にいたことも大きかった。今でも斉藤Pの鋭く張りつめた『テロだ！』という叫び声を覚えている。長い記者生活の中でも、あのようにリアルタイムで自爆攻撃の模様が目前の中継映像のなかで展開されるのをみるという経験は滅多にあるものではない。

もうひとつの「好条件」は、アメリカの支局側の事情だ。この日は、テネシー州ナッシュビルで開催される全米ラジオ・テレビ・ニュースディレクター協会（RTNDA）の年次総会に合わせ、支局長会合が開かれることになっていた。それでナッシュビル入りするため、星野誠NY支局長や稲井英一郎ワシントンDC支局長らが早朝から出勤して空港に向かっていた。だから立ち上がりが早かった。星野支局長は現地時間の午前9時25分には支局に着いた。その後10分ほどで生中継に突入したのである。稲井支局長の場合は、空港からワシントン支局までの戻りの道路がパニック的な大混乱で立ち往生し、運転していた支局車を乗り捨てて支局まで辿りついた。向山明生（やまあきお）ワシントン支局員（現TBSテレビ取締役）は、このパニックが起きる直前に車で支局に辿りつくことができたが、今でも強烈に目に焼き付いている光景があるという。本人が語る。

「車を運転してEストリートにさしかかったあたりで、ホワイトハウスと財務省の建物から職員たちが血相を変えて走って逃げてくる光景を見たときは現実のものとは信じられないような気持ちがしましたね」

国防総省（通称ペンタゴン）にハイジャック機が突っ込み、次はホワイトハウスか財務省ビルかもしれないという恐怖がパニックを引き起こしていたのである。

さらにもうひとつの「好条件」は、当時の報道局長、平本和生氏が会社近くで夜の会合の場にいたことである。多少赤ら顔になっていたように記憶しているが、大部屋にあがってきた平本氏は、「すぐに特番をたちあげろ」とドスの利いた声で指示を出したのである。それで実質的に『23』の前倒しが決まった。と言うのは、当時、僕自身も含めて大部屋にいた誰一人、情報が錯綜する大混乱の中で、前番組（『ジャングルTV　タモリの法則』大阪の毎日放送の制作）をぶった切って特番入りするという発想にまで至っていなかったのだ。この点、平本氏の即断は今でも評価に値すると思っている。裏番組のテレ朝の『ニュースステーション』は、久米宏さんが夏休みに入っていて、留守番役の渡辺真理さんが苦戦していた。と言うのも、あの日の放送では、台風情報を延々と放送していたくらいだったから。

リアルタイムの崩壊感覚

前述の筑紫さんの『ニュースキャスター』には正確な特番スタートの時間が記されていた。

〈一〇時三七分〇三秒。「今晩は。筑紫哲也です。『NEWS23』の定刻よりはだいぶ時間がありますが、大きな事件が起きましたので、ただ今から『NEWS23』を始めます。日本時間の一〇時前、ニューヨーク・マンハッタンの世界貿易センタービル、このビルはふたつのビルから成っているのですが、そのひとつに双発ジェット機が突っ込み、このあともう一機がもうひとつのタワーに突っ込み、ふたつのビルが炎上中です。世界貿易センタービルはアメリカ経済、世界経済のシンボル的存在ですが、どうしてこのような事件が起きたのか、テロリストの可能性があるのか、情報は錯綜しております」〉

真夜中の深い時間帯まで枠大した番組のなかで、ツインタワービルに2機が突っ込んだ直後の現場のカタストロフ、大火災、パニック状況、国防総省へのもう1機の突入、そして何とツインタワービルの倒壊というすべての現象がリアルタイムに近い形で報じられた。

僕自身が今でも覚えているのは、一時二十数機の航空機の消息が不明になっているという情報が入ってきた瞬間で、スタジオサブ（副調整室）のデスク席にいながら「ああ、こうやって第三次世界大戦になっていくのかなあ」という崩壊感覚のようなものに襲われたことだ。

さらには、これは中東発の大誤報だったのだが、DFLP（パレスチナ解放民主戦線）が犯行声明を出したという情報が入ってきて、さすがに僕自身も、DFLPがまさかという思いがあったが、「パレスチナで攻撃に歓喜する人々」なるものの映像が配信されるや頭の中が混乱をきたしたことも告白しなければならない。さすがに板垣雄三氏が「にわかには信じがたい」と番組内で語ったことが救いだった。

筑紫さんは番組の中で落ち着いていた

斉藤道雄さんに久しぶりに会った。『23』プロデューサー当時とあんまり変わっていない。元気な様子だった。TBS退職後は、聾者の学校・明晴学園の校長を5年間されていた。TBSのなかで最も尊敬する先輩の一人だ。良き時代のTBS報道局のDNAの持ち主で、ワシントン支局長の先輩でもある。ワシントン時代には、スミソニアン博物館の原爆展中止事件の継続取材や、のちのクリントン大統領とのタウンホールミーティングの源流プランの申し込みも手掛けた。さらには、『報道特集』や『筑紫23』プロデューサー時代も、斉藤さんでなければ絶対にできない取材を手掛けていた。手話コミュニケーションの豊かな世界や「健常者と障害者」の関係のありように関する一連の企画は、当時の日本のテレビ報道のひとつの到達点だと僕は思っている。なかでも僕が記憶しているのは、『23』で、北海道浦河町の精神障害を抱えた人々の地域活動拠点「べてるの家」を筑紫さんが訪れ、何とそこから生中継放送を実現した（２０００年2月18

日）ことだ。日本の放送史に残る出来事だと僕は秘かに思っている。

　ワシントンに5年赴任していてアメリカを知悉している斉藤さんが、あの年の9月11日に、狂牛病のニュースでスタジオ出演するためにネクタイ、ジャケット姿でいたことも偶然の重なりだった。斉藤さんは「あの日のことは忘れたよ」とは言いながらも、やはりきちんと記憶していた。

「ワールドトレードセンターから煙が出ている映像をみながら、朝火事かな、何だろうな、と思っていたら2機目が突っ込んできたんだよね。それまでは、出来事の規模が摑めていなかったんだけど、これはたいへんな事件だと認識した。スタジオに出ていて、ペンタゴンにもう1機が突っ込んで行ったとのニュースが入ってきた時は浮足立ったことを覚えているね。それでしばらく続報がなくて、１機不明でこれでおさまるのかなあ、と思っていたら、ワールドトレードセンターのビルが崩れ落ちるシーンが放送の中に飛び込んできて、金平がインカムで、『崩れました！』と叫んでいたのを覚えているよ。若い人たちが、世の中の終わりだとか興奮していたなかで、筑紫さんは番組の中であんまり喋らずに落ち着いていたよね。僕も含めて、年長者の役割は果たせたのかなあという思いはある」

　さて、もうひとり9月11日にたまたま大部屋にいた徳光規郎さんは、もともとはＲＳＫ（山陽放送）の記者・ディレクターだった人だが、カイロ支局長時代にイスラム教に改宗した人物でもある。中東イスラム圏のことはカラダとココロで理解している快人物だ。当時は『報道特集』で特集作品を作り続けていたが、その人物が斉藤さんとともにスタジオに出演してくれた。何という豊かな人材が当時はＴＢＳ内にごろごろしていたことだろうか。ある意味で実に幸福な時代に『筑紫23』は放送されていた。

事件から生み出された連続特集企画

「世界が変わった日」と銘打って連続特集企画を始めたのが、事件から6日後の9月17日。以降この年の年末まで何とちょうど50本の特集を放送し続けた。『筑紫23』で、こんなに多くの連続特集企画を放送し続けた例はない。以下にどのようなラインナップだったか、タイトルだけでも書き出してみる。僕自身も通覧してみて、そこから当時の『23』が米同時多発テロ事件をどのような視座と想像力をもとに必死に報じようとしていたかがあらためて思い出されて、ある種の感慨を禁じえなかった。あの時はちゃんとしてたな、と。

①新しい戦争・世界が変わった日　②田岡俊次さんと読む米軍事作戦のゆくえ　③イスラム世界とテロリズム　日本は？　④ベーカー米駐日大使に聞く　日本は〝日の丸〟をどうみせるべきか　⑤日本がどう変わるのか　寺島実郎さんの提言　⑥アフガニスタンで私がみたこと　長倉洋海（ひろみ）さんと国境なき医師団・永井真理さんに聞く　⑦自衛隊派遣で岡本行夫、前田哲男の両氏に聞く　⑧小泉訪米と日本の進路　浅井信雄さんに聞く　⑨テロが狂わせた経済再生のシナリオ　嶌（しま）信彦さんに聞く　⑩街録スペシャル　ＮＹ／ＤＣ／ロンドン／イスラマバード／東京　⑪テロ事件後の日本の進むべき道　ご要望にお応えして寺島実郎さん再登場

⑫映像は語る・タリバン支配下のアフガン　⑬日本人医師がみたアフガン・パキスタン情勢中村哲医師に中継で聞く　⑭ミュージシャンと同時多発テロ事件　⑮米が育てたビンラディンという男　ゲスト：中村哲さん　⑯空爆の中、自衛隊はどう動く　志方俊之さんに聞く　⑰あえて空爆の是非を問う　中村敦夫さんに聞く　⑱テロの系譜～アメリカはなぜ憎まれるのか？　北沢洋子さんに聞く　⑲特別番組・小泉純一郎首相とタウンホールミーティング「ニッポンをどうする⁉」　⑳小泉タウンホールミーティングの舞台裏　㉑ビル・ゲイツが語るテロ事件　㉒「自爆テロ」の研究　立花隆さん生出演　㉓今、日本にできること　UNHCR千田悦子さんに聞く　㉔報道の自由か、宣伝か？　中東のアルジャジーラ支局長に聞く　㉕英国政府発表・ビンラディン関与の証拠文書　春名幹男さん生出演　㉖戦いと憎しみの連鎖　銃撃戦に巻き込まれた父と子　㉗パキスタンは今どうなっているのか　㉘アフガン難民と日本の貢献　辻元清美さん生出演　㉙大橋巨泉議員に聞く「Show The Flag」状況　㉚「国家」の手から「テロリスト」の手に　生物兵器　㉛テロと原理主義とエンターテインメント　㉜テロと基地と修学旅行～沖縄は困っているさ　㉝全米商工会議所会頭ヴァンアンデル氏に聞く　㉞黒田征太郎のNY同時テロ体験　㉟枠大編成・首都カブール陥落　㊱新生アフガンの主役は誰か？　浅井信雄さんに聞く　㊲タリバンの反撃は？　田岡俊次さんに聞く　㊳国境の町・ペシャワルの表情は　㊴中村哲さんと井上ひさしさんが語るアフガン　㊵炭疽菌よりもおそろしい天然痘テロ　㊶『タリバン』の著者ラシッド氏にインタビュー　㊷同時多発テロとモダン・アート　㊸長倉洋海がみた「カブールの庶民たち」　㊹ジャララバード

発カブール行き「強盗街道」をゆく　㊺対論・梁石日（ヤンソギル）さん　日韓合作映画からみえるもの　㊻宮田律（おさむ）さんとアフガンの今後を読む　㊼アフガン復興NGO会議　ゲスト：難民を助ける会・長（おさ）有紀枝さん　㊽ブルカを脱げない女性たち　㊾坂本龍一のNY同時テロ体験　㊿年末スペシャル「幸福論／戦争論」坂本龍一さん生出演　NY筑紫・佐古・草野報告　辺見庸アフガン・リポート

これらの特集にはさまざまな思いがある。まず、ゲストの人選の確かさ、多彩さが感じられることだ。中村哲医師（本章末追記参照）のように発言の柱が当時と今で全くぶれていない人の主張の確かさを今さらながら思い知らされる。浅井信雄さんは、2015年3月6日に亡くなられた。9月11日当日はスタジオにお越しいただけなかったが、翌日の午後8時からの『23』特番にはゲストとしてスタジオに出演いただき、解説をお願いした。カイロとワシントンの両方の支局を経験した日本の新聞記者はきわめて稀だ。アメリカ一辺倒の視座とは明確に一線を画したその解説には深みがあった。謹んでご冥福をお祈りいたします。

㉖は前記の徳光さんの制作によるもの。パレスチナの地でイスラエルとの銃撃戦に巻き込まれて、子どもを抱きかかえながら必死に守ろうとして、ついにはともに死んでいくパレスチナ人親子のストーリーを描いた作品は強烈な刻印を視聴者に残した。

僕自身は⑭とか⑲、㊿などの制作に直接関わったが、⑭については米ミュージシャンたちによる追悼コンサートをみて大きく心を動かされたことが制作の動機となった。と同時に、アメリカでは「イマジン」「ギブ・ピース・ア・チャンス」といった曲が忌避された。事件直後の追悼コンサートで、ニール・ヤングが痛切な声で敢えて歌った「イマジン」は忘れられない。ビリー・ジョエルの「ニューヨーク・ステート・オブ・マインド」も心に沁みた。そういった音楽と社会との関わりを描こうとした特集だった。

事件直後にニューヨークの同時テロ慰霊式典で演奏されたサミュエル・バーバーの「弦楽のためのアダージョ」が、僕にとってはあの同時多発テロ事件と分かちがたく結びつく曲となった。そんななかでパティ・スミスのようなぶれない「非戦」ミュージシャンがアメリカには確固としていることが、かの国の強みだと思う。㊿で辺見庸氏と共に、陥落直後のカブールに入ったことも記憶に鮮明に残っている。とにかく現場に足を運ぶことが『23』では推奨された。

文化から「9・11」を読み解く特集では、㊷の「同時多発テロとモダン・アート」も出色の特集だった。作ったのは金富隆ディレクター（現『サンデーモーニング』プロデューサー）だ。日比野克彦やシュトックハウゼンらの活動や言説をとりあげていたが、中でも強烈すぎる記憶があるのは会田誠（あいだ）の「紐育空爆之図（にゅうようくくうばくのず）」（1996年）を紹介したことだ。あまりにも先駆的すぎて、その価値を誰も気づかないというものが世の中にはあるものだ。会田誠のこの作品も、またそれをとりあげたこの特集自体が、今のテレビの想像力からは突出しすぎていて、『23』の当時の水準を推し量る好材料になっている。

若いアメリカと幼稚な日本の指導者

「9・11」から14年。日本は今、戦争をする国に、国の形を変えようとしている。もともとは「非戦」の国として戦後の国づくりを出発してきた国が、である。前出の斉藤道雄さんとの会話で、筑紫さんの闘病のことに話が及んだ時、斉藤さんがこんな話をした。

「病気や障害といった現にあるものを、克服すべきものだと位置づける『健常者モデル』みたいな考え方がアメリカには強くあるんだよね。それが戦争観にも反映する。昔、團伊玖磨が、ヨーロッパに出かけて仕事をする、そのあとにアメリカに行くと息が詰まるって書いていた。当時はその意味がわからなかったけれど、どうしてアメリカにいると息が詰まるのか、今はわかるような気がする」

いろいろな意味でアメリカは「若い」のだ。経験と知恵を蓄積してきたヨーロッパに比べて。その若いアメリカに追従している現在の日本の指導者たちは「若い」を通り越して、幼稚という表現が似つかわしい。「9・11」当時のジョージ・W・ブッシュ大統領よりも、はるかに幼稚だ。こんなことが「9・11」の教訓とは。われながら呆れる。

追記――文中に登場した中村哲医師は、2019年12月4日、アフガニスタン東部のジャララバードにおいて、車で移動中に銃撃され死亡した。中村氏と共に車に同乗していた5人のアフガニスタン人も銃撃で死亡した。心より哀悼の意を表したい。

第17章　番組内でのがん告知と、家族との残された時間
——「NEWS23のDNA」

亡くなったという第一報

18年半続いた『筑紫哲也NEWS23』の時代史を、随分と歳月を経てから、さまざまな関係者と会って話を聞き（すでに亡くなられた人がいかに多かったことか）、当時の番組にまつわる資料をでき得る限り収集しながら、それらを読み解いていって、それをもとに書き綴っていくという作業は、予想以上に刺激的な仕事だ。

今頃になってみて初めて聞く話が意外に多く、それまでわだかまっていた謎や誤解が氷解して行くことも少なからずあった。そして何よりも、当時の環境と今を比較してみて、現在の自分のありようを常に問い質されているような気持ちになることが大きな収穫であり、また試練でもあった。お前はそれでいいのか、と。筑紫さんが生きていたならどう行動し、何と発言しただろうか、考えてみろよと。そう自分が問われているように感じたのだった。

本章に記すのは、その筑紫さんのがん発病と番組降板、そして闘病生活という実にしんどいテーマである。それらの記憶は今でも自分のなかではヒリヒリと熱を発している領域だ。言葉にで

きない慙愧（ざんき）、かなしみ、そして敢えて記せば、憤怒の念がよみがえることも多い。

がん発病→入院→後任の選出→降板→闘病→他界という2年にわたる時期のうち、前半の時期は、僕はＴＢＳという放送局で、アメリカ・ワシントン支局勤務から帰国して報道局長という職にあり、後半の時期は、２００８年春に、報道局長の3年の任期を終えて、ＴＢＳインターナショナルというニューヨークの関連会社副社長のポストに就き、同時に報道局アメリカ総局長という肩書のもとで、ＮＹ生活を送っていた。かの地での時間を最も多く過ごした場所はコロンビア大学である。ウェザーヘッド東アジア研究所でフェロー（客員研究員）としてデスクを与えられて、これから自分はどう生きていくのか自問する日々を送っていた。

筑紫さんが亡くなったという第一報はニューヨークのアパートで知った。当時の『23』のＡＤのひとりＥからの携帯電話への留守電だった。

「筑紫さん亡くなりました。お通夜まだ決まってません」

緊迫感がピリピリ伝わってきた。続いてＲＫＢ毎日放送の納富昌子さんからも留守電が入っていたが、ほとんど泣き声で何を言っているのかも判別しがたいほどだった。これらの留守電は、携帯電話の呼び出し音声をオフにしていたので、実はあとから再生して聞いたのだが、自分が通話相手と会話をした本当の第一報は、ニューヨーク時間の深更にかかってきた朝日新聞社会部からの電話だった。こちらの方は自宅の設置電話だったので出たのだ。

「筑紫さんが亡くなられましたが、あなたは長年そばで一緒にお仕事をされていた方ですので、談話をいただけないかと思いまして……」

一瞬頭の中が真っ白になった。と同時に、涙がどっと溢れ出た。

目の前が真っ暗になる

スモーカー（愛煙家）として知られた筑紫さんが、どうも咳がなかなか止まらないんだ、風邪かな、などと妻の房子さんに相談したのは2007年のゴールデンウィーク前、4月のことだ。心配した房子さんが無理矢理のように、筑紫さんを新宿の気管支クリニックに連れて行ったのだという。診察の結果、虎の門病院で精密検査を受けるように言われ、5月4日に検査を受けた。その結果が出たのは5月10日だった。検査結果の告知には家族全員が立ち会った。まさか、がんと告知されるとは誰も思っていなかった。その場にいた房子夫人と長男の拓也さんに先日会って話を聞いた。

「お医者さんからね、肺がんで、ステージ（進行度）Ⅲ―Bって言われたのね。小細胞がんと言われても、それがどういうことかよくわからなくてね」（房子さん）

「小細胞がんは、手術とかができないがんで、一番効果があるのは抗がん剤だと言われたんです。大変なことになったなという感じで、帰宅してから必死にネットで調べたら、非常にきついがんで、生存率がとても低いと。半年も生きられないとあって、何か力が抜けて、リビングに行って母に『たぶんパパ、すぐに死んじゃう』と告げて泣き崩れちゃったんですね。家族全員がひどく動揺しました」（拓也さん）

筑紫さんは医師に「がんのことはわかりましたが、僕にとってはこの咳が止まらないのが悩みの種でして、この咳をなんとかしていただけませんか」と言ったという。家族は、仕事をどうするかは筑紫さんが自分で決めればいいと思っていたが、とにかく仕事＝『23』キャスターの仕事なんかよりも、どうやって体を治していくかで頭がいっぱいになっていたというのが実情だった。当時、報道局長だった僕自身が、がん罹患の事実を告げられたのは当日の夜だ。当時の自分の日記にこうあった。

〈夜、西野（智彦。当時の『23』プロデューサー）から深刻な話を聞かされる。筑紫さんが肺がんとの診断。たいへんなことになる。このまま休業に入るか。今日は自分の人生においても節目の日となったか。〉

翌11日の日記ではもっと踏み込んだ記載になっていた。

〈19時から、卓（現ＴＢＳテレビ社長）、西野と3人で話す。筑紫さんの病名は急性小細胞がん。進行度はⅢとのこと。まいった。月曜からのオンエアも不可能。本人はカミングアウトしたいと言っている。目の前が真っ暗になる。……日曜日の夜に再び集まることにする。……筑紫さんにはやりたいようにやってもらうのが一番だ。悲しい。〉

今から考えてみると、僕も自分自身を見失っていた部分が多々ある。当時の日記をふり返ってみた。

『23』内での告知を行うに当たっては、日曜日の夜に、矢部恒弘編集部長（当時）、『23』の西野プロデューサー、佐々木卓（編成）と4人で話し合った。放送当日、前記の3人が病院で筑紫さんと面会してきて、午後3時から局長室で協議。「多事争論」の形式で、番組冒頭で筑紫さんががんにかかったこと、および今後治療に専念して回復したら復帰する旨告知すること、全国ネット放送部分までの出演を終えた後、マスコミ取材を避けるために直ちに地下駐車場から車を2台出して、そのうちの1台が入院先の病院まで直接送ること、等を決めた。

番組での闘病宣言

午後9時に筑紫さんが病院から局入り。メイク室で若干話をした。当日の放送が始まった。当日（2007年5月14日）の進行表が残っていた。編集長は、赤阪徳浩デスク。番組冒頭に2分05秒という枠をとって「多事争論　〝がんを生き抜く〟」とあった。そこで筑紫さんはこう述べた。

　初めての異例ですが、今夜は「多事争論」から番組を始めさせていただきます。私を含む東京に住む者の多くの人たちは、いずれ東京に地震が来るだろうと思っていますが、それで自分がやられるとは思っていない。いずれ原発の事故が起きるかも知れないと恐れている人も、わが身にチェルノブイリのようなことが降りかかるとは思わない。まあ、人間というのは、自分だけは別だと思いたがる生き物であります。私たちの番組、「がんを生き抜く」というシリーズで、これまでとは違う角度から、がんを取り上げ、掘り下げ、たくさんの反響をいただきました。それをお伝えする私自身は、まあ歳不相応に元気で、国の内外を飛び回ったこともありまして、自分はがんにならない人間だという根拠のない自信を持っておりました。ところが先週、春休みの検査の入院をしましたところ、初期の肺がんということがわかりました。……私たちの番組、これまでもいろんなことに挑んでまいりました。今も世界大の地球環境の問題、この国にとってのだいじな憲法の問題、そしてひとりひとりにとって大切ながんというのをテーマにしてきたわけですけれども、私は個人的に、この最後のテーマに取り組まざるを得ないことになりました。ただ、症状は十分に克服できるということでありまして、しばらく治療に専念したいと思います。がんに打ち克ってまた戻って参ります。それまでよろしくお願いします。

『23』は存続の危機に突然陥った

翌15日には90 ccの輸血をさっそく行っているとの記載が日記にあった。以降、筑紫さんの500日におよぶ闘病生活が始まることになった。

『筑紫23』は、このようにして、メインキャスターのがん発病という決定的な要因によって、文字通りの存続の危機に突然陥ったのである。留守をスタジオで支えたのは、膳場貴子、三沢肇両キャスターらだった。

筑紫家の家族はこの闘病生活を必死に支えた。家族にとってみれば『23』の存続の危機などどうでもいいことだ。本人をいかにして救うかがすべてだ。当たり前である。闘病の現実がどれほどすさまじいものであったか。その一端でも知るすべがあるとすれば、筑紫さん本人が書き残した「残日録」というノートの記述を読むか、家族の証言を丁寧に聴き取るかしかない。「残日録」は、筑紫さんが闘病生活に入ってから1ヵ月半が過ぎて72歳の誕生日を入院先で迎えた20

07年6月23日から書き始められている。冒頭の書き出し。

僕は目一杯人生を楽しんできた。そうすることができたのは実に多くの人たちの助けと好意が在ったからだ。と、生涯のなかで最悪の状況で迎えた七二回目の誕生日にもかかわらず、そう思う。

――「残日録」2007年6月23日付

転移に次ぐ転移。(略)最初に発病を告げられた時よりも衝撃は大きく重い。はずである。いったん、その後の治療で、〝good PR〟、ほぼ治ったというところまで行ったのに、最初よりもっと悪いところまでずどーんと落とされたのだから。……もう、どうでもいいという「降り」の気分が一方にはある。この数日の不調、とくに呼吸不調なだけで、相当に生きていくことにうんざりしている。……とにかく、遺書とも遺言とも名乗らずに、言い残していくことはできるだけやらなくちゃ。

――同2007年12月10日付

「残日録」の抄録は、『筑紫哲也　永遠の好奇心』(朝日新聞出版　2009年)に所収のものを読むことができる。この本には房子さんや拓也さんのインタビューも含まれており、筑紫さんの晩年の「家族の肖像」が浮かび上がってくるので、関心のある方は、そちらを読まれることをおすすめする。いずれも家族でなければ語れない内容だ。僕はそこには深くまで立ち入れない。ここではメディアの世界での変化を記すことにしよう。

生々しい後任問題

筑紫さんの番組でのカミングアウト以降、局内ではもうひとつの冷徹な歯車が動き出すことになった。それは筑紫さんの後任選びである。後任問題は、『筑紫23』にとっては最も切実で深甚な問題だった。

そもそもが『筑紫哲也NEWS23』と個人名を冠した日本で最初にして唯一の報道ニュース番組であることの意味は、一代限り、つまり筑紫さんがいなくなったならばそれで終了、本来ならばジ・エンドと終止符が打たれるべきものであったはずだった。だが、僕ら（『23』に関わった者たち）は、そこで「『23』の培ってきたものはその後もしっかりと受け継がれる」という一種の共同幻想を抱いていたのだ。それはある意味で仕方のないことでもあったと思う。筑紫さんという存在が大きすぎたので、その不在を認めたくないという深層心理に加え、『筑紫23』という番組を通じて、あれだけ濃密な時間、幸福と不運の両極を経験してしまった運命共同体の住人にとってみれば、『23』は、終わってほしくない「希望」、醒めてほしくない「夢」のような存在だったのだ。

もちろん、局内にはそんな思いは微塵たりとも共有できないと思っていた人々もいたはずだ。後任問題にはそうしたさまざまな思いが混在して流れ込んでいったことも事実だが、この問題のその後の処理が、今に至るまでのさまざまな〈大状況〉を形づくることになったことは否定できない。

僕自身にとっては、この後任問題は、あまりにも生々しく、まだ瘡蓋（かさぶた）ができていない生傷に近い状態であり続けている。僕に後任問題について記す資格があるのかどうかも含めて、現在に至るまで、何を記すべきか、何を記してはならないか、正直まだ整理がついていないのだ。僕自身も会社と激しく対立したこともあったし、少なからぬ数の人に深い傷を負わせてしまったこともあっただろう。

ただ、後任問題はそれ以前からも実は伏在していたテーマだった。今になって考えてみれば、そして残された「残日録」の記述も含めて考えてみれば、筑紫さんは、本当は最後の最後まで仕事の現場に身を置いていたかったのかもしれないな、と思うことがある。これ以上はもう書かない。また、書くことに抵抗がある。

闘病生活では当初は、抗がん剤治療が奏功して、２００７年10月には「ほぼがんは撃退しました」と言ってスタジオに一時的に復帰したこともあったが、このがんは本当に「たちの悪いがん」（筑紫さん本人の弁）だった。いったん消えたかに見えた影だったが、12月には全身に転移がひろがり「精神のバランスを保つのがむずかしい」（「残日録」）と嘆くまでに悪化した。

僕が報道局長として関わっていたことは、日本記者クラブ賞への筑紫さん推薦と、前記の後任問題だった。そうした過程で、筑紫さんとのあいだに距離ができてしまった。また、会社側との調整もつかなくなった。僕はその後２００８年の４月後半に異動を内示され、歯車は自分抜きでどんどんと進められていった。

鹿児島での闘病生活

筑紫さんは、症状の悪化とともに『23』に出演を続けることは事実上不可能になっていく。つまり復帰は絶望的になっていったのだ。2008年3月28日が、『23』最後の出演日となった。からだは当時もうボロボロの限界状態だったことが「残日録」から読み取れる。

筑紫家の家族にとってみれば、筑紫さんが闘病に入って以降、ある意味ではとても濃密な時間をすごすことになった。房子さんはこう述べている。

家族が一緒にすごせた最後の4カ月は、私だけでなく子どもたちにとってもかけがえのないものになりました。いま振り返れば、あれは神様がくれた時間だったんだなあ、と思います。

——前記『筑紫哲也 永遠の好奇心』

房子さんの言う「最後の4カ月」というのは、鹿児島の病院での闘病生活のことをさしている。この病院へは、筑紫家とも親交のある女優の樹木希林さんの勧めによって移ったのだった。この頃、筑紫さんの病状は末期に近いものになっていた。

樹木さんは、鹿児島の病院にお見舞いに行った時のことを今でもよく覚えているという。「『いいご家族で幸せね』って言ったら、筑紫さんがね、『いやあ、慌ててつじつま合わせをやってるんだよ』って例の笑顔でね、仰ってたわ」（2013年4月30日、樹木さんとの面談での発言）

次女のゆうなさんも、鹿児島での思い出を語ってくれた。

「あんなに家族が一緒にいたことは初めてだったんじゃないですか。だから、最初は何だかすごい、ぎこちないところもあって。急にやさしくし合うのもね。何かを待ってるみたいでしょ。でも最後の最後に良さが出てきて。私たち家族も、父の闘病がなかったならば、結束は固いんだけれど、普段は自由人だから。父のおかげでひとつになった。初めて全員がメンバーになった」

僕は当時、ニューヨークで方向の見えない生活を送っていた。僕が鹿児島の病院にニューヨークから夏休みをとって見舞いに伺ったのは8月21日のことだった。日記にはその日のことが記されているがここでは紹介できない。

房子さんは疲労困憊して動けなくなったこともあった。房子さんが当時の思いを語ってくれた。

「日に日に体が弱っていく。ある日、パパが鏡で自分の顔をみて、不安でしょうがなくなっているのがわかったのね。私、ふと、鹿児島の病院の屋上に上がったのね。そしたら夕焼けがとっても綺麗で、ああ、このまま誰も知らない鹿児島でパパが死んでいいのかなと思って、病室に降りて行って『パパ、東京に帰りたい？』って聞いたら『うん』と言ったの」

筑紫さんは体力の許すギリギリの段階で（２００８年10月28日）、東京に空路戻って、羽田空港から聖路加病院にそのまま入院した。11日目、筑紫さんは永眠した。聖路加病院で意識が混濁する中、意識が一時的に戻って「ノートを早く持ってきて！」と言って筑紫さんが最後に書き記した文が残っている。英語で「Ｔｈａｎｋｓ Ｙｏｕ」。

「それまでありがとうとか何も言わなかった父の最後のことばがこれだったんですね」（ゆうなさ

ん）

「死ぬ前の最後のことばがありがとうと言えるような人生はすばらしいなと思いました」（拓也さん）

最後の出演

筑紫さんが番組を降板すると別れを告げた最後の『23』出演、死の8ヵ月前の2008年3月28日の放送。その日の番組をあらためて視聴した。背筋の伸びる思いをした。ほとんど体力の限界に達していた筑紫さんが最後のかすれた声を振り絞っていた。

この日の進行表が残っていた。『筑紫23』ではなくなった現『23』に今も（2015年5月時点）在籍し続けている棟ちゃん（吉田〈棟方〉美穂さん。業務デスク）が、その進行表をみつけてきて小さな叫び声をあげた。進行表の「編集長」の欄に「筑紫哲也」と書かれていたからだ。

この欄はその日の担当デスクの名前が記されるのが通例となっていた。18年半に及ぶ『筑紫23』の進行表で、編集長欄に筑紫さんの名前が記されているのは、この最後の出演の回だけである。当日の黒岩亜純・担当デスクが万感の思いを込めて、そのように筑紫さんの名前を書き込んだのだ。「18年半の末に最後の日になって、ああ、この番組の編集長は、やっぱりずうっと筑紫さんだったんだ」。放送時間が近づくにつれてそのような強烈な思いが高まり、0版段階では書いていた自分の名前を消した。放送が終わってからだが、「筑紫編集長」名の進行表を筑紫さんに見せると、筑紫さんは何も言わずに複雑な笑みを浮かべていたという。

この日、23時48分25秒から筑紫さんはまるで遺言のように、次のような「多事争論」を述べて番組を去った。敢えて全文を掲げておく。今こそ、この「多事争論」の言葉をかみ締める時だと思うからだ。ちなみにこの日の「金曜深夜便」は「筑紫哲也×忌野清志郎」というがんサバイバー志向者同士の対談だった。吉岡弘行デスクと鎮守康代ディレクターの制作によるものだ。

ニュースというのは「これが初めて」を強調したがるものですが、18年半前にこの番組が始まる時、プロデューサーは記者会見で番組について「二つの史上初がある」と強調しました。一つは「ニュース番組に個人の名前がついたのが、この国では初めてだ」。もう一つは「その私がキャスターだけでなくて編集長を兼ねている」と言いました。来週からの番組リニューアルで、番組名から私の名前が消えます。そして私は編集長でもなくなります。そういう場合、普通は18年半を振り返って大特集をやるとか、この番組のために生まれた名曲「最後のニュース」を井上陽水さんに唄ってもらうとか、ひと騒ぎするものであります。しかし、それをやりません。スタジオでの花束贈呈もありません。

なぜかといえば、番組が終わるわけでもなく、私がいなくなるわけでもないからです。私は体力の許す範囲、そして番組にとってプラスになると思える範囲で、これからもこの番組にかかわっていきます。そんなことより変わらないのは、長い間みなさんの支持によってつくられたこの番組のありようです。それを私たちは「NEWS23のDNA」と呼んできました。力の強いもの、大きな権力に対する監視の役を果たそうとすること。とかく一つの方向に流れやすいこの国で、まあ、この傾向はテレビの影響が大きいんですけれど、少数派であることを恐れないこと。多様な意見や立場を登場させることで、この社会に自由の気風を保つこと。それを、すべてまっとうできたとは言いません。しかし、そういう意思を持つ番組であろうとは努めてまいりました。これからも、その松明(たいまつ)は受け継がれていきます。この18年の間、どうして番組が生き残れたのかと、改めて考えてみました。いちばんの理由は、ご覧いただいている皆さまからの信頼感という支えが大きかったと思います。どうぞこれからも変わらず、ＮＥＷＳ23をよろしくお願いいたします。

筑紫さん、あなたの言っていた「ＮＥＷＳ23のＤＮＡ」を引き継ぐ者は、少数派になってしまいましたよ。大きな権力に対する監視の役もね。松明は消え入りそうです。でもね、あなたのいない日本のメディア状況を嘆いてばかりいては何も変わりませんよね。だから、困った時も、一見へらへら、にこにこしながら、音楽を口ずさみながら、僕らは、ＤＮＡの遺伝子組み換えに叛(さか)らっていきますからね。合掌。

追記——文中に登場した樹木希林さんは、２０１８年9月15日に75歳で他界された。僕が最後に樹木さんにお会いしたのは、２０１３年4月、東京・渋谷の飲食店。樹木さんは、かなり突っ込んだ話をされた。ここに記すことがためらわれる。樹木さんは「人生の最後の時期に、筑紫さんは家族と過ごす時間を確保すべきだわよ」と、眼は笑っていない笑顔で語っていた。

第18章 『筑紫哲也NEWS23』の最も長い日

――「TBS・オウム・ビデオ事件」での降板決意と翻意

1995年3月20日朝

この本も終盤を迎えようとしている。「『筑紫哲也NEWS23』とその時代」を書くにあたって、これだけはどうしても避けるわけにはいかないな、と思うテーマがあった。と言うよりも、それを避けることは、「信頼性の追求と確保」という僕らマスメディアで働く者に課せられた最も大切な職業倫理に反することになると考えていたからだ。18年半にわたった『筑紫23』のなかで、番組および筑紫さんが最大の危機を迎えたのが、1996年3月の、オウム真理教事件にまつわるいわゆる「TBS・オウム・ビデオ事件」だった。オウム真理教事件は、戦後史のなかでも突出して奇怪な、そして深い闇を抱えた犯罪事件だった。いや、「だった」と過去形で書くことができない、未だに事件の本質が解明されていない現在進行形の出来事だと僕は思っている。だが、ここではテーマを一点に絞って記していく。筑紫さんが本気で『23』降板を決意した日に、それが覆ったプロセスについてである。あの日、『筑紫哲也NEWS23』の最も長かった日に、一体何があったのか。

1995年は大変な激動の年だった。戦後50年の節目の年にあたり、8月にはいわゆる「村山談話」が発表された。それに先立つ1月17日の早朝に阪神淡路大震災が発生した。そして震災発生からまだ2ヵ月余りしかたっていなかった3月20日の朝、今度は、東京の都心で、地下鉄サリン事件が起きた。その日の朝のことは、僕も『23』の担当デスクだったので、今でも生々しく記憶している。この戦後史に残る無差別テロ事件以降、教団本部への強制捜査、麻原彰晃の逮捕、教団の事実上の壊滅作戦という急展開をみることになる。前記の阪神淡路大震災の報道総量をはるかに上回る量の情報が流された。そのことに対する批判の声も主に関西からあがった。それは確かに不幸な事態だった。東京中心のメディアは、以降すさまじい質量の報道合戦を展開することになる。僕自身はそれらの動きの渦中にいて、「テレビが発情している」と表したことがあった（拙著『電視的』太田出版　1997年）。テレビではオウム事件関連の特番がいくつも組まれて、内容の質を問わず、それらの放送は高い視聴率を記録した。

インタビューVTRを見せていた

それは、1995年10月19日の日本テレビ昼ニュースでの放送が第一報だった。一連のオウム真理教事件のなかでも特筆されるべき残虐な事件のひとつ、坂本堤弁護士一家殺害事件の発生過程で、TBSに抗議に訪れたオウム真理教の幹部に、あろうことかTBSのワイドショー『3時にあいましょう』の番組担当者が、放映前の坂本堤弁護士へのインタビューVTRテープを見せていたことがわかったという情報をスクープとして放送したのである。多くのＴＢＳ報道局員にとっては、それは全く寝耳に水の驚愕の出来事だった。その日テレのニュースが流れた時の報道局の大部屋の静まり返ったような瞬間を僕は記憶している。当時の報道局員の大多数の気持ちは、もしそれが真実であれば致命的な不祥事であるという衝撃への当惑に支配されており、その一方で、まさかそんなことを本当にしでかしていたのか、というかすかな疑念も同時にあったのではないか、と思う。

当日夕方の『ニュースの森』では、杉尾秀哉キャスター（当時）が「事実無根」と否定してみせたが、否定の根拠は確固たるものではなかった。その後、社内に社員をメンバーとした「調査委員会」が設置されて内部調査が実施されたのだが、身内による調査の限界がもろに露呈した結果となった。翌１９９６年3月11日に、社内調査委員会の調査結果報告書が公表された。結論は「ＶＴＲを見せたことにつながる記憶や事実関係はどうしても出てこなかった」というものだった。社内調査の結果は、社外からの批判や疑問に耐え得るような内容を含んでおらず、残念ながら説得力を欠いたものだったと言わざるを得ない。だが、これとて今だからそう言えるのであって、僕自身も含めて、社内調査発表後の『23』では、会社の発表内容をそれなりに時間を割いて放送していたのである。ただ、筑紫さんはこの調査結果にかなりの留保を示す姿勢だった。

この番組を私が引き受けましてから、局の見解と私の意見が異なるということは、これが初めてではありません。しかし、坂本事件とＴＢＳとの関わり、（中略）その後に起きたことの重大性からみて、端的に言いまして、私は、メディアとしてのＴＢＳの道義責任、あるいは結果責任というのは免れないだろうと個人的には思います。（中略）これで調査打ち切りなどと言わず、こういうものをどう克服するかを、これを機会に、局として考えるべきだと思います。

——１９９６年３月12日の「多事争論」

筑紫さんの著書『ニュースキャスター』（集英社新書　２００２年）によれば、この調査結果が出る前に、筑紫さんは藤原亙（わたる）報道局長（当時。２０１８年４月死去）に「３項目メモ」なるものを手渡していたという。僕自身はそのメモの存在を知らなかった。「継続審議」「第三者調査委員会」「責任の明確化」の３本からなるメモだったというが、社内調査の結果発表翌日のＴＢＳの記者会見では「調査はこれで打ち切る」との発言が出た。結果的に筑紫メモの主旨は退けられることになった。この間の経緯や自分なりの省察については、２００１年５月に発刊された、ひとりのジャーナリスト＝故・斎藤茂男氏への追悼論文集『斎藤茂男　ジャーナリズムの可能性』（共同通信社）所収「オウム・坂本弁護士ビデオ事件で僕らが失ったもの」という文章に記したことがあるのでそちらを参照されたい。そこに記した覚悟は今に至るまで変わっていないことだけを確認しておく。本論に進む。

「ＴＢＳは死んだに等しい」

ＴＢＳの社内調査で「見せていない」とされていた調査結果はその後の調査で覆った。１９９

6年3月25日のことである。捜査当局に押収されていたオウム真理教幹部のいわゆる「早川メモ」を入手したことで、事態は急転し、TBSは「見せていない」から「見せていた」へと局の見解を変えたのである。当日の『23』の進行表によれば、トップ項目で「坂本ビデオ問題　TBSが見解を変更、謝罪」とある。リード30秒。社長会見1分。TBS新見解1分。根拠となった早川メモのポイント1分。これまでの経緯1分。処分内容と今後の対応40秒。坂本弁護士が所属していた横浜法律事務所の反応と郵政省事情聴取1分20秒。視聴者へのおことわり30秒。このあとに普段よりもかなり長い「多事争論」で筑紫さんは次のように述べた。

報道機関というのは、形のあるものを作ったり売ったりする機関ではありません。そういう機関が存立できる最大のいわばベースとは何かと言えば信頼性です。特に視聴者との関係においての信頼感です。その意味で、TBSは今夜、今日、私は、死んだに等しいと思います。これまでも申し上げてきましたけれども、過ちを犯したこともさることながら、その過ちに対して、どこまで真正面から対応できるか、つまりその後の処理の仕方がほとんど死活に関わると申し上げてきましたが、その点でもTBSは過ちを犯したと思います。そして、今日の結果の発表も、まだ事は緒に就いたばかりで、これからやるべきことはいっぱい残っているだろうと思います。その中で自分たちがどういうことを考え、何をやっているのかをもう少し公開することもひとつの務めであろうと思います。実は、こういうことを申し上げるべきではないのかもしれませんが、今日の午後まで私はこの番組を今日限りで辞める決心でおりました。というのは視聴者との関係で言えば、私はＴＢＳの社員でもありませんし、直接、今回の事件のことを知っているわけでもありませんけれども、信頼性と、視聴者との関係で言えば、いわばＴＢＳのひとつの顔の役割を果たしてきただろうと思います。その責任もあるのではないかと考えまして、そのあと番組が始まるまで、スタッフたち、局内の人たちとずいぶん長い議論を致しました。ある意味では、私はみっともないことだと思いますけれども、しかしこの局で仕事をしていて、ここまで落ちて、いったん死んだに等しい局ですけれども、これから信頼回復のために、あるいは甦るために努力しようとしている人たちもいます。その人たちと一緒に、とにかくしばらくのあいだは、そのための努力をしたいと思います。これまでも局内で、あるいは番組でもいろんな自分の意見を申し述べてきましたが、これからも一層その努力をして、テレビのあり方も含めて、大いにこれを機会にしてきちんとすることが、せめてもの坂本ご一家に対する償いではないかと思っております。

——１９９６年３月25日の「多事争論」

これが後日、局内外で「ＴＢＳは死んだ」発言として論議を呼ぶことになった発言の全文だ。途中、筑紫さんは何回か言いよどんでいた。ここで明かされている通り、筑紫さんはこの日をもって『23』降板をいったん決意した。房子夫人が明かす。

「もうＴＢＳの報道はやれなくなるんじゃないかという気持ちがあったので、パパも今日で辞めるしかないと思った」

辞めた場合のプラスマイナス

この当時、局内はほとんど極限と言っていいほどの混乱状態にあった。筑紫さんも一言だけ前記の本に書いている。「修羅場に遭遇して起きる人心荒廃の地獄も見てしまった」。

当時つけていた自分の日記を見返すと、そのような地獄の実例がいくつか列記されていた。僕がTBSの見解が覆ったと知ったのは、3月23日のことだった。当時は社内で、密告や中傷、職場内の衝突が頻発していて、筑紫さんは心因性の咽喉障害で一時声が出なくなってしまった。3月25日の日記。僕は朝5時に起床して、午前6時半には局にいた。『23』の最も長い一日の始まりだった。筑紫さんと連絡をとると、午後に部会を招集してスタッフと話がしたいという。筑紫さんが局に着いたのは午後4時。日記の記載では〈僕が辞めた場合のプラスマイナスを判断して欲しいと（筑紫さんが）言う〉とあった。〈部員は全員が慰留に動いたが、自分たちにどれだけ引き止める資格があるというのか。（中略）もう自分たちには失うものは何もない。ここから信頼回復の道を探らずにどうするというのか。ある意味で辞めたりするのは卑怯な道だ……〉（日記より）

会議は13階の筑紫さんの仕事部屋で行われた。僕自身は会議での発言を詳細にはもう覚えていないのだ。当時のプロデューサーやデスク、ディレクターら十数人が参加して意見を述べ合っていたはずだ。冒頭、筑紫さんから今日で辞めたいとの発言があったことだけは何となく記憶しているのだが、それに対して「それでは逃げたことになる」「責任をとるとは本当は辞めることではない」などの発言があったのではないか。当日そこにいた米田浩一郎（当時の『23』ディレクター）の記憶では、「すでに筑紫さんとデスク、プロデューサーらとの話し合いで辞めないという方向は会議の前から決まっていたような気がするんですけどね。記憶違いかな。僕自身は筑紫さんが辞めなきゃいけないという道理がわからなかった。だって僕らはあの当時、ぎりぎりの現場まで足を運んでオウム事件を最も深く取材していましたしね」。

同じく会議の場にいた佐々木卓（当時『23』デスク）の記憶では、「辞めるのをやめると会議で筑紫さんが表明したあとは、これまで散々発言してきたこととの整合性をどうつけるかの話し合いに及んだ気がする。この失った信頼を回復するにはあと10年はかかるだろうという認識でしたよね。そのためには何を発信しなければならないかを考えようという議論の中で、僕は『TBSは今日、死んだに等しいわけですから、余計な言い訳をせずに信頼回復に努めていきましょう』と」。筑紫さんは前記の本で、この佐々木発言から「TBSは死んだに等しい」を借用したのだと明かしていた。

僕自身は、前記の筑紫さんの「多事争論」で、TBSは首の皮一枚でつながったのだと思っている人間のひとりだが、後日随分と時間がたってから、局内外には全く異なった考えを持っている人々が数多く存在していたことをイヤというほど思い知ることになった。

「外部」スタッフから抗議の声が

2時間あまりの緊迫に満ちた会議が終わり、僕らは局舎2階報道局大部屋の『筑紫23』の職場に三々五々戻ってきた。時間は午後6時を過ぎていて、夕方の『ニュースの森』の生放送中だった。張りつめた時間のあとで僕は正直ぐったりしていた。その時にその出来事が起きたのだ。この時のことを僕は一生忘れることはないだろう。

『筑紫23』という番組は、第一部とスポーツ、第二部の混成チームで毎日放送されていた。スタッフには社員もいれば、社員ではないプロダクション所属の「外部」スタッフたちもいて、両者が渾然一体となって仕事をしていた。ＡＤさんたちは「外部」スタッフだったが、チームの要だったし、業務デスクの棟ちゃん（吉田・旧姓棟方美穂さん）がいなければ、番組は大変な混乱をきたすことを皆知っていた。ところが、彼らは、社員ではなかったということで、会議には出席していなかった。彼ら全員を招集して会議を開こうという判断がなぜなされなかったのか。だれがそのように決めたのか。今でも、正直、それが判然としていない。推測はできるが不確かなことは書かない。ただ、彼らは僕らが会議をしている間、苦渋の思いで自分たちが〈除外〉されたことを直感的に悟っていた。大事な意思決定が、番組の存続に関わるような重大な意思表示が行われたかもしれないその場に彼らは立ち会っていなかった。その思いが当時、『23』の職場に残されたスタッフには共通してあった。そのことを今も彼らは覚えていた。

僕らが職場に戻るやいなや、第二部スタッフのなかの中心メンバーのひとり遠田寛昭氏が突然、座っていた席の机を拳でドンドンドンと大きな音をたてて叩きはじめた。そして「何で社員だけで大事なことを決めるんだ！」「俺たちをなぜ出席させないんだ！」「『23』はみんなで作ってきてたじゃないか！」「お前たちの行動を許さないぞ！　許さないぞ！　許さないぞ！」よく通るドスの利いた声の持ち主である遠田氏が、文字通りの抗議のシュプレヒコールを叫び始めたのだった。すると、その隣に座っていた和泉二郎さん（『23』の第二部担当の構成作家。番組内で唯一筑紫さんよりも年長のスタッフで、筑紫さんが全幅の信頼を寄せていた）も、それに呼応したかのように、自分の机をドンドンと叩きはじめて同じように「社員だけでものごとを決めることを許さないぞ！」「『23』はみんなで作ってきたものだぞ！」と大声で叫び始めたのだった。この2人のシュプレヒコールに、会議から戻ってきた僕自身も含む社員スタッフらは立ち尽くした。

裏切られた気持ちと若すぎる死

当時、『23』の職場はNスタジオに最も近い位置に陣取っていたが、2階の大部屋全域に相当に大きな音響が響き渡ったことだけは確かだった。そのシュプレヒコールを聞いた僕は、確か当時の相方デスクの田中龍男（同期入社。元TBSホールディングス監査役）と話し合って、すぐに残っていたスタッフのために2階B2会議室で緊急会議を招集したことを覚えている。その怒りの抗議があまりにも正当なものだったからだ。午後6時すぎから始まったその会議も延々2時間近く続いて、これ以上続けているとその日のオンエアが出ないというギリギリの時間に打ち切られた。業務デスクの棟ちゃんの席は、遠田氏の真正面だったので、あの日のことは今でも鮮明に覚えていた。「遠田さんと和泉先生が見たこともないようなものすごい顔で真剣に怒っていて、それに誰も言い返せなかった。だけれど、私自身も、それに共感していて、本当に悲しかった。置いていかれた、裏切られた気持ちだった。私たちは部外者なんですかって」（棟方談）。当時のADだった大上仁美、前田麻紀子、品田洋子の3人は、『23』内では「カルビ3人娘」と呼ばれていて、筑紫さんもとても可愛がっていた。本当に久しぶりに3人に会って話を聞いたら、当時の遠田、和泉両氏の体をはった抗議のことをよく覚えていた。「すっごい悔しい思いというか、それはあったよね」。今では母親となった大上さんは当時のことを述懐した。「みんな熱かったよね」。

遠田氏は、その後、体を壊して入院し、ついには休職することになった。実はこんな出来事がある前に、咳がとまらなくなって2月に病院で診察を受けていたのだが、4月10日に精密検査の結果が出て、家族には「肺がん、余命2ヵ月」と告げられたのだった。奥様の矩子さんは、遠田氏に最後まで告知をしなかった。自らの信条と息子さんとの話し合いでそのようにしたのだった。遠田氏は翌1997年の6月に死去した。享年50歳。若すぎる死だった。

今はテレビの世界から完全リタイアした和泉さんに話をうかがった。「一番しんどい部分ですね。社員グループと請負いグループはイコールパートナーであると言いながら、こういうことになると結局こうなるんだなという思いがしましたね。敢えて言えば、やっぱりそうなんだと思い知った。節目でしたね。その意味で言うと、『23』はあの時、僕の中では『死んだ』と思います」。

僕にとってもつらい言葉だった。『23』第一部のスタッフのなかに遠田・和泉両氏の抗議事件のことを直接体験しなかった人がいた。前にも触れたことのあるディレクター杉山麗美さん（現テレビ東京『開運！　なんでも鑑定団』プロデューサー）だ。本人に話を聞くと、何と彼女は当日、最もツラい役割を担わされていたのだった。当時の『23』の名物コーナー「異論・反論・オブジェクション」で、街の声を聞き歩くという苦行をやれと命じられていたのだった。彼女はそれをやっていた。「あははは、私、いちばんツラい役、振られちゃって。だってあの日にマイク向けて、ＴＢＳですけどどうですかなんて聞いたら殴られるかもしれないような状況だったでしょ。いやあ、本当にツラかった」。彼女は電話口で笑うような口調でそのように話してくれたが、心の中では泣いていると思った。

みんな、命がけだった

遠田氏の奥様・矩子さんにお会いしてお話をうかがった。那須高原のご自宅に今も一人で暮らしておられる。那須塩原駅から車で25分ほどの高原の別荘地にお宅があった。周りはペンションや別荘が散在しているが緑の多い美しい場所に建てられた瀟洒（しょうしゃ）なお宅だ。１９９５年秋に遠田氏夫妻は、この土地が気に入って家を建てた。遠田氏は『23』の仕事で多忙をきわめ、都心にマンションを借りて週末だけここに戻ってくることにしようと話し合った末の結論だった。結局、遠田氏はこの家には療養のためにわずかの期間滞在しただけで、あとは病院に入院することになってしまった。

矩子さんは、遠田氏が残してくれたこの家をどうしても離れることができないのだという。今年でこの家に住んで20年になる。

遠田氏と矩子さんは、音楽事務所を経営する共通の友人を通じて知り合った。カントリーミュージック好きの遠田氏は、テレビの世界に飛び込み硬軟どんな番組でもこなしていたという。

『23』に移る直前までは『情報デスクTODAY』という番組を担当して、報道番組の醍醐味を経験していた。

矩子さんがつけていた十年日記がある。1996年の記述を調べていただいた。〈2月11日。咳のため寝不足。3月4日。咳がひどく眠れなかった。本当にこれでいいのか心配だ。3月18日。体と肩が痛いという。本当に何の病気かしら。今日は会社を休ませた。3月21日。連日、オウムとTBSの関係が大問題となっている。3月26日。私の51歳の誕生日。パパの具合が悪い。3月29日。昨夜は久しぶりに咳のない夜だった。4月2日に入院決定。〉矩子さんはこの後、夫が「肺がん、余命2ヵ月」と医師から告げられた。

昔の音楽仲間や友人たちが見舞いに駆けつけたいと申し出てきてくれたが、一人ひとりだと病状が伝わってしまいつらいことになると思い、旧知の森山良子さんたちと相談して、12月に入院先の病院のロビーで「患者さんたちを励ますミニコンサート」を開くことにした。それならば友人たちがいっぺんに駆けつけられる。森山さんはそこで20曲あまりを歌って遠田氏ら患者さん全員を励ました。遠田氏はとても喜んで、体調も一時回復するほどだったという。その後も「早く『23』の職場に戻らなきゃ」と盛んに言っていたという。

だが、病状の方はそれを不可能にしていった。死にゆく人々とともに時間を過ごすとは、どのようなことを意味するのだろう。矩子さんの話を聞きながら、僕は、筑紫さんが最晩年を家族とともに過ごしたという鹿児島の病院での日々のことが重なってきて、言いようのない気持ちに襲われた。

先に記した棟ちゃんと話していた時、彼女はこうぽつりと漏らした。「命がけだったんです」。そう。みんな、みんな、命がけだった。『筑紫23』という番組に、体をはって関わっていた。そのようなニュース番組が現実に存在していた。僕らは、幸運なことに、そこにいた。それは紛れもない真実だ。消せない真実だ。敢えて言えば、それは〈家族のようなもの〉だったのかもしれない。

第19章 『筑紫23』に馳せ参じたJNNの「つわものども」

——地方と響き合うテレビ

ノマド（遊牧民）が常態のジャーナリスト

筑紫さんは中央集権主義をとても嫌がっていた。何でもかんでも中央に権力を集中させ全部中央が仕切るというやり方。日本という国で言えば、東京を中心にすべてのものごとを進めるやり方に反発していた。永田町・霞が関至上主義。「革命は周辺から起きるんだよ」をモットーにしていて、『筑紫哲也NEWS23』の放送がない土曜、日曜日は、東京にいたことがほとんどなかった。これ、本当。自身が大分県日田の出身で、「僕は、定住型の農耕民族じゃなくて、移動型の狩猟民族だな」とよく言っていた。今風に言えば、ノマド（遊牧民）。記者、ジャーナリストは元来、このノマドが普通だったはずなのだが、最近では外に出かけずオンラインでググって（ネット検索して）事足りれば、それが取材だと思っている自称ジャーナリストも多い。

JNN（TBS系列の放送局の全国ネットワーク）は、もともとは中央集権的な垂直型の形態ではなく（ここが日テレ系列やフジ系列と違う）、各局の自主独立性を重んじる水平型の分権的ネットワークだった。少なくとも僕がTBSの報道局長職にあった2005年〜08年頃まではそうだったと認識していた。それゆえか、JNN各局には、古めかしい言葉だが「つわものども」とでも呼ぶべき個性的、かつ才気溢れるディレクター、記者たちが群雄割拠していた。筑紫さんは、これらのつわものどもたちと、いつのまにか親交を結び、彼ら彼女らの仕事の成果を『筑紫哲也NEWS23』に登場させていた。地方、地域にこそ放送の未来があると信じていた。以下、『筑紫23』に登場したJNNの「つわものども」のことを記す。僕の怠惰のせいで、直接お会いしてお話をうかがうべき方々のかなりの部分がすでに物故者となり、今は筑紫さんと同じあの世におられる。あの世で宴席や麻雀卓を囲んでいらっしゃる光景が容易に想像できる。

木村栄文と『電撃黒潮隊』

僕の知る限り、筑紫さんが最も敬愛していた盟友のテレビディレクターはRKB毎日放送（福岡県）の木村栄文（ひでふみ）さんだ（以下、愛称の栄文（えいぶん）さんと記す）。「RKBに栄文（えいぶん）あり」と言われた伝説的なテレビディレクターである。筑紫さんと同い年で福岡県出身、組織の枠を軽々と越境するばかりか、正統／異端の分別さえ無化してしまうその自由自在ぶりは、あの世代独特の凄みがあった。「ドキュメンタリーは創作である」と喝破し、凡百のマスコミ人たちを挑発していた。栄文さんについてはあまりに偉大で、代表作を語るだけでこの章が終わってしまうくらいだ。僕個人の好みで言えば『苦海浄土』『まっくら』『祭りばやしが聞こえる』『あいラブ優ちゃん』『むかし男ありけり』等がすぐに映像とともに頭に浮かんでくる。筑紫さんと栄文さんは、何がきっかけでどのように出会ったのかについては直接聞きそびれたまま2人とも逝ってしまったが、僕らからみれば、当たり前のように2人は、とっくに盟友であり、深い信頼関係で結ばれていたのである。

1992年から10年間続いた『電撃黒潮隊』は、栄文さんが実質ひとりで立ち上げた九州ローカルのドキュメンタリー番組枠で、九州6県+沖縄、山口のJNN系8放送局がドキュメンタリー作品をノミネートして放送し、年間ごとに審査委員会が優秀作品を選んでいた。そして「電撃大賞・年間作品コンクール」と銘うって、特別審査委員会が立ち上げられ、公開審査を行ってグランプリを決めていた。その特別審査員のひとりが筑紫さんだったのだ。他のメンバーは、青木貞伸（放送評論家）、藤井潔（元NHKのプロダクション代表）、立松和平（作家）、村田喜代子（作家）、原一男（映画監督）といった錚々たる顔ぶれだった。公開審査が激論となることしばしばで、それ自体が楽しみだったと参加者たちが語っている。さぞかし大モメの審査会だったに違いない。ここから優秀作品の何本かが『筑紫23』でも放送された。

『電撃黒潮隊』に関する書籍が福岡の石風社から2冊出ている。あの中村哲氏が本を出していた気骨のある出版社だ。本の帯文に筑紫さんが嬉しそうに書いている。〈私たちの身の回りでいま何が起きているのか、その「いま」を作った過去に何があったのか。それを描くドキュメンタリーはテレビにとって大事な仕事なのだが、残念ながらその場は年々狭くなっている。そんななかで、山口、沖縄を含む西日本の視聴者は例外的に恵まれていると私は思う。その気になれば『電撃黒潮隊』を毎週見ることが出来るからだ。毎年、その成果を見ては、いくつかの作品を私のやっている番組で再放映することは私の楽しみになっている。それは私たちが生きている時代を鮮やかに映し出した記録の『宝庫』である。〉いやはや、手放しの激賞ぶりだ。『電撃黒潮隊』発で

『筑紫23』で放送されたもののうち僕の記憶にあるのは、『市民たちの水俣病』（熊本放送。村上雅通ディレクター）、『ダイオキシン元年』（南日本放送。山縣由美子ディレクター）、『新井英一・清河（チョンハ）への道』（RKB毎日放送。升谷和夫ディレクター）といった作品群だ。「清河への道」は既述したように『筑紫23』のエンディング曲にもなった。

栄文さんは桁外れの偉大なディレクターだったが、実際に会ってみると、くねくねしていて一見物腰が柔らかい人たらしのようにも見えた。だが作品作りに関しては、妥協を許さぬ厳しい人であった。こんなことを書くと怒る人がいるかもしれないが、出身局RKBで、栄文さんは晩年はあまり恵まれた環境にはなかった。栄文さんのドキュメンタリスト魂を引き継いだのは、何とライバル局NHKのディレクター渡辺考である。『もういちどつくりたい』（2013年　講談社）という著書を是非とも手にとっていただきたい。あの栄文さんが最晩年の自らの姿を撮らせたのは、他の誰でもないNHKの渡辺考にであった。その理由がこの本を読むとわかる。栄文さんがパーキンソン病の難手術を受ける前に、渡辺に携帯電話を入れて「明日、九大病院に行く。手術前の最後の診断になる」「カメラを回すなら、持ってくればいい」と告げた。この本に記されている最も鬼気迫るシーンのひとつである。

この章を書くにあたって、僕は少し調べものをした。栄文さんの死後、RKB主催の『木村栄文を送る会』（2011年4月25日）が行われた。僕は何が何でも、という思いで博多の会場に駆けつけた。東日本大震災の取材現場から向かったと記憶している。TBSからは僕ひとりしか来ていなかった。その際に配られた冊子『テレビは眠れない』を再読した。随所に興味深いエピソードがあって夢中になって読んでしまった。『苦海浄土』をつくるにあたって栄文さんは石牟礼道子のもとに通いつめ、『鳳仙花』をつくるにあたり、森崎和江と一緒に在日朝鮮人のオモニたちの話を聞いている。その栄文さんが、三島由紀夫の生前、１９６６年に『英霊の声』を読んで激しく興奮し、すぐさま三島にテレビ番組化と本人の出演を申しこんだエピソードが記されていた。結果は断られたのだったが、いかにも栄文さん的で、とても面白い。栄文さんは筑紫さんの没後、およそ2年半後に逝った。

水俣病に向き合い続ける村上雅通

さて、前述した『電撃黒潮隊』参加者で、今でも筑紫さんに深い思いを寄せている人物が元熊本放送の村上雅通氏だ。村上氏は僕と同い年で、ライフワークの水俣病という大テーマの取材を今現在も続けておられる。僕も記憶している『市民たちの水俣病』（１９９６年9月放送）について、村上氏が今も記憶している筑紫さんの言葉があるのだという。『市民たちの水俣病』は、水俣の地元に暮らす市民が水俣病問題とどう向き合ったのかを描いた作品だ。『電撃黒潮隊』の年間グランプリに選ばれた。ところが村上氏自身は、納得がいかなかった。曰く、ほとんどの取材対象者からは断られ、満足な取材が出来なかった。何よりこの企画自体が、他に企画が思いつかなかったための〝やっつけ企画〟だったからでもあった。当初は「支援者たちの水俣病」の企画を出していたが、〝落としどころ〟が見つからず断念して別企画を出していた。しかし、栄文さんがそれに首を縦に振らなかった。放送日は近づくし、困ったあげくに提出したのが自らの水俣病体験を振り返る企画だった。村上氏にとってみればとても陳腐なテーマだったが、栄文さんはOKしたのだという。ちなみに村上さんのお父上はかつてチッソ水俣工場に勤務していて、村上さん自身は熊本放送で報道記者となってからも、この水俣病というあまりに近すぎるテーマを扱うことに思い悩んでいたということを、僕はご本人から聞いた。

村上氏がその日、筑紫さんと出会ったのは、授賞式の前だった。作品をほめた筑紫さんに、釈然としない思いを率直に話すと、筑紫さんは「取材を断った人たちの思いが伝わってきた」「地元のあなたが陳腐と思った企画でも他地域の人間にとっては新鮮であることもある」、そして、筑紫さん自身が取材したかったテーマでもあったことを話された記憶が鮮明に残っているという。さらに筑紫さんは「水俣病問題は掘り起こせば多くのテーマが見つかるだろう。これからも続けてほしい」と告げた。その当時、村上氏は、水俣病というしんどいテーマは『電撃黒潮隊』の1回でおしまいと思っていた。それに加えて、水俣病問題は1995年の政治決着（1万353人に260万円の一時金と医療手帳を交付）でメディアの中にも終息ムードが高まっていた。しかし、あの時の筑紫さんの言葉が村上氏の考えを変えさせた。翌1997年には追加取材を加えた48分の作品が完成。日本民間放送連盟賞テレビ教養番組部門で最優秀、ギャラクシー賞選奨などを受賞し、村上氏が水俣病をテーマにドキュメンタリーを作ることが熊本放送社内で「認知」されたのだった。

『市民たちの水俣病』の制作を皮切りに、村上氏は現在までに水俣病問題を素材にした計13本の作品制作に携わってきた。村上氏は熊本放送を定年退職後、大学の教員をしていたが、その大学を退職した後に何とまたディレクターに復帰した。村上氏にお聞きしたら、今、最初のあの時（１９９６年）に挫折した企画「支援者たちの水俣病」の制作を進めているのだという。またラジオでは、青春時代を水俣病問題真只中の水俣で過ごした人たちの、その後の人生を描くラジオドラマ『水俣第三中学校卒業生還暦同窓会』の脚本を執筆しているのだという。村上氏はこう伝えてきた。「私のライフワークにもなっている水俣病は、筑紫さんなしには語れないです」。

曽根英二と『ＮＥＷＳ23』の共振

『筑紫哲也ＮＥＷＳ23』への登場頻度、貢献度という点で、この「つわもの」にまさる人物はいない。岡山ＲＳＫ（山陽放送）の曽根英二氏だ。曽根氏は、ライフワークのひとつ、瀬戸内の小島・豊島（てしま）の産業廃棄物不法投棄の問題を取材し続けて、菊池寛賞や『『地方の時代』映像祭」大賞など賞を総なめにした。また著書『限界集落』では毎日出版文化賞も受賞している真のつわものだ。曽根氏に、筑紫さんとの思い出を教えてくださいよ、と連絡したら長い手紙を送ってきた。とても全文は収録できないけれど、一部だけ手紙をご紹介したい。

前略　金平様。電話で話した通り、当時は『筑紫23』にニュースを出すことが大きな目標だったと思います。スタジオ出演の際も「お馴染みの曽根記者です」と元気づけてくださった。頑張らねば、と思いましたね。当時、僕は、ローカル局の悲哀も感じていましたし、そのくせカイロ支局勤務をやったので、ちょろっと世界のことも知っている。悶々としていましたから。仕事がしたいと。『23』がスタートして半年後の1990年のゴールデンウイークに、初の試みとして「23全国キャラバン」をやって、瀬戸大橋の橋脚の島・与島から全枠生中継をやりました。筑紫さんは咸臨丸に乗られていました。私も「瀬戸大橋の光と影」で2本のレポートをやったんです。第二部までやって、番組が終わってから大橋を渡って岡山に戻って、深夜のお疲れ会をやったんです。午前2時からですよ。そこで私は筑紫さんに愚痴ったんですよ。地方は、過疎、高齢化、嫁不足、記者の私もそこにいる、と。「中央と地方を結ぶ何かないか」と筑紫さん、「ゴミが来ている島があるらしい」と私、「やろうよ!」と筑紫さん。

やってみると何かが起きるもので、その島が「豊かな島」と書く豊島、カッコつきのリッチな日本の歪んだ姿をさらけ出す。東京からのゴミの山を漁ってみたら同じ「豊かな島」と書く豊島区池袋のゴミが見つかったんです。神様のなせる業か。そのゴミを手に提げて上京。「カネ、カネ、カネの世の中だから、島に捨てるのは当たり前」と東京の人は冷たく言う。国は「廃棄物が足枷になって街の再開発や再生ができないと困る」などと取材に答えた。7月に『追跡!ゴミルート』という特集をさっそく『23』でやりました。それからというもの連日の豊島通い、ドキュメンタリーにしてやろうと取材するうちに、瀬戸内海の対岸、兵庫県の姫路港から豊島に産廃を運んで来ていたゴミ船が兵庫県警に摘発されるという予期せぬ展開。

その直後、私は、湾岸戦争の応援取材でイスラエルに2ヵ月いてレポートしたり、ペレス労働党党首（後の大統領）と筑紫さんのインタビューをセットしたりして、ものの見方や姿勢などで「筑紫さんに育てていただいた」と思っています。金平さんが『23』編集長の時代も「そろそろ全国ネットで出したらどうですか」などと声をかけられ、RSK発の特集をやらせていただいたこともあり、志を持つ各局の作り手にとっては幸せな場でしたよ。筑紫さんたちは、一緒に働く仲間として地方の記者たちを大切にしてくださった方々だと感謝しています。私の豊島レポートは『23』での特集が計15本を超え、『筑紫さんin豊島』として現地からの生出演（夜の11時から！）など途轍もないことをやってしまって、本当に面白がってくださったと思っています。私は、定年で大学教員になった後も、2017年春の産廃の撤去完了まで古巣RSKで豊島の番組を作って放送しました。

豊島は「鬼の中坊」こと中坊公平さん（元日弁連会長）が、訴訟団長として豊島の住民の戦いを率いたのですが、筑紫さんが亡くなる5ヵ月前、京都の立命館大学で授業をされて中坊さんをゲストスピーカーに呼んでおられました。「国民のためにと住専処理をやられて、部下のやったことで弁護士バッジを外された。それでも道理があるとお思いになるか」と筑紫さんは中坊さんに問うておられた。当時のマスコミの中坊「攻撃」に忸怩たる思いをもっていたのでしょうね。山陽放送の土曜夕方から、元TBSの秋山豊寛さん（日本人最初の宇宙飛行士）がキャスターをつとめた『どんぶらこ』という番組がかつてあって、筑紫さんと中坊さんにスタジオまで来てもらったことがあります。ぶしつけにも「時代への遺言」を、お2人にフリップに書いてもらいました。中坊さんは「現場に神宿る」、筑紫さんは「歴史に学べ」でした。今も私の自宅の机の壁にぶら下げています。宝物です。筑紫さんがおっしゃっていた「強いものと弱いものがいたら、間違いなく弱いものの味方をする」は私の耳に今も残っています。

亡くなる直前に大粒ブドウのピオーネを筑紫さんにお送りしました。長年のキャスター業で乾いた喉を潤せていればと送ったことを思い出しています。

曽根氏からの長い手紙の一部である。つくづく思う。曽根氏は現場の人だ。それが『筑紫23』と見事に共振した日々。まぶしいばかりだ。

長岡克彦と「松本サリン事件」

長野県長野市に本社をおくSBC（信越放送）の長岡克彦氏も、JNNの「つわものども」の一人だ。『筑紫23』との関わりで言えば、あの筑紫さんの「TBSは死んだ」発言にまで至った前代未聞のオウム真理教事件。地下鉄サリン事件に先立つこと9ヵ月の1994年6月27日に、長野県松本市内の住宅地でサリンが散布された「松本サリン事件」は、長岡氏にとっては忘れられない事件となった。警察捜査の過程で、第一通報者の河野義行さんが被疑者扱いされた。私たちも含むマスコミの多くも河野さんを「犯人」扱いした。取り返しのつかない過ちを犯したのだ。長岡氏は地元局の報道マンのひとりとして、この過ちに向き合うことになった。それは長い道のりだった。

事件から5年の節目に向けて、僕の方からＳＢＣの長岡氏に「何かできないですか？」と問い合わせたところ、しばらくしてから「事件現場から番組全編を使って生中継したい」と提案してきた。最初に聞いたのが僕だったからよく覚えている。提案を実行に移すことに異論はなかった。オウム真理教信徒によってサリンガスが撒かれた現場の駐車場に、クレーンカメラを入れて、筑紫さんの前口上から番組が始まった。さらに番組中では、現場に隣接する事件の第一通報者河野義行さんの家で筑紫さんと河野さんが対談した。犯人扱いしたことへの償いの意味も込められていた。

何しろ夜の11時からの1時間超の生中継放送である。長岡氏によると、近隣住民の理解を得ることに腐心したという。住宅地で、7人の犠牲者（当時）と数百人といわれる被害者を出した現場である。当然多くのスタッフと車両、投光機が閑静な住宅街を午前0時過ぎまでコウコウと照らす。長岡氏は述懐する。「サリン事件のあと、ＰＴＳＤという言葉が定着し、私たちマスコミは心のケアを問う報道を行った。そのマスコミが事件を想起させるような報道を行ってよいのか？　困惑もあったが、現場から生で伝えたいという思いが勝った。その中心にあったのは、間違いなく現場にこだわり当事者の声を求めた筑紫哲也さんの姿勢だったと思う」。

放送予定が決まってからは、ＳＢＣの松本支局の部長や記者らが連日奔走した。サリンが撒かれた現場を中心にして半径２００ｍの円を描き、その中の全戸に「ＮＥＷＳ23生放送のお願い」という文書を配布した。さらに、生放送中も会社に苦情対応担当者を置いて住民からの声に備えたが、結果は杞憂に終わり、抗議や苦情は1件もなかった。

さまざまな批判や声が無責任に飛び交う、今現在のネット社会だったらどうだろうか？

松本サリン事件から2021年で27年。河野義行さんと長岡氏は今も親交があるが、この時の『筑紫哲也NEWS23』の生中継は今も話にのぼるのだという。

関口達夫と本島等長崎市長銃撃事件

戦後の歴史のなかで、長崎県の長崎市長は、2代連続で銃撃され、一人は重傷を負い、一人は死亡したという冷徹な事実がある。1990年1月に、本島等市長（当時）が「天皇の戦争責任」発言に絡んで右翼団体幹部に銃撃され重傷を負った。もう一件は伊藤一長（いっちょう）市長（当時）が2007年4月に暴力団幹部に銃撃され死亡した。この2つの事件の両方とも「現場」に居合わせた記者がいた。NBC（長崎放送）の記者、関口達夫氏である。彼の第一報がJNN系列のテレビでいち早く報じられ、社会に大きな衝撃が走った。とりわけ『筑紫23』がスタートして3ヵ月目に起きた本島等市長銃撃事件に、筑紫さんは大きな関心を寄せた。それは「菊のタブー」と呼ばれる天皇制に関する報道のありようとも絡んでいたことが大きな要素だったと、関口氏は実感している。

あれからずいぶんと歳月が流れた。関口氏に聞くと記憶は昨日のことのように鮮明だった。

「あの日私は、銃撃直前まで市役所1階ロビーで本島さんを取材し、記者室に戻ろうと振り返った瞬間、パーンという乾いた音がしました。玄関の方を向くと、本島さんが公用車の後部座席に崩れ落ちるところでした。とっさに走り寄って本島さんを見るとワイシャツの胸の部分が鮮血に染まり、血反吐を吐きました。銃撃されたと思い、市役所玄関の公衆電話から救急車を呼ぼうとしたら、市長秘書がおり、救急車は呼んだという。『犯人は？』と問うと『黒っぽい服を着ており、逃げた』と答えたので、銃撃間違いなしと確信して、本社に第一報を入れＴＢＳのワイドショー内でスーパー速報によって報じたことがスクープとなりました」。まもなくカメラが現場に到着、救急車で運ばれ市民病院に担ぎ込まれる本島市長の模様を撮影、ただちにＴＢＳに映像素材を送り、これがスクープ映像として報じられた。当時の夕方のメインニュース『ニュースコープ』内で関口氏が現場の市役所から生中継リポート、さらには『筑紫23』でもトップニュースとして筑紫さんと関口氏が、市民病院前から生中継で掛け合いを行った。何とも衝撃的な事件だった。

関口氏は、現在は長崎放送を定年退職し、地元のメディアＯＢらとともに、報道の自由をまもる地道な市民活動を行っている。僕もささやかながらお手伝いをさせていただいている。関口氏は、テレビ報道記者としての熱いこころざしを失っていない人物だ。話し出したら止まらない。頑固な一面も変わっていない。素晴らしい。

「私は、銃撃される前の年、昭和天皇の戦争責任発言をした本島さんに対する右翼と自民党による攻撃や発言を機に高まった『言論の自由を守れ』という市民運動などを追跡取材し、番組を制作、全国ネットではまず『報道特集』で放送していました。銃撃事件当日の『筑紫23』は、その番組の素材をふんだんに使って銃撃事件に至った経緯や背景を詳しく報道してくれたのです。嬉しかったですね！　筑紫さんは、昭和天皇の病状が悪化し、自粛、自粛のムードに覆われていた中で、本島市長が市議会議場で『昭和天皇にも戦争責任がある』と発言してタブーを破ったこと、自民党の攻撃や右翼による銃撃にもかかわらず発言を撤回しなかったこと、あの発言以降言論の自由についての論議が活発に展開されたことに心を動かされたのでしょう、確かその年の8月9日も長崎から中継し、本島さんをインタビューしました。

翌91年4月、本島さんは、4選をかけて市長選に出馬。私は、この市長選挙をテーマに特番を作ったのですが、確か選挙期間中に筑紫さんの要望で、『NEWS23』2部で特集を放送しました。ただ私は、選挙期間中であり、本島さんが天皇の戦争責任発言までは利権癒着の噂も絶えず、警察の内偵捜査を受けたこともある人だったので、事実を淡々と伝え、肩入れをせず公平に描きました。筑紫さんは、本島さんの裏面はご存じないし、昭和天皇の戦争責任発言に思い入れがあったのでしょう、公平な扱いをした私の特集には不満だったようです（笑）。放送前にTBSのデスクを通して内容に対する不満が私に伝えられましたが、私は、忖度しない人間ですし（笑）、選挙であれば公平を期すべきだと思ったので手直ししませんでした。筑紫さんは不満だったかもしれませんが、意味のある放送だったと思っています。

その年の8月9日も、筑紫さんは本島さんにこだわり、平和祈念像前から生中継で筑紫さんが本島さんにインタビューしました。生放送中、万が一再び右翼に攻撃されるようなことがあってはいけないと、私たち報道部の記者だけでなく社内の人間をできるだけ駆り集めて筑紫さんと本島さんの周囲に人垣を作り警備しました」。九州には熱い「つわものども」が多い。

中村耕治は筑紫哲也と遊んでみたかった

鹿児島のＭＢＣ（南日本放送）の社長、会長をつとめた中村耕治氏は、学生時代から筑紫さんの存在に惹かれていたという。朝日新聞記者として、あるいは『朝日ジャーナル』編集長としての時代の申し子ぶりに、当時の若者たちが共振しないわけがない。こんなふうに書く僕自身も、お堅いあの『朝日ジャーナル』誌が筑紫編集長の下でリニューアルして「若者たちの神々」などの特集記事を次々に打ち出し、「軽チャー路線への転向か」などと揶揄されているさまを面白がって読んでいた記憶がある。中村氏はＭＢＣの報道現場にいた当時、筑紫さんと思う存分「遊んでみたい」と思った。地方の放送局が思う存分遊ぶには、一定の著名性をもった人物と組んで地方からの発信を全国に向けて行っていくのが、自然と言えば自然な道筋である。問題は、その著名人物が本気で面白がってくれるかどうかだ。別な言葉で言えば、無謀な企てにどこまで乗ってくれるかだ。前に記した、瀬戸内海の小島・豊島からの全編生中継や、松本サリン事件の発生現場からの生中継、本島等長崎市長との深夜生対話などは、いずれも無謀と言えば無謀な試みだった。中村氏が今でも記憶しているのは、屋久島生中継である。世界遺産に登録された直後の1994年3月14日、『筑紫23』は何と屋久島から番組全部生放送ということをやってのけた。その試みの根底にあったのは、中村氏が屋久島にみていた自然と人間との共生という一種の文明論であった。詩人・山尾三省が移り住んで最後に土に還っていった屋久島である。このことを伝えるために筑紫さんに持ちかけた。「面白いね」。本当は運動が苦手な筑紫さんに宮之浦岳（標高1936メートル）を登らせた。屋久杉をみせるためだ。そんな試みをやったニュース番組があっただろうか。そしてこれからもあるだろうか。「ローカルの中にもさまざまな社会の仕組みや人間の生き方が色濃く見えてくる。全国ネットと組むということはローカル局にとって大きな力を発揮するチャンスであったわけで、あの頃はネットワークとして幸福な時代だったなあと思っています。テレビジャーナリズムがどんどんと力をつけていった時代の象徴が『筑紫23』でした」。お会いした時、中村氏は笑いながら僕に携帯電話のアドレス一覧を見せてくれた。亡くなって何年もたつ筑紫さんの電話番号が残っていた。「消せないんですよ」と言って、恥ずかしそうに携帯電話をしまった。

第20章 『筑紫哲也NEWS23』で縦横に動き回った立花隆さんについて

――2人のジャーナリストの同志関係

立花隆さんの死が報じられた日

6月23日は僕にとって、またひとつ特別な意味をもつ日付けになった。ひとつは長年の取材活動で深く関わることになった沖縄との関係。先の戦争で、日本国内で展開された唯一の地上戦＝沖縄戦が終結したとされる日付けだ。1945年のこの日、摩文仁の丘の壕で沖縄県の守備防衛にあたっていた日本軍第32軍の牛島満司令官が自決したとされる（異説もある）。今では6月23日は沖縄県の「慰霊の日」と定められ、沖縄全戦没者追悼式典が毎年行われている。もうひとつは本書の主人公である筑紫哲也さんの誕生日が6月23日なのだった。沖縄・慰霊の日が自分の誕生日と重なるので、「今日は、沖縄にいるんだからおめでとうは言ってほしくないんだよな」と筑紫さんは取材先の「慰霊の日」沖縄で口癖のように言っていた。そして2021年の6月23日は、日本のジャーナリズムの世界で、特筆されるべきある人物の訃報が報じられた日となった。

何という不思議なめぐりあわせだろうか。第11章で「筑紫さんの盟友・同志」と記した立花隆さんの死が報じられたのだ。新聞では毎日新聞が他社より一歩早く朝刊第1面の大きな記事で立花さんの死を報じていた（他紙は夕刊から）。同紙学芸部の出稿だと聞いた。記事をよく読むと不思議なことが2点あった。訃報であるにもかかわらず、立花さんの年齢と死因がどこにも記されていないのだ。年齢については、立花さんが何月何日に亡くなったかの確認がとれていなかったのだ。亡くなったのが、立花さんの誕生日（5月28日）の前か後で、享年が80歳か81歳かに分かれる。誤報をおそれて敢えて記すことを避けたのだった。死因についても然り。現象的には、NHKがそれを追いかけたような形になっていたが、未明の午前3時半にNHKはニュース速報で立花さんが死去したと報じた。その後も刻々と立花さんの訃報を報じ続けた。もちろんそこには年齢と死因が入っていた。「田中内閣退陣のきっかけになったと言われる『田中角栄研究』をはじめ、政治や科学、医療など幅広いテーマで取材や評論活動を行ってきたジャーナリストでノンフィクション作家の立花隆さんが、ことし4月、急性冠症候群のため亡くなりました。80歳でした」（6月23日朝のNHKニュースより）。

後述するが、NHKの担当記者は、はるか以前に立花氏死去の事実を把握していたが、故人との信義を守って報道を控えていた。朝日新聞や読売新聞も兆候をキャッチしていたが、朝刊に掲載するまでの最終確認の作業が整わなかったようだ。何と立花さんが亡くなっていたのは、2021年4月30日の夜だった。結果的に55日間、死去の事実はメディア上表沙汰とはならず、その間、5月4日に家族葬の形式で葬儀が営まれ、7月3日に少数の親族のみの参列するなかで樹木葬が営まれた。故人の遺志に従ったという。ある意味、立花さんらしい。気どらない。飾らない。偉ぶらない。どう考えても、立花さんが派手派手しい葬儀を望んでいたとは思えない。

コロナについて聞いておくべきだった

6月23日の早朝、僕は、大阪の伊丹空港から沖縄・那覇への飛行機に乗り込む前に、立花さんの訃報を知った。毎年、国内にいる限りは必ず沖縄の全戦没者追悼式典には取材で駆けつけていた。考えてみると、僕自身も立花さんとの直接的なコンタクトから随分と遠ざかっていた。それにはいろいろな理由があった。立花さんは闘病中だった。そのことを僕は知ってはいたが、いつまでもあのニコニコした顔で飄々と動いているように勝手にイメージしていたのだ。取材用の私物ノートを見返してみたら、直接、立花さんと電話で話をした最後の機会は、2020年の5月20日だった。

WHO（世界保健機関）のテドロス事務局長が、新型コロナウイルス感染症（COVID-19）がパンデミックに至っていると宣言してから2ヵ月あまりたっていた時点で、日本国内も騒然としていた。そして安倍晋三氏が病気を理由に首相の座を放り出す3ヵ月あまり前の時点だ。世の中の関心事のひとつは、安倍政権が政権寄りの人物を検事総長に据えることを企図し、検察庁法改正を強行しようとしたことで、社会からの猛反発を呼んでいた。百年に一度というコロナ・パンデミックも、検察の独立の危機も、どちらも是非とも立花さんの考えをうかがってみたいテーマだった。本当に久しぶりに立花さんの携帯電話にかけると、ご本人が電話に出た。僕はコロナよりも先に、黒川弘務・東京高検検事長（当時。のちに賭け麻雀事件が発覚し辞職。略式起訴）の定年を無理やり延長しようという安倍政権の異様な検察庁法改正の動きについて、見解をお聞きできないかと切り出した。立花さんは不機嫌そうに答えた。「今はね、あんまり時間がないんだ。書くべき原稿を書くということが最優先になっていて、そういうことにエネルギーを割く余裕が事実上、ないのであって、別の人にお願いしてはどうかと思います」。言い方はいつになく、きっぱりしていた。今から考えると、立花さんは当時、新しい病院に転院する直前で、「そういうこと」＝検察の醜悪なゴタゴタなんぞにエネルギーを費やしているどころではなかったのだ。せめて、あの時、僕は、コロナ・パンデミックについての現時点での所見を聞かせてもらえないか、と切り出すべきだったと悔やまれる。ウイルスと人類の共存、相互関係は、立花さんの強い関心領域だったと思われるからだ。こちらなら何か聞けたかもしれない。悔やんでも悔やみきれない。

その後、立花さんの消息に関して僕のところに奇妙な問い合わせが入ったのは、２０２１年の2月25日のことだった。講談社の旧知の編集者とＴＢＳ『サンデーモーニング』の金富隆プロデューサーが、ほぼ同時にそれぞれ「立花さんと最近やりとりがありましたか」と電話で聞いてきたのだ。僕が恥を忍んで前年、取材を断られたエピソードを伝えると、しばらくして金富プロデューサーから「さっき文春の担当者が本人と電話でつながったそうです。今、病院にいて〝逆さ吊り〟の状態なんだよ、と本人が言っていたそうです。声の調子はいつも通りに近かったようです」と伝えてきてくれた。それで僕も一安心した記憶がある。立花さんはその時点では、入院生活の中で、自らの意志で、検査、治療、リハビリ等を一切拒否していて、「ご病状の回復を積極的な治療でめざすのではなく、少しでも先生の全身状態を平穏で、苦痛がない毎日であるように維持していく」（立花さんの教え子たちの作ったサイト『Chez TACHIBANA』掲載の『訃報』より）という病院長の考えのもとで入院を続けていたのである。僕も記者としてずいぶん鈍感になっていたものだ。その時点で少しは動き出せよ。

わずか80秒の扱い

6月23日、沖縄から東京に戻った僕は、空港から直接帰宅せずにTBSの局舎で『ニュース23』をみていた。立花さんの死去をどう報じるのかをみたかったのだ。呆然とした。いつまでたっても報じられない。僕自身はてっきり特集サイズで報じるものだとばかり思い込んでいた。立花さんがTBSで最も頻繁に出演していたのは『筑紫哲也NEWS23』だったことは、僕にとっては自明のことだった。平たく言えば、『23』には山のように立花さんの生きた素材があるのだ。それがいつまでたっても流れない。6項目目のニュースが終わり「その他」のニュースをまとめて扱う「newstories」というコーナーの4項目目になって初めて「立花隆さん死去　23にもたびたび出演」との短いニュースが流れた。わずか80秒の扱いだった。

何か頭を鈍器で殴られたようなショックを受けて体から力が抜けていくのを感じた。そして深夜の帰りのタクシーのなかで徐々に怒りがこみあげてきたのだった。しばらくしてその怒りは悲しみへと変わっていった。今の『23』スタッフを責めるつもりはない。伝承がなされなかった責任は自分たちにもあるからだ。でもその後の2日間、僕はいてもたってもいられない気持ちになって、6月26日の『報道特集』の冒頭あいさつで次のように短く発言した。僕の持ち時間はわずか20秒だ。「『知の巨人』と言われた立花隆さんが亡くなりました。この国から失われつつある、知性と教養を存分に楽しみ、徹底的に調べて書くことを貫き、限りない好奇心から現場へと赴いたその姿を、もう見ることは叶いません。ご冥福を祈ります。特集は『赤木ファイル』と『リンゴ日報』です」（『報道特集』オンエアより）。それから数日、僕はテレビで立花さんを追悼する3本の番組をみることになった。『NHKスペシャル　立花隆のシベリア鎮魂歌　～抑留画家・香月泰男～』（6月27日、再放送）、『報道1930　〝歴史に呼ばれた男〟　立花隆の遺言』（6月28日放送）、『クローズアップ現代+　立花隆　この国へ　若者たちへ　～未公開の映像・音声資料～』（6月30日放送）だ。BS-TBSで放送された『報道1930』は、ゲストにノンフィクション作家の保阪正康氏と科学ジャーナリストの緑慎也氏を招き、現代史とサイエンス最前線に向き合ったジャーナリストとして、生前の立花さんの肉声、メッセージを紹介していた。悲しみが少しずつやわらいだ。NHKの『クローズアップ現代+』に至っては、敬愛する人を「看取ること」とはどのようなことをいうのかを考えさせられた。怒りが消え、何か救われたような気持ちにさえなった。まだ僕らの仲間にはこういう人々が残っているのだと。旧知のNHKの仲間の伝手などを手繰って、『クローズアップ現代+』の当該番組を制作した岡田朋敏ディレクター（1972年生まれ）と連絡をとった。直接話をすると、もう10年以上前に立花さん主宰の勉強会で一度僕と会っていると切り出された。そう言えば、NHKでサイエンス系の報道番組を制作していたディレクターがひとりいた。彼の立花さんとの最初の仕事は『NHKスペシャル　サイボーグ技術が人類を変える』（2005年）だった。岡田さんの17年にわたる立花さんとの交流の模様が未公開映像や資料を中心に番組では紹介されていた。

岡田氏によれば、彼が最初に立花さんの死去を知ったのは5月2日の午後1時頃。立花隆事務所の秘書をしている菊入直代さん（立花さんの妹さん）から岡田氏の直属の上司・藤木達弘氏に電話で一報が入った。それが岡田氏にすぐに伝えられた。遺族の意向（それは立花さん本人の意向でもあった）で、葬儀＋樹木葬が完全に終了するまでは報道を控えてほしいとのことだった。藤木氏と岡田氏は故人との信義を守り、NHK内部でも限られた人以外には報告を控え、遺族からの連絡を待つことにした。当初の予定では、7月3日（土）の夕刻までには樹木葬が終えられて、遺族も自宅に戻って、それからNHKニュースで報道する方針だった。ところが、6月22日に、複数の新聞社記者から問い合わせの電話や、自宅（東京文京区の「猫ビル」周辺など）に記者が貼りつき始めた。菊入秘書から相談を受けた岡田氏は「無視するしかないですね」とアドバイスしていたという。菊入秘書からは「万が一報道されてしまったらNHKさんで出してください」と言われた。新聞社がどこから兆候を察知したのかについては、いくつかの推測も含めた情報があるが、ここで記すことはしない。確かなことは、毎日新聞が6月23日付け朝刊最終版の第1面で立花さん死去を報じたことがわかったのが、午前2時半頃で、岡田氏の元に別の筋から「毎日新聞が報じたとネットに出た」と連絡が入った。待機していた岡田氏は、そこで菊入秘書との協議通り、午前3時半にニュース速報をまず流し、その後も刻々と情報をアップデートしていったのである。岡田氏と菊入氏が直接連絡しあえたのは午前4時半か5時前のことだった。このようなニュースの報じられ方がこの世にはまだあるのだ。一刻も早く出せばいいというものではないニュースの報じ方が、この世の中にはまだあるのだ。

筑紫さんの訃報に接し、感情を制御できない状態に

岡田氏の記憶に立花さんの忘れられない言葉がある。立花さんに厳しく怒られたことがあって、ＮＨＫの番組の仕事を一緒にやっているなかでのことだ。「僕らは自由にやっている。プロの人間なんだから、興味があるからやるんだ。興味がなくなったらやらないんだ」。岡田氏は述懐した。「立花さんは、手を抜いたり手加減することに対して非常に厳しい態度を示したのだと思う。『自由にやる』とはそういうことなのか。今でも僕の心のなかに残っています」。

告白してしまえば、僕が岡田氏と是非とも話をしたいと思ったのは、実は前述の『クローズアップ現代＋』のなかの未公開映像のひとつに、２００８年11月に筑紫さんが亡くなった時、その訃報を受け取った直後の立花さんの映像が紹介されていて、それにひどく心を揺さぶられたからだ。出張取材先のホテルの自室で立花さんは筑紫さんの訃報に接し、感情を制御できない状態になっていた。「それは普通の付き合いじゃないんです。だから、本当にショックで、筑紫哲也という戦後日本が生んだ最大のジャーナリストだと思うんですよね、それが……（慟哭）」。僕は岡田氏に、この慟哭のあと立花さんが何を話していたのかを訊きたかったのだ。いつもは基本的には好奇心を隠さずに笑顔で相手に接近していった立花さんの表情で、ごく稀に感情が露出する時があった。それは「知の巨人」という称号とは別次元の「剝き出しの生（ホモ・サケル）」の姿、あるいは苦悩を体感する人（ホモ・パティエンス）のように思えた。前述の『ＮＨＫスペシャル　立花隆のシベリア鎮魂歌　～抑留画家・香月泰男～』のなかでも、立花さんは取材で訪れたシベリアの地である画家・香月泰男の抑留現場で、言葉に詰まって取り乱すシーンがある。

僕は、筑紫さんと立花さんの深い盟友・同志関係の一端を第11章で、ロッキード事件報道を軸に書いた。あそこで立花さんが語っていたことには「普通の付き合いじゃない」事実が含まれていた。筑紫さんは朝日新聞社が入手したロッキード事件に関する米上院チャーチ委員会資料（全239ページ）の全コピーを立花さんにちゃあんと渡していたのだった（第11章をあらためてご確認ください）。筑紫さんが立花さんをどのように見ていたかを明け透けに語っている2つの文章が今、僕の手元にある。

ひとつは1996年11月に出版された『文藝春秋 '96年11月臨時増刊号 立花隆のすべて』に筑紫さんが寄せた文章「まれな種族」だ。そこにはなぜ自分が組織に拠らない一人のジャーナリスト・立花隆と「心中する覚悟」を持つに至ったかの心境が赤裸々に告白されていた。ちょっと長くて、かつ断片的な引用になるがお読みいただきたい。

立花論文の衝撃

「これはいかん」立花隆というこれまで聞いたことがない人が書いた「田中角栄研究」を「文藝春秋」で読んだ途端に私はそう思った。（中略）（引用者注：朝日新聞ワシントン特派員として）ウォーターゲートという至近の目撃体験があっただけに、そのひとりである私自身の問題としても切迫感があった。少なくとも、政治報道にまつわる〝汚名〟をそのまま被ったまま（引用者注：アメリカから帰国後、筑紫さんは政治部に属した）、この先も十年一日の如く仕事を続けるひとりにはなりたくないと強く思った。「これはいかん」はその表白だったのである。（中略）ご本人の全く与り知らぬことではあるが、立花論文の衝撃がなければ、私のその後の身のふりようと軌跡はちがうものだったかも知れない。（中略）いま私はニュース番組のキャスター兼編集長という位置にいるが、雑誌（引用者注：朝日ジャーナル）時代から終始、「君臨すれども統治せず」を心がけてきたので、管理職型の上司だったことはない。だがいったん決めたことを、内外のさまざまな風圧や評判に左右されてぐらぐらと変えたり、修正したりするリーダーは、それほどよいとは思えない。（中略）いったん決めたらそういう評判には屈せず、いわばその執筆者と心中する覚悟をする。（中略）私自身も立花氏の類稀れな能力に敬服し、それこそ心中する覚悟を強めていく過程でもあった。（中略）（引用者注：朝日ジャーナル時代からの立花氏への）「白紙委任」の原則はいまも変っていない。超多忙の立花氏に、節目、節目で私のやっている番組にお付き合いをいただいているが、多忙の主因はもちろん、森羅万象への尽きることのない好奇心とそれをバネにしたテーマへの没入である。だから〝立花番〟の担当者に私は言い続けてきた。「立花さんが興味を持ったテーマ、やりたいと思っているテーマは何でも番組でやるから、目を離さないように」。私は物書き、ジャーナリストといわれる人たちをずいぶんたくさん見て来たし、知っている人も多いが、そのなかにごく稀れにしか存在しない種族がいる。それは通常の才能では、脈絡もなく、複雑に散在しているように見える事象が、その人の手にかかると、あたかも強力な磁石が砂のなかから砂鉄を吸い寄せて磁石の下に〝整列〟させるように、はっきりと姿を見せてしまう、そういう能力の持主である。この種族のなかでも最たる人物が立花隆であると私は思っている。

――筑紫哲也「まれな種族」より

この筑紫さんからの「白紙委任」によって立花さんは『筑紫哲也NEWS23』で縦横無尽に動き回った。TBSに保管されている『筑紫哲也NEWS23』での立花さん関係の素材だけでも膨大な分量に及ぶ。ロッキード事件は言うに及ばず、リクルート事件、金丸信脱税事件、9・11同時多発テロ事件、日本人初の宇宙旅行（秋山豊寛飛行士との宇宙生対話）、臓器移植問題、オウム真理教事件、スーパーカミオカンデ、『立花隆・宇宙への旅』『猫ビル探訪』『香港返還　筑紫と立花が香港で考えたこと』『シリーズ壊　第2の敗戦』『立花隆　失敗学のススメ』『シリーズ壊　環境ホルモンの恐怖』『ヒトの旅、ヒトへの旅』『立花隆と東大生』『筑紫哲也氏　追悼特番〜残日録を読む〜』等々。書き写すだけでもさまざまな記憶がよみがえってくる。なかでも僕自身も関わっていた取材で、これは危ないと思ったテーマのひとつがオウム真理教事件の取材だった。

立花さんは、オウム真理教事件に強い関心を持っていた。同教団の著作やビデオを隈なくチェックし、荒唐無稽な教義を丹念に読み解く作業も真剣に行っていた。ある日、猫ビルを訪ねていくと、立花さんは真顔で僕に向かって、麻原教祖の「空中浮揚」の証拠と称する写真を見せながら「これ、ホンモノかもしれないよ」と言ったことがあった。一瞬驚いたが、立花さんには新しい新奇な分野に入っていく時、まるで少年のようなまっさらな好奇心を垣間見せることがあった。小保方晴子・元理化学研究所研究員のSTAP細胞騒ぎの時も、好奇心を隠していなかった。オウム事件の取材については、教団側が立花さんの知名度を利用しかねないという判断が働いた記憶があり、ある時点から取材活動を止めた。止めてよかったと今でも思っている。

独立した人格と能力を持ち合わせたジャーナリスト

もうひとつの筑紫さんの記した立花さんに関する文章でこれは重要だなと思われるのが、『アメリカジャーナリズム報告』（立花隆　1984年　文春文庫）に寄せた解説文だ。朝日新聞解説委員時代に書かれた文章である。プロスポーツやジャーナリズムの世界では本来、個人の能力や資質が組織やチームよりも重視されるべきなのに、日本型ジャーナリズムでは、組織が個人にまさる特質があることを憂慮していた。組織に拠らず個として自立している立花さんに朝日新聞社という巨大組織内にいる一匹狼的存在として圧倒的なエールを送っていた。

　ジャーナリズムの世界も、（中略）個人的能力が決め手となる度合の高い領域と見られており、現に本書の著者（引用者注：立花隆氏）は、そのことをもっとも体現しているジャーナリストである。しかし、（中略）日米新聞ジャーナリズムの大きな違いのひとつは、アメリカの記者がいかに組織に属していようと「自家営業」であるのに対し、日本では「ジャーナリズム企業の社員」であるという点である。（中略）立花氏が本書で指摘している「病弊」のひとつの原因は私たちのジャーナリズムに、フリーの、独立した人格と能力を持ち合せたジャーナリストが余り育っていないことであり、「フリーは不利であり、名の如くは自由でない」というのが私の意見だが、そういう状況の下で、立花氏が試みているような「タスクフォース」を率いて、個人と組織を組み合せた作業方式は過渡的実験として十分な意味があると私は思っている。要は形でなく、結果としてよい作品が生れればよいのだ。

——文春文庫『アメリカジャーナリズム報告』解説

今から37年前に書かれたこの文章で指摘されていた状況から、この国のジャーナリズムはどれだけ自ら変革を遂げただろうか。たとえば首相官邸で開かれている首相の記者会見の中身はどうだ？　あれは言葉の真の意味でいう「記者会見」なのだろうか。交わされている言葉は人間の言葉か？　個と組織の力関係はどうだ？　そう考えた時、『筑紫哲也ＮＥＷＳ23』の黄金時代とでもいうべき時が確かにあったことを確信せざるを得ない。個と番組がタスクフォースとして活性化していた時代があった。ただし組織内にはあの黄金時代においてでさえ、「立花さんを使いすぎる」「立花さんを利用しているだけじゃないか」「虎の威を借りる狐がいる」だのといった軋轢の声が随所で聞かれたことも事実だった。その意味で、〝立花隆番〟となって動いていた担当者は、「心中」する覚悟が筑紫さんと同様にあったかどうか、常にその能力と資質を問われていたはずだ。苦労しただろう。それは出版文化のなかでの大作家と担当編集者の関係に似ていなくもない。今になって思う。本当にいろいろなことがありすぎた。濃密な時間が流れていた。

生命の大いなる環の中に入っていく感じ

「知の巨人」という称号からはおおよそ想像できない、僕らの知っている立花さんの多面体ぶりについて最後にいくつか記しておきたい。

もう、それが何年前のことだったかは記憶の彼方だ。１９９０年代後半のことだったように思う。『筑紫23』に生出演した立花さんと、軽く打ち上げのつもりで飲みだしたら止まらなくなり、池田裕行キャスターや鈴木誠司ディレクターら（当時）と猫ビルまで繰り出して飲み続けた。すると真夜中になって立花さんが突然「今から築地に行こう！」と言い出して、さっそくタクシーで繰り出した。行き先は築地市場。立花さんは築地市場場内の仲買競り市場にどんどん入って行った。そこで立花さんは、マグロの競りを始まりから終わりまでニコニコしながら全部みていた。僕はそれまで築地のマグロの競りの一部始終なんか見たことがなかったので、どう反応していいのやら、戸惑いながら立花さんに同道していた。マグロが終わると他の魚の競りも見続けていた。みているうちに段々と面白くなってくるのだから不思議だ。大体、競りに使われている言葉とかその発声方法が独特で、閉じたコミュニケーション空間それ自体が面白いのだった。競り観察が終わると、寿司を食いに行こうと言い出し、築地場外の仲買人たちが立ち寄る寿司屋さん（早朝からやっている）に入ってビールを飲みながら寿司を食べた。何とその後に立花さんは「締めにラーメン食いに行こう！」と言い出して、これも築地場外のラーメン屋（早朝からやっている）に入り胃を満たした。そして、僕らはタクシーで都心に戻り、僕はそのまま『筑紫哲也NEWS23』の担当デスク業務（編集長）についた。「知の巨人」と一緒に何やってたんだか。

ＴＢＳ在職時代、報道局の記者のなかには、尊敬に値する、矜持を持ったサムライのような、あるいは途轍もなく自由なアナーキストのような記者が何人かいた。ＴＢＳはかつてそういう会社だった時代があった。そのなかに田中良紹氏という記者がいた。良紹氏はＴＢＳを途中で退社して米「Ｃ−ＳＰＡＮ」日本版の国会ＴＶの運営へと転じたが、実に個性的で有能な記者の一人だった。当時、良紹氏はロッキード事件取材チームの一員で、１９７６年7月27日、田中角栄前首相逮捕の第一報をＴＢＳ本社に入れた記者である。良紹氏によれば、前日7月26日の夜、当時の川島興東京地検特捜部長（当時）宅の夜回りで「異変」を察知し、次の日に何かがあると踏んで、朝5時前から東京地検玄関前にカメラマンと共に張っていたのだという。「くちなしのカワコウ」と揶揄され、記者に全く情報を与えないことで知られた川島特捜部長が、その夜に限って自宅内に良紹氏ら3人の記者を入れると、そこですぐに後ろ向きになって、記者らに背中を向けたまま何も喋らないという奇態を演じた。それ自体が異常なことだった。そこで良紹氏ら３人の記者は、あした何かがあると「了解」したという。翌朝の午前7時27分、東京地検正面玄関に田中角栄元首相が検事に付き添われて車から降り、取り調べ室で容疑内容が読み上げられ、逮捕状が執行された。午前7時50分頃だと言われている。良紹氏は、直ちにＴＢＳ報道局のＴデスクに電話を入れ「田中が逮捕されました」と3回言ったのだが、「意味が相手に通じなかった」そうだ。

後年、ロッキード裁判担当となった駆け出し記者の僕に対して立花さんが言っていたのは、「田中逮捕の第一報はＴＢＳからの電話で知ったんだよ」という事実だ。立花さんの運命もその瞬間、少なからず変わることになった。ロッキード事件全体への見方は、田中良紹氏と立花さんではその後大きく食い違ってくるのだが、良紹氏が２００３年に上梓した『裏支配』という田中角栄の政治支配の現実を記した本を、立花さんは週刊文春の読書欄で取り上げ、ほめあげたことから、良紹氏は驚いたという。立花さんの訃報を知った良紹氏のブログには次のように書かれてあった。

ロッキード事件取材以降、田中逮捕に疑問を持ち、中曽根康弘の関与をしばしば口にしてきた。しかし立花神話が蔓延している世界では、誰も耳を傾けてはくれなかった。2003年に初めて「裏支配」という本を書き、ロッキード事件の主犯は中曽根ではないかと匂わせる1章を挿入したが、それが立花隆氏の目に留まったらしい。週刊文春の「私の読書日記」で取り上げてくれ、「田中角栄本はいっぱいあって興味はないが、これは面白く読んだ」と評価してもらった。（中略）立花隆氏の見方とは真逆のことを書いたのに、評価してくれたことに意外さとうれしさを同時に感じた。そして訃報に接し、樹木葬で埋葬されたことを知り、親近感というか、世界観が近いと思った。立花氏は2020年刊行の『知の旅は終わらない』（文藝春秋）で「微生物に分解されるかして、自然循環の大きな環の中に入っていく」ことを望んでいたという。その結果が樹木葬になったらしい。死んで自然の環の中に入るという考えは（中略）共有したい。田中角栄とロッキード事件を巡り、ある時期は対立する考えを抱いていたが、最後には近づいて行けた。因みに立花氏が一時期経営していた新宿ゴールデン街のバー「ガルガンチュア」は、立花氏から引き継いだ石橋幸が経営するようになってから、（中略）行きつけの店の1つになった。コロナでしばらく行っていないが、彼女は相変わらずロシア民謡を店で歌っているらしい。立花氏の訃報を知ってまた行ってみようと思った。

——田中良紹『フーテン老人日記』2021年6月23日

前述の『chez TACHIBANA』に掲載された『訃報』のなかに僕の目が釘付けになった一節があった。

「死んだ後については、葬式にも墓にもまったく関心がありません。どちらも無いならないで構いません。(略)昔、伊藤栄樹という(略)有名な検事総長が『人は死ねばゴミになる』という本を書きましたが、その通りだと思います。もっといいのは「コンポスト葬」です。(略)そうすれば、微生物に分解されるかして、自然の物質循環の大きな環の中に入っていきます。海に遺灰を撒く散骨もありますが、僕は泳げないから海より陸のほうがいい。コンポスト葬も法的に難点があるので、妥協点としては樹木葬(墓をつくらず遺骨を埋葬し樹木を墓標とする自然葬)あたりがいいかなと思っています。生命の大いなる環の中に入っていく感じがいいじゃないですか。」(『訃報』より。『知の旅は終わらない』からの引用)。伊藤栄樹氏はロッキード事件捜査当時の最高検の担当検事だった。

「やりたいことは、やり切ったよ」

立花家から僕は、猫を2匹いただいた。モスクワ特派員から帰国した直後だったので、茶虎のオスはミーシャ、白猫のメスはナージャと名付けた。2匹とも長生きした。その後の僕の海外勤務先となった米ワシントンや米ニューヨークにも一緒に移り住んだ。初めてアメリカ入りした時には、シカゴ空港の手荷物検査のX線検査場でナージャがケージから逃げ出して、空港係官が総出で捕獲した（とっつかまえた）ことを覚えている。犬のような温厚な性格のミーシャは２０１２年の7月に、気性の荒い女王様のような気位の高いナージャは２０１６年の7月に、それぞれ天に召された。立花家には折に触れて、２匹の近況を報告していた。今でもミーシャとナージャには感謝している。特に家人にはかけがえのない家族で、とてもなついていた。立花隆氏・元夫人の正子さんによれば、２匹の母猫のチャップも長生きして22歳で逝ったとのことだった（写真の片目のない猫）。正子さんによれば、立花さんの樹木葬には、娘さんやそのお子さん（立花隆さんには孫にあたる）やご長男ら若い世代の遺族のみ5人が立ち会って立花さんをおくったのだという。最晩年、病床にあった立花さんは、娘さんに対して「やりたいことは、やり切ったよ」とニコニコしながら話していたという。合掌。

愛猫のミーシャとナージャ（中）。立花家の母猫チャップにすがりつく（下、橘正子氏提供）

第21章 演劇空間としてのニュース番組

――指揮者としてのキャスター

ニュースキャスターの演劇好きの理由

本書第5章と第6章で、『筑紫哲也NEWS23』という番組が、いかに文化に力をいれていたか、あるいは「文化はニュースだ」「ニュースは広い意味では文化の一分野にしかすぎない」という姿勢について、音楽の分野で、井上陽水、坂本龍一、忌野清志郎らとの交流を中心に書いてきた。また筑紫さんが寸暇を惜しむように駆けつけてみていた映画という分野についても、おすぎさんとの定期的な特集について少しばかり触れてきた。けれども文化をめぐっては、まだまだ書き切れていないことが山ほどあった。本章ではそれを書いてみよう。それは演劇に注いでいた愛情と、オーケストラの指揮者についてのこだわりである。

アングラから古典まで、さまざまなスタイルの演劇を見ることを楽しみにしていた筑紫さんは、オンエア時間ギリギリまで劇場に粘っていることが、我々スタッフの悩みの種だった。それ以上いたら本番に間に合わないって！　劇場まで飛んで行って連れ帰りたいくらいだったこともあった。さすがに観劇で番組に穴をあけたことは一度もなかったが、何ゆえそれほど演劇に惹かれていたのか。僕自身も筑紫さんがこの世を去った年齢に近くなり、自身も決して劇を見ることが嫌いではないので、牽強付会を承知で、ニュースキャスターの演劇好きの理由めいたものを考えてみたら、なるほどなあ、と思い当たることがある。

野田秀樹が、コロナウイルス・パンデミック下で2年ぶりに新作を発表した。『フェイクスピア』（２０２１年5月24日、東京芸術劇場初演）。タイトルから想像できる通り、イギリスの偉大なる劇作家ウィリアム・シェイクスピアと、われらの時代の名無しの主人公フェイク（偽もの、まがいもの）を掛け合わせた野田の造語タイトルだ。青森県の恐山を舞台に、ここに住むイタコに口寄せ（死者を呼び戻してもらいイタコに憑依した死者と会話を交わす）を依頼する者たちの登場から始まるストーリーだ。野田の才気ほとばしる演出で舞台はめくるめく夢幻の如く展開する。物語の詳細を記す野暮は避けたいのだが、東京・大阪の全公演を終了したことを踏まえ、内容に踏み込むことをお許し願いたい。そこで扱われている中心的なテーマがある。「ことば」である。聖書「ヨハネによる福音書」の出だしの有名な一節がある。

初めに言葉があった。言葉は神とともにあった。言葉は神であった。この言葉は初めに神とともにあった。すべてのものは、これによってできた。できたもののうち、ひとつとしてこれによらないものはなかった。この言葉に命があった。そしてこの命は人の光であった。光はやみの中に輝いている。そして、やみはこれに勝たなかった。

――「ヨハネによる福音書」口語訳・第1章

フェイク化した「言葉」に対する一撃

劇中に登場する野田扮するフェイクスピア氏の台詞が実に挑発的で、なおかつこの劇の核心と直結しているのだ。「言ったが勝ち。書きこんだが勝ち。それが今のことばの価値！」。

ヨハネ福音書にいう「やみの中に輝いている」はずの言葉を求めて、劇中を漂う人々。そして最後の最後に、観客と役者たちと作者と、さらにシェイクスピアにさえ〈突きつけられた〉のは、ある言葉の一群だった。野田は記している。「このコトバの一群に遭遇したのは、30年ほど前のこと。それは、一冊の本の中にあった。そのコトバらを声に出して読んだ時、言い得も知れぬ震えを感じた。（中略）この芝居『フェイクスピア』の最後は、そのコトバの一群の引用で終わる。私ごときに創り変えられてはならない強いコトバだからである。それらは突如生まれたコトバの一群である。フェイクではない。（後略）」（同公演パンフレットの野田秀樹の文章より）

テレビニュース報道を生業にしてきたある年齢以上の者たちにとって、1985年の日航ジャンボ機墜落事故は、御巣鷹山に機体が激突し520人の命が奪われた悲劇として強烈に心に刻まれた戦後史に残る出来事だ。『筑紫哲也NEWS23』がスタートする4年まえの真夏8月12日の夕刻に事故は起きた。記憶をたぐれば、初動のTBSの取材は残念ながら思うようには運ばなかった。ところがTBS報道局の根津千景記者（当時）が、その後15年を経て、運輸省（当時）が、「資料保存期間が過ぎた」として一切の調査資料を廃棄しようとした動きを関係者から察知し、同機のボイスレコーダーを独自に入手、夕方の全国ニュース『ニュースの森』で放映した（20

00年8月8日)。さらには事故から20年たった2005年には、ドラマとドキュメンタリーを組み合わせた特番を制作した。こうした経験があったことから、この「言葉」をいきなり舞台で突き付けられた時、僕らは動揺した(僕らと記したのは根津氏も劇場で一緒にみていたからだ)。ボイスレコーダーには、コックピット内での機長と副操縦士の壮絶な会話が記録されていた。機長は、墜落直前の最後の最後に「頭をあげろ!」(機首を上向きにせよ、の意味)と言い残して、ボイスレコーダーは途切れた。

それは、現在のメディアの「言葉」ばかりか、この世界に流通している「言葉」全体が、野田の言うようにフェイク化したことに対する激越な一撃だったのだ。僕は、生前に筑紫さんと、このボイスレコーダーについて話をしたことはない。だが、生きていて野田の今回の劇をみたならば、興奮のあまりすぐに取材にかかり『筑紫23』で放映しただろう。そう確信する。ちなみに、TBSの夕方ニュースで初めてこのボイスレコーダーの音声が流れた日、『筑紫23』でも音声は放送され、その日の「多事争論」で筑紫さんは、ウォーターゲート事件に関与したニクソン米大統領辞任のきっかけとなった盗聴テープが公のライブラリーに保管され誰でも聴けることを引き合いに出して、「記録は残すべし」と力説した。森友事件で資料を廃棄・改竄したいま現在の財務省の「下手人」たちにこそ、伝えたい言葉だ。この劇をみて感動した話を知人にしたところ、教えられたことがらがある。イタコの語源はアイヌ語のイタクではないかというのだ。イタクとは「ことば」という意味である。鳥肌が立つ思いがした。

ニュース番組は演劇空間の出来事でもある

実のところ、演劇はニュース番組と親和性がある（あった）。本当はお隣さんくらい近い（近かった）。毎日、その日限りの台本とルールにそって演劇的な催しが行われていたという見方もできる。思った以上に、テレビのニュース報道番組は、演劇空間の出来事という側面があるのだ。『筑紫哲也NEWS23』の場合、スタジオ美術やカメラワークに随分と遊びがあった。アドリブが効いたニュース番組の方が絶対に面白い。『筑紫23』の第二部でのトークはほとんどの部分アドリブだった。最近、ワイドショーや情報番組を担当していたスタッフと話すと、「報道一筋」の僕にとってはちょっと違和感を抱く言葉にぶつかることがある。キャスターのことを「演者（えんじゃ）さん」とか「出役（でやく）」という。演者は「出演者」の隠語のことか。出役は、画面に出る役と裏方の役割分担があるからそのように言うのかもしれない。僕自身は、ニュース報道番組の出演者は「演技する人」ではないと思いたいのだが、番組制作者の側からは「もっとうまく演じてください」などと注文がくることがある。

筑紫さんが新聞記者からテレビの世界に移りつつあった過渡期に書かれた本に『猿になりたくなかった猿』（1979年　日本ブリタニカ）がある。テレビ界に入りたての筑紫さんの戸惑いぶりは今読んでも面白い。その中にこんな一節がある。〈「テレビ局は人を〝猿回しの猿〟だと思っている」というのが、私がしつこく繰り返すテーゼだが、〝猿回し〟にされたほうは、「猿回しに向かって指図する猿なんてみたこともない」とやり返すことになる。〉これだって、舞台演出者と役者の関係の変形と言えないこともない。「多事争論」のカメラワークはある意味で実に演劇的だった。話者の視線はカメラに正対して、カメラレンズの向こうにいる視聴者に向けられていたのが「常識」だったのだが、スタジオに立つ筑紫さんを斜め下から撮影したりクレーンを使って上から撮るということもあった。つまり、キャスターをオブジェ、役者と見立てて、そのような撮り方をしていたことになる。筑紫さんの演劇に対する思い入れが番組のスタイルに表れた形だったのだろうか。なお、野田秀樹と筑紫さんは『朝日ジャーナル』編集長時代の人気連載「若者たちの神々」で、野田がまだ30歳くらいの頃に出会っている。

鴻上尚史との対話

さて、筑紫さんの『若者たちの神々』には、野田秀樹のほか、如月小春や渡辺えり子といった80年代に綺羅星の如く活躍していた若手演劇人たちとの対話が収録されているが、その後、筑紫さんが一作も欠かさずのめり込んで新作を見続けていたひとりの劇作家がいる。鴻上尚史である。２０１５年に鴻上氏に直接お会いし、筑紫さんとの交流をお聞きする機会があった。話は多岐に及んだが、ここではそのエッセンスだけを紹介する。

金平　そもそも筑紫さんとはいつ出会われたんですか？

鴻上　１９８４年に『モダン・ホラー』っていう作品を下北沢のスズナリでやったんですけど、それを観に来てくれたんですねえ。それがはじまりですね。だから、かなり前ですね。85年以降、筑紫さんは僕の芝居を全部観てくれていましたからね。すごいですね。

金平　「第三舞台」に対しての思い入れが強くて、それは周りの人たちにも言っていたんですね。先日、娘さんの筑紫ゆうなさんとも話したら「いやぁ、すごかったですからね。のめりこみかたは」って。個人的なお付き合いもあったのでしょうか。

鴻上　別にプライベートで会うことはなかったですね。男同士だからですかねえ。やっぱり会うのは仕事絡みか、芝居を観に来てくれた時に、始まりと終わりに……まあねえ、仕事絡みじゃないと照れますからね。いきなり男同士で会ってね、人生について話し合ったりとかって恥ずかしいですからね。

金平　『筑紫哲也NEWS23』にも関わってくれたんですよね。

鴻上　はい。何回か呼んでもらいましたね。筑紫さんが夏休みの時には一日編集長みたいなものをやれと言われて、必ず「多事争論」をやること、みたいな。無茶なことをふるな、この人はと思いながら、ま、でも一応呼ばれたんで、筑紫さんの依頼は断らないっていうのがありましたから。

金平　新聞記者やキャスターがカルチャーを面白がってのめりこんでくることには、当時26～27歳で知り合ってからずっと、おつき合いされてきて、どんな風に感じたでしょうか。

鴻上　うーん。そうですねえ。あの毎回、本当に楽しそうに劇場から出てきてくれるんですよ。ニコニコしながらね。「いやあ、面白かった!」と言いながら出てきてくれるんですよね。それは作り手として嬉しいことですので。その後『23』とかが始まって、僕の芝居は基本的に2時間なんですけど、たまーに、休憩込みの3時間10分になっちゃうことがあって、1回、『僕たちの好きだった革命』という作品をやった時は、まず1幕観て、番組に出演しに戻って、次の日、土曜日だったかの昼に2幕目を観に来てくれたことがあって、すごいなこの人は……てか、ありがたいなって、すごい思いましたね。

金平　2日にわたって観に来た。

鴻上　そう。最後まで観ていたら間に合わないから、ダメだこれは、とか言って。

金平　『僕たちの好きだった革命』は強烈だったですよ。あのね、どういう時に鴻上さんに出演の声をかけていたのかなって調べてみたら、オウム事件の時に声をかけていた。『シリーズ・オウムを語る』で、インタビューしているんですよ。いろんな人に、今起きているオウム事件ってのは何なのか聞いた中で、鴻上さんにも聞いている。取材は1995年6月7日ですね。何おっしゃったか覚えないですよね？

鴻上　覚えていないですねえ。全然覚えていない。

批評めいたことは一切言わなかった

金平　ただね、オウム事件って大変な事件だったでしょ。文化にも関わっているし、若者論にも関わっているし、『23』も実はあれで深手を負ったんです。筑紫さん自身も「TBSは死んだ」とテレビで言ったんで、会社の経営の一部を敵に回し「あいつはなんなんだ」と。でも僕は筑紫さんに100％賛同でした。あの時TBSは一度死んだんですね。もちろんそのあと再生していくんですけど。演劇やっていると、ああいう運動体というか、あの動きってのはいろんなことを思うでしょう？

鴻上　そうですね。まあ劇団とかはね、同じようなものですからね。ひとりにまわりが集まって、それぞれがいろいろな事情で暴走していくっていうのは。そうですよねえ。

金平　さっきも言いましたけど、番組は深手を負ったんですよ。オウムに対する取り締まりの視点から企画したんじゃなかったから。オウムに入っている人たちというのは、どうして僕らの同時代人がこんな風にのめりこんでいったんだろう、こんなに面白い話はないっていう視点からやったもんですから、かなりバッシングされましたよ。深い取材はできたと思っているんですけど、だからなおさら傷が深かったというか。正に深手を負ったという感じでしたね。筑紫さんが「第三舞台」を観に来て、ニコニコ顔で出てきた時の記憶でなんか覚えているものってあります？

鴻上　それがねえ。それが筑紫さんのポリシーだったのかもしれないけれど、その、面白かったとは言うんだけど、批評めいたことは一切言わなかったんですよね。だってね、30年弱とか観つづけてもらっているわけだから、当然、面白いもの、つまんないものがあったはずなんだけど、今回は今イチだったね、とかっていうのを一切言わないんです。とにかくいつでもニコニコしながら、「面白かったよー」って言って出てくるんですよね。それはありがたかったですね。30年以上やってきていますが、つまり熱烈に褒める人っていうのは、すごく怖いんですよ。熱烈に褒める人っていうのは、いつでも熱烈に批判する側に回るんですよね。筑紫さんはそういうことじゃなくて、まさに大人（たいじん）というか、パトロンというかね、本当にニコニコしながらね。できが悪い時も含めて「いやいや、いいと思うよ」っていう感じがすごくしたんですよね。

金平　確かにそうですね。映画でもそうですし、音楽でもそうですし、基本的に自分で言っていたのは、僕は当事者じゃない。批評するっていうのは専門家がいるだろ、僕は観客に近いんだ、ってね。観客っていうのは素人ですから、素人ってのは一番大事なんだと。それはね批評する人に対する、評論家に対する毛嫌いっていうかね、特に映画とかすごいじゃないですか。そこに参戦しようものなら内ゲバでとんでもないことになってしまうとか。そういうのを嫌がっていましたね。楽しいのに……みたいにね。

鴻上　そうですね。だから長くつきあえたって思いますよね。そこは違いますよね。すごくいい時でも何かしら批評したら、今度は悪い時も批評しなくちゃいけなくなるから、人はたぶん批評をしたくなるものだと思いますけど、面白くても、面白くなくても、とにかくただただニコニコしながら来てくれて、それで、それこそ色々な人を紹介してくれたんですよね。

やはり文化について語り合いたかった

金平　『筑紫23』の一部、二部構成の時、第二部はもう無茶苦茶していたんですけどね。よくもまあここまでやるよなって。例えば「詩のボクシング」というのもやって、詩人同士でリングの上でやったりしたんですけど、あんなもんね、やらないですよ、今……。

鴻上　谷川俊太郎さんのお弟子さんとかね。

金平　ねじめ正一とか出て来てね、だけどね、面白かったね。二部構成のときの『23』がすごい面白かったですね。第二部で文化が何が出てくるのか……それが本当に面白かった。

僕もモスクワから「世紀末モスクワを行く」ってのをがんがんやったけど、撮ったもの全部出してくれましたね。いやあ、そのくらい何でもありだっていうね。あれは『朝日ジャーナル』の精神がそのまま引き継がれていたんだと思いますけどね。

鴻上　ああいうテレビがなくなったというのが、今テレビがつまんなくなった一番の理由じゃないですかね。やっぱ二部が凄かったのは、大人の目線で文化を楽しめたというか…、大人の目線ていうのは、今何かを取り上げようとしても、必ずお笑い芸人さんが出てきて、わりと短距離のお笑いをしながら進めていくという構成にならざるを得ないと思うんですけど、一部二部の時は対象をちゃんと味わえるというか、それを地上波でできてたっていうのはすごく貴重というか、本来はそういうものだったはずだと思いますけどね。でも今、テレビは自主規制の中で、一回窒息するでしょうね。若い奴らと一緒にやっていると、演出部っていってね、将来演出や作家を目指す人ともやっているんですけど、若ければ若いほど、枠組み自体を疑うっていう発想がないんですよね。例えば、何ヵ所も劇場を旅公演していくと、劇場によって間口が違ったり奥行きが違ったりするわけですよ。そうすると普通に考えたら、この劇場はこれだけ奥行きがあって本来の東京の劇場より余裕があるんだから小道具の置き場所を変えてもいいんじゃないか、みたいな、全体を考えることがなかなかなくて、決められた細かい置き場所にどう置くかっていうところにすごい熱意を持つんですね。君たちは枠組み自体を疑うことはしないのかいって思わず言ったんですけど。君らは校則というのがどれだけ根拠がないまま決められているか考えたことはないわけって言ったんだけど……。校則はあるもので、それをどう無視するか、どううまく利用するかしかないというか。そういうことと同じ感じ。年々、枠組みを疑うスタッフワークが減ってきているんですよね。

金平 筑紫さんが亡くなって歳月が経過し、いろんな意味でテレビ像もキャスター像も変化しました。今、筑紫さんが生きていたら何を語り合いたいですか？

鴻上 やっぱり文化でしょう。次々と現れてくる文化を、筑紫さんはどれが面白かったですかって聞きたい。筑紫さんはつまらないって言わない人ですから、筑紫さんは今何に興味を持っているんですかっていうのを語り合いたいですね。筑紫さんは政治家として出ることを拒否して、固辞してきたんだけど、この時代にどう文化をサポートできるかとか、文化をどう公的な形と結びつけられるかってところだと思うんですよね。この前、生活保護家庭で貧困状況にある高校生が芝居を観ていて責められたっていうので、あれ僕の芝居だったんですよね。今年4月にやっていたチケットが出てたっていって、責められていたんだけど。

金平 貧困にある人は芝居を観ちゃいけないってことですか？

鴻上 そういうことでしょうね。そこらへんは筑紫さんとしゃべり甲斐があったと思いますね。

健康で文化的な生活って何を意味しているのって

金平　初めて聞きました。片山さつき議員が攻撃したやつですか？

鴻上　そうです。あれね、７８００円のチケットなんですけど、25歳以下は４５００円っていうのがあって、席番号がわかれば彼女がどっちで観たのかわかるんですけど、たぶんアンダー25で観たんじゃないかな。そうすればそれなりに気を使って観ているはずなんですけど……。そもそもあるじゃないですか。パチンコを生活保護費をもらってするなっていうね。でも本当にパチンコにのめりこんでいる人というのは、全部を切り詰めてやるわけだから、そこからの使い道をなんで他人にとやかく言われなくちゃいけないんだっていうのはある。やっぱりネットでは絶対的貧困と相対的貧困の違いがわかってないって言っていましたけど、いわゆる飢餓状態で明日をも知れぬ人だけしか貧困と呼ばず、相対的な貧困は貧困とは呼ばないんだっていう。彼女は相対的貧困の中で専門学校にいく入学金が用意できないわけで、でも芝居は観れるということ……。それはつまり健康で文化的な生活って何を意味しているのっていう話で、たぶん筑紫さんと一番盛り上がったと思いますね。

金平　健康で文化的な生活の文化っていうのは、カルチャーじゃないんでしょうね。おそらく。

鴻上　そんな気がしますね……。ちょっと前だったら家にテレビがなかったら同情する人が多かったでしょうね。

金平　今はテレビがないことがかっこいいと。

鴻上　それはつまり、文化とは何かというと、テレビをみることが文化だというね。えーっ、テレビみれないんだ。かわいそうだね。それは文化的じゃないよね。っていうところだったと思いますね。ちょっと前までは。でも今はテレビがマストじゃなくなってきたわけだから、そうなると最低限の健康で文化的な生活っていうのは……、だから……なんでしょうねえ。健康で文化的な生活の文化ってなんなんでしょうかねえ。本来は、食う・寝る以外の、人間が生存を維持する以外の楽しみとして行う活動が文化だと思うんですけど、でもそれは貧困であることを問題とする人間からすると文化ではなくて贅沢だって思われるんでしょうね。ほんとね。なんでこんなことになっちゃっているんでしょう。その話を筑紫さんと話したいですよね。でも筑紫さんの守備範囲は本当に広かったですよね。

金平　本人はジャーナリストとかかっこいいことを言う前に、僕は野次馬だからとか、好奇心とかずっと言っていましたからね。永遠の好奇心とか。

鴻上　それ大事なことですよね。

金平　それが枯れちゃったら、俺は今の仕事はしないだろうなあという感じだったけど。僕たちが考えるのは、ああいう人たちの松明を引き継げているかというところがね。

息苦しさを最初に感知するのはアーティスト

鴻上　いやあ、ほんとう、それはやれてないですよね。やれていないと思いますね。筑紫さんに代わる、文化を愛でてくれる、テレビ界の野次馬の方が本当にいなくなりましたよね。

金平　そういう言葉を表すのに適当なのかわからないけど、英語では「パブリック・インテレクチュアルズ」、つまり一般の人たちとそういうものを繋ぐ役割の知識人というか、これはすごい重要な概念で、触媒みたいなものですね。媒介みたいな存在。本人は批評するのは批評家に任せておけばいい。ただし繋ぐ役割はものすごく大事で、つまりそういうことをやるのってすごく大変なんですよね。それがいない。いないというのが一番不幸で、アメリカやヨーロッパにはいるんですよね。それはテレビの世界じゃなくて、活字でもいいんです。ただ……、今考えるべきはオリンピックの金メダルじゃないだろうとかそういうことを言う人たちってのは、必ず必要なんですよ。ところがそういう人がいない。みんな今は金メダルでしょと。本当の意味での社会を俯瞰してみているというかね。それは大変ですよね。

鴻上　僕が最後に筑紫さんと会ったのはパーティーだったんですけど、たぶんクリエイティブ系のパーティーだったんですよ。だけど、クリエイティブ系のパーティーなのに、全員が背広でネクタイで。そんとき、向こうから筑紫さんが半袖、かりゆしウエアっぽいものでやってきて、僕は僕で半袖の柄モノのシャツを着ていたんだけど、筑紫さんが僕の顔をみて、「やっとまともな奴に会ったよ。鴻上」って言って。「これクリエイティブに関するパーティーだよな。みんな背広でネクタイ締めて、おんなじ恰好してやんの」って言ったんだけど、それが僕の筑紫さんと話した本当の最後でしたね。

金平　亡くなられたのが2008年で、がんの告知をされたのが2007年ですから。

鴻上　それくらいの時ですね。もう何のクリエイティブのパーティーか忘れてしまいましたけど、たぶん広告代理店の人とか、テレビ局の人たちが背広を着ていたんでしょうね。何だか息苦しいですよね。本来、この息苦しさを最初に感知するのはアーティストとかカルチャーなんですけど、炭鉱のカナリアじゃないですが、最初に悲鳴をあげるんですよね。「おかしいよ」って。でもよくわかんないけど、そういう悲鳴が聞こえてこない。
筑紫さんがもしお元気で『23』を続けていたら、それこそ降ろされていたかもしれないですからね。この時代の中で。

金平　そう思います?

鴻上　思いますねえ。それこそだんだん安倍政権に文句を言い出してね。

キャスター=指揮者論

かつて作家の辺見庸が「メディアは時の流れに合わせてタクトを振る」と喝破したことがある。タクトを振るのは「民意」「国民世論」という名のオーケストラの総指揮者ということになるのだろうか。だが、メディアのありようへの警告を常に発してきた辺見とは全く逆の意味で、その指揮者の役割に自らの仕事を冷徹に擬していた人がいる。それが筑紫さんだ。ニュースキャスターという仕事は、オーケストラの指揮者の役割に限りなく似ているのではないか。オーケストラの指揮者は、自らは演奏しないが、演奏者の前面に屹立し、楽曲を解釈し、吟味し、その解釈を演奏者たちと共有して一気に一回性の奇跡を実現してしまうのだ。若い頃はあまりクラシック音楽に馴染みがなかった僕でさえ、ある特定の指揮者の存在によって演奏が行われている会場全体が異空間に変わっていく瞬間のようなものを経験してしまうと、このキャスター＝指揮者論という考えは確信に近いものに変わってきた。カラヤンやバーンスタインはさすがに見る機会がなかったが、たとえばワシントンＤＣに住んでいた頃、ケネディ・センターでたまたまロシアの指揮者ワレリー・ゲルギエフ指揮によるプロコフィエフのピアノ協奏曲の演奏（ワシントン・ナショナル交響楽団）を聴いた時。とにかくゲルギエフがつっけんどんにステージに登場して、いきなり指揮棒を振り始めるや、耳に入ってくる音、ポリフォニーが有無を言わせず体全体に沁みこんできたのだった。指揮者によってこんなにも変わるものだろうかと。

『筑紫23』でも数多くの指揮者が筑紫さんの対談相手として登場していた。ダニエル・バレンボイムは特に筑紫さんが好んでいた指揮者だ。本業以外のパレスチナ、イスラエルのミュージシャンによる合同演奏などの活動にも関心を注いでいた。サイモン・ラトル、ケント・ナガノ、ムスティスラフ・ロストロポーヴィチら指揮者を文化モノ企画として扱っていた。しかし何と言っても筑紫さんが最も番組で取り上げて、個人的にも親しくしていた指揮者は小澤征爾氏であったことは間違いない。１９３５年生まれの同じ歳。その個性を貫く生き方は互いに共鳴するところがあったのだろう。サイトウ・キネン・オーケストラの演奏を聴きに長野県松本市に足繁く通っていた。小澤征爾氏は、若い頃は指揮者としては保守的な日本文化の中では徹底的な反逆児であったと思う。

筑紫さんが亡くなる6年前の小澤さんとの対談（松本市内の公園で）が残っていた。

筑紫　この年齢になって、残り少ないという感覚ありますよね。

小澤　ありますよねえ。…僕の場合は大きな目標は、あんまり考えなくて、5年くらい先まで一応はつくります。でもその後は、せいぜい翌月のカレンダーくらいしか見ないで、毎日、毎日、目の前のことをやってきたし、やってるんです。そうじゃないと、持たないです。集中力って、その時だけのものです。

――2002年9月20日『筑紫23』より

なるほど、キャスター＝指揮者論の根拠が聞こえたような瞬間だった。

第22章 「『NEWS23』のDNA」〈伝承〉をめぐって

――各自の想いは時空を超えて

「編集権」の有無は決定的だった

正直に書く。この章を書くのが最もつらかった。テレビ報道という仕事を選んで、それを貫いてきた僕の人生を振り返ってみて、筑紫さんと一緒に仕事ができた幸運とその反動を考えてみた時、「筑紫哲也」というニュースキャスターの〈後継〉をめぐる動きを、今振り返ってみると、とてもつらい記憶がともなう。〈後継〉選びがうまく運んだとは言えない。僕個人はそのように考えている。そしてそのことが「『筑紫哲也NEWS23』のDNA」の〈伝承〉に支障をきたすことになったのではないか。そのような深い悔いが心の片隅に今も残っている。

そもそも定時ニュースの番組名に固有名詞の冠がついた例は、それまでの日本のテレビ放送ではなかったことだ。『筑紫哲也NEWS23』。この番組タイトルの含意は、筑紫さんがキャスターを務めるとともに、編集長として「編集権」を行使できるという意味があった。このことの重要性を現場はどれほど理解していただろうか。もちろん実際の日々の編集長の業務は「デスク」と呼ばれる報道局社員が担当していて、僕自身も1994年の夏から2002年春までの約8年間、そのデスク＝編集長を同僚たちと共に経験した。担当デスクは、日々のニュースの献立を決めるとともに、特集の展開、トップニュースを何にするか、力点をどこに置くか等の相談を筑紫さんと共に行っていた。その作業は報道局大部屋の全体会議が終わった大体は午後1時あたりに、電話で行っていた。筑紫さんが前夜から夜更かしの徹夜麻雀をやっていようが、深酒をあおって寝不足でいようが、容赦なく、そのあたりの時刻にはその日のニュースのメニューの大枠を決めていた。筑紫さんはその際にわりと積極的に意見を言った。「君臨すれども統治せず」は筑紫さんの口癖だったが、言うべきことはしっかりと言っていた。とりわけ特集の中身には興味を示し、出来のいい特集が組まれていた時は喜んだ。「編集権」の有無は決定的と言っていいほど枢要な要件だったのだ。

2008年3月一杯で『筑紫哲也NEWS23』のタイトルから、筑紫哲也の名前が消えた。単なる『ニュース23』になった。後継のキャスターは、共同通信出身の後藤謙次・元編集局長。「老・壮・青」のスタジオの座組みがとても大事だと常々主張していた筑紫さんだったが、新しい座組みは「後藤謙次・膳場貴子・三澤肇」の3人となった。

番組タイトルから固有名詞が消えたことの致命的な意味にもっと早く僕らは気づくべきだった。何を言いたいのかと言えば、その段階で、もしかすると〈伝承〉の可能性は、実体的に消えてしまっていたのではないかということだ。ありていに言えば、筑紫さんが退いた時点で、もうそれは別番組にならざるを得なかった運命だったのではないか、ということである。けれども、こんなことも今現在だから言えることだ。当時は、筑紫さん自身も含め「『NEWS23』のDN

A」は〈伝承〉されるはずだ、と公言していたのだから。そして僕自身も信じていた。いや、必死に信じようとしていたのではなかったか。

誰が〈後継〉を決められるのだ？

僕自身、2005年にワシントンDCから日本に帰国してからの報道局長時代、はからずも筑紫さんの〈後継〉選定、DNA〈伝承〉作業に直接、間接にコミットする運命になったことを今、万感の思いをもって想起している。何しろ筑紫さんは18年半の長きにわたってキャスターを務められたのだ。そんなに容易に〈後継〉が決められるはずがなかった。冷徹に考えた。そもそも一体、誰が〈後継〉を決められるのだ？　企業としての組織？　現場を受け持つ報道局？　筑紫さん？　『23』という番組？　広い意味での「世の中」か？

テレビでの露出は〈権力〉を形成する。それは必ずしも悪い意味で言っているのではない。テレビでの露出は知名度を格段に高める一方で、その人の実力、性格、人品骨柄を露わにしてしまう。その意味ではテレビは実におそろしいメディアなのだ。著名キャスターとなると、その発言や挙動のひとつひとつに一定の社会的な影響力、〈権力〉が生まれる。当然、ひとつの組織に長年所属していると、社員である、ないにかかわらず、その〈権力〉、社会的影響力をめぐって、さまざまな「社内政治」が生まれる。筑紫さんにすり寄ってくる人、甘える人、こころから敬意をもって接してくる人、強引に近づいてくる人、距離を置く人、反発する人、筑紫さんの敵・味方で相手を色分けする人……筑紫さんには、朝日新聞時代にもそういう「社内政治」にうんざりしてきたという側面もあっただろう。けれども朝日新聞社との関係は、TBSでのキャスター就任のための退社後も決して険悪なものとはならなかった（第1章参照のこと）。とは言え、長い期間、キャスターを務めていると、「社内政治」に巻き込まれてしまうのは必然的だったことも事実だ。もともと筑紫さんは敵の少ない人だった（そこが僕とは大違いだ）。それでも、TBSという社内には、筑紫さんの「筋金入りのリベラル」（立花隆）ぶりに反発する人々も相当数いたことはいた。筑紫さんが亡くなられたあと、局内にこれほどまでに筑紫さんに対して僕らとは全く別の感情を持っていた人がいたのかと、驚いた記憶が僕自身にはあった。迂闊だった。

筑紫さんの〈後継〉をどうしても決めざるを得なくなったのは、2007年5月に筑紫さんのがん罹患がわかってからというのが実情だった。それまでにも局内では、さまざまな人が〈後継〉候補に名前があがり、さまざまな動きが「社内政治」を波立てながら起こった。今、僕の目の前にはその当時のさまざまな書類やメモ類がある。読み返してみてもバカバカしいほど各自が真剣に、あるいは「社内政治」丸出しに議論していたことがわかるのだった。筑紫さんはワープロやパソコンを使わない手書きの人だったので、筑紫さんが書いたメモだけは、あの独特の文字で書かれて残っている。見るのがつらい。

かつて僕自身が筑紫さんから〈後継〉候補者として可能性を打診してみてくれないか、と言われて、ご本人と直接話をしたことがあったのは、東京大学法学部教授の藤原帰一さんだった。結果はあっさりと断られた。学者としての仕事が自分の本務であってテレビ報道のキャスターの任に能わず、というのがご本人の意向だった。その態度は実にきっぱりしていた。

よほど愚鈍であるか、よほどの楽天主義者

がん罹患がわかる以前にも、局内では〈後継〉を意識した動きがあったことはあった。正式な記録文書が散逸しもう手元にはないが、当時の日記をみたら、２００７年1月に、筑紫さんとTBS幹部（社長、専務）とのあいだで意見交換が行われたことが記されていた。場所は13階の「筑紫部屋」と呼ばれていた部屋。僕もそこに同席していた。そこで「報道のTBSの原点に基づき（中略）今後、キャスターの人選にあたっては、いたずらに外部に人材を求めることなく、組織内部からの登用をはかる」ことが確認されたとあった。具体的に『筑紫哲也NEWS23』のリニューアルに向けて、新しい男性キャスターを選ぶことが確認された。僕の記憶では、その文書には初めて、筑紫キャスターの将来の『降板』という文字が入っていたように覚えている。この確認事項に基づいて報道局長だった僕は、JNNの仲間＝大阪のMBS（毎日放送）の夕方ニュースのキャスター三澤肇氏にキャスター就任を打診して、MBS側の了承を得た。この小リニューアルに局内からは種々の反応があったが、その次にやって来る予期せぬ大波をその時点で誰が予想していただろうか。その大波以降、僕個人の見方では〈後継〉をめぐる「不条理劇」の幕が切って落とされたのだと思う。

筑紫さんが肺にがんを罹患しているとの第一報は、２００７年5月10日の夜、『23』制作プロデューサーからの知らせだった。翌11日の19時、当時の編成部長と『23』制作プロデューサーが報道局長室に沈痛な表情で入ってきた。筑紫さんの正式病名は「急性小細胞肺がん」。ステージ

Ⅲと告げられた。月曜日からのオンエア出演は不可能。ご本人はカミングアウトしたいと仰っている、と。「目の前が真っ暗になる。人生の中でも最も苛烈な運命を聞かされた日ということになった」。僕の日記に乱れた文字が残っていた。これを機に筑紫さんの〈後継〉問題は、それまでとは全く異次元の、不可逆的な動きとなった。この後の動きについては、僕はここにどこまで記すべきなのか、あるいは記す資格があるのかどうか。正直に申し上げるが、一度書いた草稿を全部消したり、また逡巡しながら原稿を書いた。それは瘡蓋を剝がすような作業であった。それを記すことの意味を何度も自問した。そして最終的にその大部分を消すことにした。ただ一点、筑紫さんが残した自分あての手書きメモ（２００７年７月９日）のなかの一部分だけを記しておく。

『ＮＥＷＳ23』のＤＮＡを死守すること——いろいろな思惑からざわめきが起きているようだが、こちらの対応がもたつくと元も子もなくなる。（中略）いずれにしても、中長期的展望を踏まえた上で、当面のことを考えるべき。具体的には、どうやって１〜２年先に、〝金平体制〟を構築するかを視野に、ということ」——。

筑紫さんは病床にあった。ご本人の意向はおそらく揺れに揺れていただろうが、〈後継〉選びの「社内政治」の暗闘など、治療にとってはマイナスにはなってもプラスにはならない。さまざまな紆余曲折の末、後藤謙次氏が共同通信社を辞して23キャスターとして着任した。その頃には、筑紫さんとの間に僕自身が招いた致命的な過ちによって「距離」が生じていた。

「残日録」の２００７年７月12日の記述にこうあった。〈今、ジャーナリズムをめぐって起きていることを踏まえて、その未来を信じられる者がいるとしたら、その人はよほど愚鈍であるか、よほどの楽天主義者であろう。幸か不幸か、この年齢にして、私はその両方の部分を失なっていない。それが厄介なことでもある〉。

その後、病状は「転移に次ぐ転移」で、筑紫さんの復帰は不可能になっていく。

権力に対して柔軟で多様な見方を認める

2007年11月18日に、東京・六本木で行われた「サミット」（番組の全体会議のことを僕らはそのように称していた）の資料が手元に残っていた。本来、総決起集会になるべき「サミット」の場にも複雑な空気が漂っていた。「サミット」議事用に、筑紫さんは丁寧にしたためられた手書きメモを提出していた。その一部を以下に記しておく。

○最良・最強について　折にふれ、私が言ってきたことですが、私がTBSで仕事をしようと思った心理的動機として、昔、新宿駅東口の大きなボードに書かれていた宣伝文句のことがあります。そこには"TBS for the best"（TBSは最良をめざす）とありました。図々しくも、しかし気概のある宣言だな、と印象的でした。田英夫さんを擁立して、日本最初のキャスターニュースを始めるなど、今に続くDNAを感じさせる局でした。『NEWS23』も、その延長線上に進化した番組だと思っています。金平茂紀・現報道局長をはじめとする多くの先輩たちが、そういうDNAを継承したからこそ可能だった番組だと思っています。「最良」とは何か。いろいろ定義はあるでしょうが、いちばん基本的なことは、あらゆる権力に対して硬直した立場を採らずに柔軟で多様な見方を認める——というジャーナリズムの根本に絶えず立ち返ることでしょう。「最強」は、そういうことを可能にする態勢のことですが、ここでも後藤さんの参入が鍵だと思います。いずれにしても、大事なことは、この国に、この国のテレビに、そしてTBSに、ジャーナリズムをやる番組が生き残ることです。

——当時の資料より。傍線は引用者

すでに後藤氏は、2007年10月31日付で共同通信を退職し、TBSは後藤氏と専属出演契約を結んでいた。その広報発表文は以下のようになっている。〈TBSでは『筑紫哲也NEWS23』のメインキャスターである筑紫哲也氏が病気療養中のため、毎日のスタジオ出演が困難なことから、後藤氏に出演を依頼、後藤氏もこれを快諾した。後藤氏の出演以降も、筑紫氏はスペシャルアンカーとして節目節目に番組に出演する予定。（中略）『筑紫哲也NEWS23』の西野智彦・制作プロデューサーは「筑紫氏に比肩する素晴らしいジャーナリストを番組に迎えることができました。全国の視聴者に最強・最良のニュース番組をお届けできるよう、スタッフ一同全力を尽くしてまいります」とコメントしている〉。

頭が真っ白になり電話口で泣いた

組織のなかで起きることには、「社内政治」が不可避な面があり、組織に関わる個人と個人の間には、さまざまな不幸な齟齬・誤解、感情的な愛憎の増幅、離合集散や野合が生じるもので、

『筑紫哲也NEWS23』もその後、さまざまな不条理な変遷を辿ることになった。

その後の経緯は略述にとどめる。筑紫さんの病状は緩急の違いはあっても重症化の一途をたどり、2008年の3月28日の出演を最後に番組を去った。筑紫さんは最後の「多事争論」で、「『NEWS23』のDNA」について語り「これからも松明は受け継がれていきます」と言い残して去って行ったのである。僕は報道局長室でひとりそのオンエアをみながら、本当に悲しく苦しい思いを押しとどめることができなかった。それぞれ番組に関わった人たちも、さまざまな思いをもっただろう。その後、後藤氏の『23』は残念ながらわずか1年で終了し、夕方の新番組『総力報道！THE NEWS』のキャスターへと転出していった。

当時、報道局長だった僕は、この『ザ・ニュース』構想に強硬に反対した。『ニュースコープ』副編集長時代に、NHKの夜7時のニュースに対抗していく実力が残念ながらまだないという冷徹な認識に至っていたことに加え、あれほど誓った「『NEWS23』のDNA」継承は一体どこに行ったんだ？　という思いからだった。そして、丸3年の報道局長任期を終えようとしていた段階で、僕は想像もしていなかった「TBSインターナショナル副社長」というニューヨークの会社への転出を会社から命じられた。報道記者としての職務を奪われては死んだも同然だと覚知し、僕は会社に強く抗議して「報道局アメリカ総局長」というポストをつくってもらった。当時の人事労政局長に尽力していただいた。ところがニューヨークにはオフィスもないし、非常に厳しい環境に「飛ばされた」現実が徐々に明らかになっていった。僕は、それならば、と54歳にしてコロンビア大学東アジア研究所の研究員（フェロー）のポジションを得ることを会社に求めることにした。

ニューヨーク支局もおそらく困惑したに違いない。アメリカ総局長？　一体どう処遇したらいいのか。彼らに迷惑をかけたくなかった。一応、机はニューヨーク支局内に一席あったが、とてもそこに座っていられるような状況ではなかった。とりあえずの居場所として、コロンビア大学の研究室にデスクを確保して、ニューヨーク生活を過ごすことにした。ただニュースの取材だけは何としてでもどんなに苦しくとも続けようと心に決めていた。ブッシュ政権の終盤、アメリカ社会は激しく動いていた。大統領選挙やグアンタナモ収容所などの取材を僕は続けた。ところが取材した成果の出し場所がないのだった。報道局は僕を記者として認めなかった。そこで僕はCSのTBSニュースバード（現CSのTBSニュース）の仲間（旧『NEWS23』時代の仲間、細川茂樹氏ら）と組んで、CSのニュースバードに集中的に取材の成果を出し続けた。

ニューヨークの2年間はあっという間に過ぎていった。それまで観たことが少なかった数々のオペラや、ブロードウエイのミュージカル、BAM（Brooklyn Academy of Music）のダンスや現代音楽、リンカーン・センターでのスティーブ・ライヒの演奏、そして数々のジャズのライブ……。モスクワでもワシントンDCでもずっと一緒にいて支えてくれた家人と、立花隆家からいただいた2匹の猫ミーシャとナージャが、僕をじいっと見てくれていたような気がする。苦しいながら、ニューヨークでささやかな人脈もできた。その間、『ニュース23』がどうなったのか、僕はよく知らない。後藤さんの『ニュース23』も、その後の『ザ・ニュース』も視聴率が芳しくなく1年で打ち切りとなった。その後の後藤さんに対する局の接し方はどうだったのか。決してハッピーなお別れではなかったと聞く。ただニューヨークの会社の末席からは手も足も出なかった。

『ニュース23』の方は、その後、キャスターは、松原耕二、播摩卓士の両氏がそれぞれ2年と1年ずつ、その後、毎日新聞の岸井成格氏が3年務めた（女性キャスターの膳場貴子さんはこの間ずうっと担当を続けていたが、岸井さんの降板を機に去ることになって、その後2016年に『報道特集』へと転出してきた）。僕の方は、誰からの制約も受けずに自由に（見方によってはまさに「放置」かな？）取材をすることがニューヨーク生活でようやく楽しみになりかけていた。半ばいつ辞めてもいいかな、とも考えていた。そんななかでも、バラク・オバマ氏が大統領になった大統領選挙の取材は楽しい経験だった。個人的な人脈で培った（これも筑紫さんとの縁が大きい）ジェラルド・カーティス・コロンビア大学教授や在米ジャーナリスト・青木冨貴子さんと一緒にCS用の大統領選挙特番を組んだ。オバマ当選の歴史的な第一報は、何とCSの特番で報じることができた。筑紫さんの訃報は、その時期にまるで重なるように、東京からの電話によってニューヨークの自宅で知ったのだった。頭が真っ白になり電話口で泣いた。通夜に参列しようと、僕はニューヨークからの飛行機に飛び乗った。帰国してみて、企業社会の「社内政治」が依然として深く尾を引いていることを、知りたくもないのに知ることとなった。

2010年の夏のある日、東京本社から電話で僕のもとに連絡が入った。10月から『報道特集』のキャスターをやらないか、という打診だった。全く予想外の展開だった。以降、もう11年以上、僕は『報道特集』のキャスターを務めている。歳月はあっという間に過ぎ去っていった。

その間、何人もの方々とお別れをしてきた。

「少数派であることを、恐れちゃいけないんだ」

かつての『筑紫23』の仲間15人に聞き歩いてみた。「『筑紫哲也NEWS23』のDNAって何だろう?」「そのDNAっていま引き継がれていると思いますか?」

黒岩亜純（現『サンデーモーニング』番組プロデューサー）……「筑紫さんの最後の『23』出演日の担当デスク（編集長）の役回りは、運命か偶然か、僕に回ってきた。最後の『多事争論—変わらぬもの—』では、筑紫さんは、『23』のDNAとして3つの点を仰っていたが、3つに絞ったことの才覚に驚く。物足りない2つでも、多すぎる4つでもなく、覚えやすい3つ。あれは筑紫さん一人が作り上げたものではない。皆が心の中に持っていたものを、筑紫さんが野球の監督のように明確に指示してくれた。それはもう僕の体の中に染みついちゃっている。社会の大きな変化の中で、そのDNAを貫こうとするとプレッシャーがかかることが多くなったが、それを打ち破っていかなければならない。『変わらぬもの』のフリップと、筑紫さんの遺影は、今でも僕の自宅の部屋に掲げられている。疲れた時などはそれらに顔をあわせると結構しんどくなったことがある。間違いなく『筑紫哲也NEWS23』のDNAは僕にとっては〈バロメーター〉だったし、今でもそうであり続けている」。

豊島歩（元『ニュース23』番組プロデューサー）……「DNAと尋ねられると、未だに分からないし、言葉にしようがない『何か』としか言えません。でもその『何か』は意識せずとも、自分の一部として存在し、機能していると思います。それは心臓や内臓が勝手に動いて自分を支えてくれているような感じです。すでに染み込んでしまい、見えず、取り出せない『何か』です。自分であって自分ではない『何か』です。DNAの継承ということでいうと、『分け御魂(みたま)』という言葉があります。大きな生命から、人間や樹木や山々などは生まれている、元は一つ、という考えらしいですが。DNAは、皆それぞれの生活や現場で過ごす時間の中で分化し、様々な形に再生されながら、違う表れ方をしているのではないかと思います」。

金富隆（現『サンデーモーニング』制作プロデューサー）……「今、思い出すのは、臨終が近くなった筑紫さんが、苦しい息の中で、うわごとのように『少数派であることを、恐れちゃいけないんだ』と何度も語っていた、という話です。BS-TBSで筑紫さんの追悼特番を作った時、息子さんの拓也さんがインタビューで語っていました。ふだんお説教めいた話とか、ほとんどしなかった筑紫さんですが、心の奥では強く自分に語りかけていたんだ、という……。『視聴率』もそうですが、テレビは多数派であることに汲汲としているところがあって、それだけじゃないだろ、ということを思い出す言葉です。それがDNAと言えばDNAですが。そのDNAが今の局に残っているか、受け継がれているかはちょっと疑問です（笑）」。

吉岡弘行（元『筑紫哲也NEWS23』デスク）……「『筑紫的』――〈多事争論〉〈手考足思〉〈緩急自在〉〈自由な気風〉〈『23』でしかやれないことをやる〉〈拒否権なし、何でもあり〉〈対論〉〈永遠の大学院生〉〈少数派を恐れない〉……。筑紫さんと番組で約10年ご一緒しました。最大の恩師です。これら筑紫さんのDNAは何らかのかたちで、私にも引き継がれていると信じています。

〈テレビジャーナリズムに布石を残したい〉とも語っていた筑紫さん。今、ニュース番組はそれに応えているのだろうか。視聴者が『見たいもの』と、作り手が『見せたいもの』のバランスが著しく壊れている気がします」。

「多事争論」は最後の撤退ライン

佐古忠彦（元『筑紫哲也NEWS23』キャスター）……「力の強いもの、大きな権力に対する監視の役を果たそうとすること、少数派であることを恐れないこと、多様な意見や立場を登場させることで、この社会に自由の気風を保つこと。凝縮されたこの3つは、『筑紫哲也NEWS23』を生きた者にとって、体に、精神に染みついているという感覚です。これが果たされなくなった時に、この国に何が起きたのか。かつての負の歴史を持つからこそ、『どんな国を次の世代に渡すのか、世代責任がある』というのが、筑紫さんが最もこだわっていたことでした。筑紫さんは、こうも言っていました。『過去は現在と無関係でないし、過去に現在どう取り組むかが未来を決める』と。それは、そのまま、私自身の指針になっていきました。制作したドキュメンタリー映画をはじめ、自分の作品の根底に流れるテーマそのものとなりました。その意味で、筑紫さんと共に過ごした10年という時間は、明らかにその後の自分を決定づけましたし、『筑紫23』に身を置いていなかったら、今の自分はない。心からそう思います。筑紫さんは、物事を他人に強制したり強要したりせず、やりたいことを拒否も否定もせず、自由にやらせてくれた人でした。その自由は、個人の責任があって成り立つという厳しさも持ち合わせていましたが、それは『個』

と、その『個の力』を信じていたからだろうと思うんです。ＤＮＡが引き継がれているのかどうか。メディアの全体状況は、自信をもってイエスとは言えないかもしれません。でも、筑紫さんが目指したのは、全体が同じ流れになることではなく、筑紫さんが信じた、それぞれの『個』が力を発揮することではないでしょうか。それによって、凝り固まった価値観に囚われるのではなく、複眼の視点を持ち、多様な議論に結び付けること。そこにこそ、組織や全体の中での『個』の存在意義と、少数派であることを恐れないＤＮＡを発揮する意味があろうと感じます」。

米田浩一郎（現ＴＢＳ報道局編集部長、元『筑紫哲也ＮＥＷＳ23』ディレクター）……「新卒社員として『筑紫哲也ＮＥＷＳ23』に配属されたのが30年前。以来ずっとこの番組と関わってきて、去年、後輩にプロデューサーを引き継ぎました。〝ＤＮＡ〟なるものを取り出して語るには、自分の血肉と一体化し過ぎている気もします。明確に覚えているのは、四半世紀前、新人ディレクターだった私にとって、『多事争論』という言葉が、どうにも旗色がぼやけた鋭さに欠ける言葉として響いたことです。なぜ、たたかうまえに譲歩するのだと。

筑紫さんを見送ったあとの十数年間。冠のとれた『ニュース23』を日々回していくなかで、もしいま彼がこの事態に直面したら何を語るだろう？　筑紫さんにはかなりキツいんじゃないだろうか、と思う局面が続けざまにやってきました。時代の風景は激しく移り変わり、それまで信じられていた言論のモメンタムはみるみる減衰していきました。とはいえ筑紫さんは、持ち前の軽やかなペシミズムで、この趨勢をどこか見通していたのかもしれません。『多事争論』は、彼が設定した最後の撤退ラインなんじゃないかと、いま思います。私たち個々が、ひりつく喉をふり絞って言葉を探し、物語り、問いかけ続ける限りは、その何かも見えない未来へ繫がっていくのではないでしょうか」。

天野環（元『NEWS23』ディレクター）……「2008年3月28日、最後の『多事争論』を書き起こしたメモが、手帖に挟んである。『NEWS23』のDNAとして、筑紫さんは3つを挙げた。『力の強いものを監視し』『少数派であることを恐れず』『多様な意見で社会に自由の気風を保つ』。そして曰く、『すべてまっとうできたとは言わない』が、『そういう意志を持った番組であろうとは努めた』と。『そういう意志』が、私自身、今も忘れずにあるのか。筑紫さんが語った『NEWS23』のDNAを、自分は本当に理解しているのか。メモが手帖に挟んであるのは、私には、いまだに、筑紫さんの言葉を、正面から受け止める自信がないからだろう。若い記者に、このメモを送ることがある。断片的には知っているであろう、この『多事争論』を読んで、彼ら彼女らは、『励まされた』という。特に、『少数派であることを恐れず』、という一言に。『励まされた』……？　筑紫さんの言葉に『励まされた』という、彼ら彼女らの反応を聞いて、逆に自分はうろたえる。筑紫さんが語った『NEWS23』のDNAと、『そういう意志』。『そういう意志』を持つ記者は、時代が変われど、消え去ることは、恐らくない。筑紫さんと一瞬でも同時代を生きた人間が考える以上に、彼ら彼女らは、筑紫さんの言葉を、受け止めている。翻って、我が身はどうなのか、手帖を開く手が、日々震える」。

「自由の気風」を求める人の列

松原耕二（現『報道1930』キャスター）……「Q：『筑紫哲也NEWS23』のDNAとは何だと思うか。A：自由の気風。組織、視聴率、圧力、タブーなど表現を縛ろうとするものと向き合いながら、常に時代の本質を見つめ、論を愉しむ。筑紫哲也氏が身に纏った『自由の気風』が、番組の18年半を貫いていたと思う。Q：そのDNAはいま引き継がれていると思うか。A：自由を求める人類の長い闘いのDNAが筑紫哲也氏にも引き継がれ、テレビ報道の黄金時代を築いた。そして彼に触れた多くの個人に、確実にバトンは渡っている。ネットの出現でメディアは大きく変容しつつあるが、たとえ時代が移りスタイルは変わろうとも、『自由の気風』を求める人の列はこれからも絶えることはないと信じている」。

播摩卓士（現『Bizスクエア』キャスター）……「1989年、28歳の時、『筑紫哲也NEWS23』がスタートした際のメンバーの一人として番組を立ち上げた。この年の夏、初めての企画会議で筑紫さんが真っ先に言ったことは『自分も含めて企画会議には拒否権なし』だった。『ダメだと言い始めたらあらゆる企画が潰れてしまう。一見ダメに見える企画をどうやったら放送できるか知恵を出そう』と言う。リベラル筑紫の真骨頂だろう。『筑紫哲也NEWS23』の扱ったネタは実は驚くほど間口が広く、切り口も多様だ。俗に〝硬派記者〟に分類される私も、経済記者やワシントン特派員として、金融危機やアメリカ政治などの堅いネタを真正面から、長時間オンエアし、何度、筑紫さんと生掛け合いをしたことだろう。今当時のVHS同録を観るたびに、『こんなことを民放の地上波ニュースでやってたんだ！』と新鮮に映る。だからこそ僕は、97年から編集長をやった時も、2012年から筑紫さん亡き後の『NEWS23X』でキャスターをやった時も、『23的』と称して観念先行的になった企画にはことごとく物申した。『テレビ報道の時代』と言われた時代にワイドニュースの可能性を切り拓いた『筑紫哲也NEWS23』。ニュース・情報番組がますます時間枠を拡大してワイドになった今、扱うネタや、その切り口、論じ方はワイドになっているだろうか。まさか『コア視聴者に受けない』なんて理由で拒否権を行使されていないだろうか」。

膳場貴子（元『NEWS23』キャスター、現『報道特集』キャスター）……「Q：『筑紫哲也NEWS23』のDNAってなんだと思う？　A：筑紫さんと一緒に仕事をするよりずっと前、コンサート会場でオンエア直前の筑紫さんが客席にいるのを目にすることが何度もあった。こちらがハラハラしていると、いつの間にか姿を消して23時にはしっかり画面にいる。一緒に仕事をするようになった筑紫さんは、なるほどなかなかメイク室に来ないし、時にはほんのり赤い顔で打ち合わせに来ることもあった。『膳場さんは小劇場には行く？　コレ面白かったよ』と言ってくれたイッセー尾形の一人芝居のチラシはどこに仕舞い込んだかな。文化を楽しみ、人の営みをいつくしむ。政治・経済・外交に終始しない広い世界を生きながら、報道の世界で仕事をする。それが筑紫哲也のDNAだと思っている。Q：そのDNAは今引き継がれていると思う？　A：目的地まで最短距離で辿り着けるスタッフが、敢えてそれをせず、彼らが体験してきたコト、見聞きした出来事、感銘をうけたスクリーンやステージ、活字の世界を持ち寄って共有しつつ、気付けばビシッと照準を合わせてゆく。番組作りのそういう姿勢を見るたび、ああ、『報道特集』（『NEWS

23』後に私が携わっている番組）にも『筑紫哲也NEWS23』のDNAは引き継がれているなと感じる。もちろん人によって濃淡はあるけれど。私は二重螺旋が若干ほどけているのか、複製でバグっているのか、筑紫学校の中ではまだまだ落ちこぼれです」。

向山明生（元『筑紫哲也NEWS23』デスク）……「『23』の真骨頂、DNAは『好奇心』『自由な気風』『何でもあり』の精神。夏の終戦スペシャル、米大統領選、香港返還、カンボジア内戦、日本各地からの中継レポートもみんなが工夫を凝らした。この番組がテレビデビューだった専門家も数多くいるし、『筑紫対論』には大物ゲストが出演した。番組冒頭の『口上』や特集コメントに自分の案が採用されるか、冷や汗もかいた。筑紫さん自身はコメントやゲスト質問で穏やかなことも多かった。だから愛された。その緩急があるからこそ、いざというとき怒りが伝わった。番組のない週末は地方を回って『手考足思』を実践し、市民や周辺からの視点を大切にした。被災者や少数者への寄り添いはもちろん、時代感覚、歴史的な洞察も鋭かった。DNAがいまも残っているかは、かかわった各々が自分に問いかけ、探求し続けるべきだろう」。

沃野に立つ人の言語化し切れない息遣い

小池由起（元『筑紫哲也NEWS23』ディレクター）……「DNAと言われても、番組ディレクターだった当時の、強烈な思い出が先に甦ってくるばかり。なかでも阪神淡路大震災の現地取材。神戸なんか全く知らなかった私が、取材を通じて震災で打ちのめされた地域の人たちの想いに引きこまれていった。番組を離れても、神戸市御影本町の五六会館には何度も通った。震災後、地域のだんじり祭をもう一回復活させたいという思いを、自分事として共有できた経験は忘れられるものではない。あと、筑紫さんの広島カープへの想い。それを身近で見てきて、まるで少年のような純粋なカープへの愛情に心を動かされた。山本浩二さんファンだった。どんなネタでも、その人じゃなければできないアプローチというものがあるんだ、ということを身を以て教えてくれた。そのことが今、引き継がれているかどうかを考えると、心が乱れて、正直どうしていいのか自分でもわからなくなることがある。でも『23』から個々の人のこころのなかにしっかりと伝承されているものがある、と思う」。

池田裕行（元『筑紫哲也NEWS23』キャスター）……「イチロー選手が『N23』の生放送中、筑紫さんに『地毛ですか？』と聞いた事があります。『凄い質問だなあ〜』と思うまもなく筑紫さんは『地毛だよ』と悠然と返しました。常に予想しない出来事や人との遭遇を愛する人であり、念のため言いますが、もちろん地毛です。筑紫さんとは27歳の時から丸8年間、『N23』の初回からキャスターとして共に仕事をさせて戴きました。長寿番組になったのはあくまで結果で、当初は団塊の世代の大先輩から『絶対にうまくいかない』とか罵られながら奮起する日々でした。筑紫さんとの最後はパリのセーヌ河畔にシラクが建てたケ・ブランリ美術館の屋上からの2人のLIVEでした。翌年訃報をパリで聞いた時、ミュージシャンが仲間を喪った時、もうセッションできないと思い感じる寂しさはこれのことかと身に染みてわかり、以来穴はふさがりません。野田秀樹さんの楽屋に行くと常連の筑紫さんがいて、2人でニタリニタリと何やら意気投合している。かと思うと時の首相への直言の手紙を、流麗な墨書でしたためている。筑紫さんの居場所は右も左もない多彩な人と世界とを併せ呑む広大な沃野で、そこに佇んで稚気なのか刃なのか、何かを胸に秘め地平を見渡している人でした。〝キャスター〟として論じられすぎると、こぼれるものも多すぎる気がします。金平さんの問いに答えると、そのDNAは、沃野に立つ人の言語化し切れない息遣い、そして謦咳に接した人に、そのからだの中に、おのずと刻まれているものだろうと、長年感じ続けています」。

秌場聖治（あきばきよはる）（現TBS報道局ロンドン支局長）……「番組スタッフは一人ひとり異なるプレーヤーで、しかも異動で入れ替わったわけですが、常に『それって『23』っぽいよね』という言われ方はしたので（肯定／否定両方で）『らしさ』『ぽさ』というものはあったわけです。そのコードやキーは必ずしも明示されてはいませんでしたが、スタッフはなんとなく共有していて、番組づくりというセッションの中、それぞれの持ち球の中から『戦争へのこだわり』『マイノリティへの寄り添い』『（サブ）カルチャー』『時々ちょっと前衛的』といった『23』っぽい（私が考える、ですが）ものを選び、あるいは覚醒させて放り込んでいたのでしょう。そういう意味では『23』のDNAの基本部分はテレビ制作者に限らずこの本をご覧の皆さんも含めて多くの人の中に自然に存在するものなんでしょうし、それらを『日本の民放地上波デイリーニュース番組』というフォーマットに吸着していた『筑紫哲也NEWS23』がなくなっても（あるいは存在する前から）、人の中に存在し続け、今この瞬間も、デジタル空間や外国メディアも含めた広大な宇宙のあちらこちらで別の形で結晶したり拡散したりを繰り返しているんだと思います」。

棟方美穂（『筑紫哲也NEWS23』在籍最長記録を誇る庶務担当デスク）……「筑紫さん時代の『23』は、

真ん中に主(あるじ)がいて、その主は、何でもありで、頭ごなしにダメとは絶対に言わない人だったので、みんながそれぞれ好き勝手にやっていた。番組をつくっている自分たちが楽しくなければ、見ている人も楽しく見てくれないよ、興味を持ってやらないと、見ている人も興味を持って見てくれないよ、という考え方があったように思う。好奇心が旺盛で、外へ出かけることへのハードルが低かった。この人にギャフンと言わせてやろうくらいのことをみんな考えていたんじゃないのかな。だからジュリアナ東京のお立ち台に筑紫さんを立たせたり、まだ人気の出る前のAKB劇場に筑紫さんを行かせたり。あと、筑紫さんは弱者の立場に立ってものを伝えることを厭わなかったという印象が強い。そういう人は、なかなかいない。DNAではないけれど、私はTBS旧局舎時代の『筑紫哲也NEWS23』第2部のスタッフルームの合鍵を捨てられなくて、『お守り』として今でも持っています」。

笠井青年さんの死

最近、『筑紫哲也NEWS23』の第3代目の制作プロデューサーだった笠井青年さんが亡くなられた(2021年5月22日。享年79歳)。僕にとっては、TBSの先輩の中で心の底から敬愛していた数少ない人々のなかの一人だった。笠井さんはオウム事件のさなか、第一次社内調査委員会に加わり、その後、社会部長から広報部長に転出して内外からの報道の対応にあたっていた。当時、血を吐くような思いをしていたとご遺族から聞いた。オウム事件は笠井さんのその後の人生を変えた(第3章、第18章参照のこと)。TBSマンとしてのプライドがとても強かった笠井さんは、社外の人間や「途中入社組」を誉めることは滅多になかった。ところが筑紫さんだけはどうやら別格のようだった。「筑紫さんは本当にすぐれている」とニコニコしながら言う。ご遺族から自宅に残されていたある遺品をみせていただいた。『パパの記事』とマジックで背表紙に自筆でタイトルが書かれたスクラップ帳だ。中をめくると、オウム事件の記者会見で自身がマスコミに対応していたことを写真入りで報じられた新聞記事がたくさんスクラップされていた。そこには苦渋の表情の笠井さんの写真があった。けれども、唯一笑顔の笠井さんの写真が貼られていた。それは『筑紫哲也NEWS23』で制作プロデューサーとして筑紫さんと一緒に仕事をしていた時代の記事と写真だった。「…プロデューサーなんていうのは、内容に関する判断力なんてほとんどいらないですよ。対外的にトラブルが起きるようなとき以外はね。（中略）プロデューサーが番組の中身についていちいち口を出すようでは、番組の勢いがそがれます。これは鉄則です。（中略）とにかく報道がやりたくて（TBSに）入ったから、ずっと報道ができて私としては120％満足ですね」（『ザ・テレビジョン』1992年10月21日号「TV業界就職ガイド」より）。

笠井さん、お疲れさまでした。そして、合掌。

第23章 「頭をあげろ！」

——筑紫哲也さんへの手紙

筑紫さんがもし生きていたならば

ついに最終章まで辿りついた。全23章にしようとこだわったのは、『筑紫哲也ＮＥＷＳ23』の番組名にちなんだからだ。23は個人的に思い入れがありすぎる数字となってしまった。もともと本書第18章までは、講談社の雑誌『本』に連載されていたものに必要最小限の加筆・修正を加えたものだ。だが追加の5章分は書くのがしんどかったことを告白しなければならない。

筑紫さんが亡くなられてから２０２１年の11月で丸13年が経過した。歳月は情け容赦なく過ぎ去っていく。僕の周辺にいた関係者も次々に亡くなっていった。加えて、筑紫さんが亡くなられてからの、この僕らの生きている世界の激変がある。僕が今でもよく覚えているのは、筑紫さんの訃報を当時の赴任先のニューヨークの自宅で受け取った時の記憶だ。「筑紫さん、亡くなりました」という、当時懇意にしていた番組ＡＤさんの切羽詰まったその声を、僕は一生忘れることはないだろう。

ほぼ時を同じくしてアメリカでは、バラク・オバマが歴史上初の黒人大統領として当選した。

歴史が大きく動いた。その反動として、8年後にはドナルド・トランプが大統領になった。さらにそのまた反動として4年後に、ジョー・バイデンが大統領になった。アメリカはともかく動いている。民が声をあげる。

2011年3月、日本では東日本大震災が東北地方を襲い、甚大な津波被害が生じ、東京電力福島第一原発で炉心溶融事故が起きた。一時は東日本が壊滅しかねない破局的事態に見舞われた。それと深く関連して、民主党政権が引きずり倒され、筑紫さんがテレビの選挙番組で「留任は無理筋だ」と問い詰めた安倍晋三氏がまたぞろ政権に返り咲き、以降、アメリカのような政権交代ははるか不可能領域へと遠のき、悪夢のような最長期政権が続いた。この間、対テロ戦争という旗振りに加担して、日本は戦争に実質的に関与できるように、安保法制や共謀罪、特定秘密保護法など反憲法的な法律を次々に制定していった。あれほどの原発過酷事故に誰一人責任をとらず、公文書は破棄・改竄された。あろうことか、原発事故は「アンダーコントロール」だと国際社会に嘘をついて東京にオリンピックとパラリンピックを「復興五輪」の名のもとに招致した。僕は「トキヨ！」とアナウンスされた瞬間に、抱き合って喜んでいたあれらの人々のことを決して忘れることはないだろう。

世界的にみれば周回遅れの新自由主義経済が日本でも格差を拡大し、時代閉塞が深まるなかで、世界が新型コロナウイルスのパンデミックに急襲され、百年に一度の疫病禍に陥った。本当ならば人命の救済が急がれなければならないなか、あろうことか日本政府と東京都とＩＯＣは、オリンピックを強行開催し、日本人は、主としてテレビを通して、日本人選手の金メダル獲得に歓喜していた。

上記の急激な世界の動きに応じて、僕はテレビ報道の記者として、あるいはキャスターとして今現在も、取材を続けている。さまざまな節目で考えてきたことは、筑紫さんがもし生きていてこの場をみたならば何と言うだろうか、何をしただろうか、ということだった。これは偽らざる思いだ。自分の周りに、筑紫さんを上回るロールモデルがいなかったのである。そして今現在もいないのだ。これは残念なことだが冷徹な現実だ。

最近みたアメリカ映画『アメリカン・ユートピア』は素晴らしい映画だった。スパイク・リーの手腕の見事さには舌を巻く。主役のデイヴィッド・バーンが「ステージから余計なものをすべて削ぎ落として、本当に必要なものだけでショーを構成したんだ」という趣旨のことを誇らしげに語っていた。だから、僕も以下、余計なことを言わずに今の時点で筑紫さんに伝えたいことだけを書いていこうと思う。

松明は受け継がれたのか

筑紫さん。この世に生きていたら86歳。つい最近、立花隆さんもそちらに行かれましたね。前の章で、筑紫さんが残したものの〈伝承〉がなぜうまく運ばなかったのかを、今頃になってから書き連ねてみましたが、まあ、死んだ子の歳を数えるようなことは、これ以上はしたくないので、最後に今、考えていることを端的にお伝えしたいと思います。筑紫さんが逝かれてから、この日本という国は随分変わりました。と言うよりは、変わりようがないくらいの閉塞状況が続いています。その責任の一端は、マスメディアが果たすべき役割を果たしていないからではないか。そんなふうに僕は考えています。自虐的に言っているのではありません。明明白白に劣化した。それはメディアに関わっている人間が劣化したのか。あるいはメディアの機能が社会全体のなかでシフトして劣化を余儀なくされたのか。僕は両方だと思っています。

筑紫さんが、最後のテレビ出演となった『筑紫哲也NEWS23』内の「多事争論」で言い残した「『NEWS23』のDNA」をめぐる言葉がありましたよね（2008年3月28日放送）。あなたはあの放送から7ヵ月あまり後に逝かれた。この言葉は、後続のテレビ報道にたずさわる者たちへの文字通り「遺言」だったと、この13年間、僕自身は受け止めていました。「力の強いもの、大きな権力に対する監視の役を果たそうとすること。とかく一つの方向に流れやすいこの国の中で、まあ、この傾向はテレビの影響が大きいんですけれど、少数派であることを恐れないこと。多様な意見や立場をなるべく登場させることで、この社会に自由の気風を保つこと。」僕はこれらの言葉を英語で言い換えて、①Watch Dog（監視犬）②Minority（少数派）③Diversity（多様性）などと整理・要約し、よく講演や大学の授業で、いかにこの3点がテレビ報道にとって肝要かと発言し続けてきました。そのたびに胸に詰まることがあって絶句したことがあります。なぜならば、現実があまりにも逆方向に進んでいるからです。この「多事争論」のおしまいの方で、あなたは次のようにも言っておられました。「それ（3点）を実際に、すべてまっとうできたとは言いません。しかし、そういう意志を持つ番組であろうとは務めてまいりました。これからも、その松明（たいまつ）は受け継がれていきます」。僕はこの13年間、いつも自問してきました。松明は受け継がれたのか、と。

報道たるもののDNA論を抽象的に論じるよりは、筑紫さんがご存じない最近の具体的なテレビ報道の事例に即して、あの松明が本当に受け継がれたかどうかを考えてみたいと思うのです。取り上げるのは、もちろん筑紫さんが亡くなられたあとに起きた出来事です。

1　森友学園問題に絡む公文書改竄で、近畿財務局職員が自殺したことをめぐる報道
2　スリランカからの女性留学生が名古屋の入管施設で収容中死亡したことをめぐる報道
3　伊藤詩織さんに対する山口敬之TBS元ワシントン支局長の性的暴行事件（刑事事件としては不起訴、民事訴訟としては一審で事実認定がなされた）をめぐる報道

「『23』のDNA」が駆動したのではないか

森友学園事件に絡む公文書改竄で、近畿財務局の元職員、赤木俊夫さんが自殺したのは、2018年3月のことです。享年54歳。森友学園事件の全体像を記すことはここではしませんが、一連の事件は、安倍晋三・長期政権の腐敗の象徴のようなおぞましい出来事でした。そのうちの一部をなす公文書改竄事件は、国会での安倍首相の答弁「私や妻が関係していたということになれば、まさに私は、それはもう間違いなく総理大臣も国会議員もやめるということははっきりと申し上げておきたい」（2017年2月17日の衆議院予算委員会）に端を発していたことは間違いありません。

端的に言えば、あの国会答弁後に国家による組織ぐるみの証拠隠滅作業が行われました。公文

書の破棄、改竄は、筑紫さんがみてきたウォーターゲート事件でも明らかなように、民主主義を破壊する重罪です。健全な民主主義国家であれば、この犯罪行為がしっかりと裁かれるはずでした。ところが今に至るまで、誰一人、この改竄の刑事責任を問われていないのです。刑事訴追権をもつ検察庁は、佐川宣寿・財務省元理財局長ら全員の立件を見送ったままです。何という国に成り下がったことでしょうか。筑紫さんが生きていたら、怒りのあまり体の具合が悪くなったかもしれません。安倍政権が強大な支配を強める中で、国会も、メディアも、世論も、諦めやシニシズムに陥っていたのではなかったか。これでは改竄の自責の念から自殺した赤木さんが浮かばれません。この流れに決定的な風穴をあけたのは、元NHK記者・相澤冬樹氏と「週刊文春」による赤木氏の遺書、メモ等の公表に始まる一連のキャンペーン報道でした。規模はケタが違いますが、大昔の田中金脈報道を手掛けたあの立花さんの時とちょっとばかり構造が似ていなくもない。遺書の内容は、公文書改竄の実際の現場での作業を強要された公務員の心の叫びが聞こえてくるような悲痛なものでした。テレビ報道の端くれに連なる一人として、後追いせざるを得ない局面だと思いました。筑紫さんが言及していた前記の「DNA」が個人的に駆動したのかもしれません。財務省という権力を監視する。声をあげられなかった力の弱い少数者側（赤木さんは現場で改竄に随分抵抗した）の声を聞く。改竄を進めた側の動機を解明する。テレビ報道の力量が今こそ問われているのだと思いました。

僕がいま参加している『報道特集』でも、この赤木さん自死から、ほの見えてきた事件の構図に迫るため取材を数回にわたって続けてきました。遺書やメモの公開、妻の赤木雅子さんのインタビューに加えて、当時の直属の上司に路上で不意打ちのインタビューを敢えて行いました。スタッフが本人の通勤ルートを事前に下見するなど、かなり準備作業に時間を費やしました。これはいわば例外的な緊急手段でした。けれどもこれこそ、筑紫さんの言っていた松明を受け継ぐことではないのか。僕らの突撃取材に、元上司はカメラから逃げ続け、僕らは彼を必死に追いかけました。その時彼は、ある言葉で立ち止まりました。「赤木さんはあなたを最も信頼していました……」。元上司は、言葉を絞り出すようにして次のように言葉を発しました。「(赤木さんの残していたファイルの存在に言及した)弔問でのお話ですか。真摯に対応したつもりですけど」「私が一番大事に思うことは、やはり故人の尊厳を守るということです……」。公文書の改竄を本省からの指示で行い、信頼関係にあった直属の部下・赤木さんを自死に至らせたことへの罪の意識に苛まれていたのかもしれません。この時、取材していた現場で、何とも言えぬ厳粛な気持ちになりました。この放送があった後、国・財務省はいわゆる「赤木ファイル」が存在していたことを認め、民事訴訟の法廷にマスキング(＝墨塗り処置)の上、提出しました。取材はまだまだ続いています。筑紫さんが言っていた「ＤＮＡ」がごく自然に駆動したのではないかと思っています。

なぜウィシュマさんは死なねばならなかったのか

筑紫さんが逝かれてから、この国には、労働力不足を解消するために、アジアや中東、南米などの発展途上国から、技能実習生、留学生、派遣実習生などさまざまな資格、名称で、多くの外国人が流入しています。そんななか、２０２１年春、スリランカからの女性元留学生、ウィシュマ・サンダマリさんが名古屋の入管施設で死亡しました。死因はいまだに明らかにされていません。ウィシュマさんは、故国ではもともと教師でしたが、日本の学校で子どもたちに英語を教える夢を抱いて来日しました。享年33歳。ウィシュマさんのビザは諸事情から無効となり在留資格を失っていたことから、彼女は「不法滞在者」として名古屋入管に収容されていました。収容が長期化するにつれ体調が悪化し衰弱していきました。食事をとることも困難になって、入管側に再三治療を訴え、点滴をしてほしいと頼み続けていました。しかしその望みは聞き入れられず、たった一人、小さな個室で死亡しました。なぜ、ウィシュマさんは死なねばならなかったのでしょうか。

ウィシュマさんの致死事件は、日本の入管施設での外国人に対する処遇のあまりにも前近代的な、敢えて言えば、まるで強制収容所のような実態を露呈したケースのひとつとして歴史に刻まれることになるでしょう。在日外国人の間では「ニューカン」という言葉はある特別な響きをもっています。それは恐怖を呼び起こし、強制送還を含む人間の運命を左右する強大な権限を振り回す機関のことだと認識されているのです。入管の正式名称は出入国在留管理庁。もともと日本の出入国管理当局は、歴史的にも設置概念的にも、治安機関としての性格が色濃く、戦後まもなくの時期から在日朝鮮人らの管理・取り締まりが主務のひとつとなっていたことは筑紫さんもご存じの通りです。日本の難民認定率が世界的に見ても異様に低く、入管施設の収容者への待遇の劣悪さ、人権侵害状況については国際的な批判を浴びていた現実があります。ウィシュマさんのケースに戻れば、死後、スリランカから妹2人が来日。目的はただひとつ、姉の死亡の真相を知ることでした。しかし、法務省・入管側の対応は冷たく、まともに妹さんたちの問いに答えていませんでした。5月、妹さんらが参列して名古屋で葬儀が営まれました。妹さんたちは、控え室でウィシュマさんの亡骸と初めて対面することとなりました。テレビでは『報道特集』の記者とカメラクルーだけが、その現場に立ち会って取材をしました。とても異例のことです。ウィシュマさんの遺体をカメラマンは撮影しましたが、老人のような容貌に変わり果てていました。対面した妹さんは半狂乱になって泣き崩れていました。映像をみるだけでもつらくなりましたが、取材はしっかりと続行されていました。取材という行為に厳粛さが立ち現れる瞬間というものが稀にあるものです。放送後、すさまじい反応が視聴者からありました。その多くは日本の入管に対する怒り、遺族との悲しみの共有でした。筑紫さんの言っていたDNAがおのずと取材者らのなかに駆動していたのかもしれません。いや、絶対に駆動していたに違いありません。

かつて『NEWS23』の重責を担っていた人々が

筑紫さんがかつて『NEWS23』で、会社の目先の利害と対立しながらも、逃げずに身を賭して報じた「損失補填事件」や、「オウム真理教事件」の経験を共有する身にとっては、「身内」の犯罪的行為は徹底的に処断されなければならないということは言うまでもありません。でなければ、視聴者や読者からの信頼を維持することはできないからです。自浄能力のないメディアは滅びます。僕の知る限り、TBS山口敬之元ワシントン支局長の行為は、TBS自身の手によって徹底的に調査・処置されていなければならなかったケースでした。

前記2つの事例と並んで、この伊藤詩織さんのケースは、実は「『筑紫哲也NEWS23』のDNA」で謳われたテレビ報道の役割を、必要十分に、かつ倫理的な観点からも、発揮しやすいものでした。そこで立ち現れた公権力自身のちからの行使、および公権力と癒着した記者の所業が、あまりにも公正さを逸脱したものであり、低劣さの度合いが閾値を超えていた事例だからです。途方もないほどの倫理の減退。そのまま放置すれば、それこそウイルス禍のように、あってはならない禍々しき現象が蔓延することになる。退廃が止まらなくなる。だからこそ、「赤木ファイル」や「ウィシュマさん死亡」については、さすがに看過できずにテレビ報道においても、これらの出来事がある程度積極的に扱われたのでしょう。かろうじて「『23』のDNA」が継承され、駆動したのではなかったか。

けれども、伊藤詩織さんのケースでは、それがなされなかったと思います。筑紫さん、このケースはあまりに非道なことが局内と政治権力の間で罷り通ってしまったと私は考えています。それに関わった人々のなかに、かつて『筑紫哲也NEWS23』の重責を担っていた人々がいたのではないか。そのことが、より事態を絶望的にしているのです。あなたがかつて「TBSは死んだ」と番組冒頭で発した状況と見まがう事態が進行していました。そのことを僕は決して忘れないと筑紫さんにご報告しておきます。まだ僕は取材を続けています。

絶滅危惧種の価値を嚙みしめて

コロナの時代になって、実感として私たちのなかに、ある「共通感覚」が出来つつあるのではないかと今、僕は考えています。コロナウイルスは人間の社会活動を一時的に停止させるほどの脅威をふるいました。社会は甚大なダメージを被りました。有限な存在である人間は、そのなかで、何が重要で何が不要で、何がどうでもいいのかに気づき始めたのではないでしょうか。かけがえのないものは何か。泡のようなブランド品ではないでしょう。満員電車での通勤は本当は不要だったのではないか。家族や友人と過ごす時間の大切さ、かけがえのなさ。筑紫さんがよく言っておられたスローな生き方。学校の大切さ。医療従事者の人たち。ごみ収集の人々。社会のインフラの保守にあたっている人たち。食べ物を配達する人々。コンビニの店員さん。筑紫さんの大好きな映画を作っていた人たち。これも筑紫さんが大好きな演劇を演じていた人たち。音楽を奏でていた人たち。地域で農業、漁業に従事する人々。労働が価値を生み出すことに自信と誇りを持っている人たち……。

では、マスメディアはどうなのでしょうか。エッセンシャルなものだったのか、あるいは不要不急なのかどうかが今本当に問われています。コロナウイルスの感染者が激増するなかで、テレビは東京オリンピックの金メダル獲得競技を繰り返し放送しています。狂っていないか。そんななかで人々は考え始めているのではないか。本当は何が重要なニュースで、何が無意味なニュースなのか、あるいはこれは何かの手段として機能しているニュースなのではないか、と。コロナ禍のもとで、デジタル化に一層拍車がかかり、リモート化されたコミュニケーション活動で、直接的なリアル会話が希少価値さえ帯びています。臭いや雑音が消される世界。メディアの取材活動でさえ、リモートでＯＫとなっています。びっくりでしょう？　それが取材と言えるのだろうか。

既存メディアと、オンラインを伝送手段とした新興メディアとの境界がなくなり、電話よりもメールが当たり前になってきています。テレビが家になく、新聞をとっていない若い世代が多数派を占めているのが今の世の中です。メディアを介して飛び交う情報、コミュニケーションの生産物＝アウトプットの価値自体に興味がない受け手。人々は信じたいもの、知って気持ちのいいものだけを求めています。だからファクトチェックなんぞ余計なお世話だ、と。信じたい事実こそが真の事実だ、と。売り上げが激減したテレビ局が今やりだしていることは何かと言いますと、視聴者のなかから「コア・ターゲット」（購買力のある視聴者）を絞り込んで、その顧客層（若年層）に受けるように、番組編成や見てくれを変えてゆけ、と号令をかけているのです。彼らのなかでは視聴者は顧客＝お客様なのです。貧すれば鈍する。そんな変化のただなかに、今、僕たちはいます。筑紫さんはそちらから笑って僕らを眺めていますね。

今この時に、僕は自分自身に問うているのです。そういう環境のなかでテレビはそもそもジャーナリズムを担い得るのか？　視聴者＝市民は、顧客＝お客さんにすぎないのか、と。僕は、だからこそ、今、筑紫さんが言われた「『筑紫哲也ＮＥＷＳ23』のＤＮＡ」の絶滅危惧種の価値を噛みしめています。１９８５年に御巣鷹山に激突・墜落した日航ジャンボ機の機長たちがコックピット内で最後の最後まで叫び続けていた言葉が再びこころに刺さるように残響しています。「頭をあげろ！」「頭をあげろ！」。

筑紫さん、ありがとうございました。何度も折れそうになりながらも、まだ僕は希望を失ってはいません。

あとがき

またテレビ局と大喧嘩をしてしまった。２０２１年8月、アフガニスタンに20年にわたって駐留していた米軍が全面撤退のプロセスを進めるや、ガニ政権があっけなく崩壊し、イスラム原理主義勢力のタリバンがあっという間に政権を掌握した。この歴史の歯車の冷厳。この20年間、節目、節目でアフガニスタン現地を取材してきた身なので、さあ現地の取材を、と半分腰を浮かせて準備をしていたところに、局からストップがかかった。僕は「腰抜け」と言った。

本書の第1章を執筆したのは２０１３年の暮れだから、ほぼ8年前にもなろうか。講談社の月刊ＰＲ誌『本』での連載が、本書のひとつの核になっている。２０１５年の夏に、計18回で一旦連載は終了したのだが、その後、講談社の編集者・石井克尚氏から書籍化のお声がけをいただき、5年のブランクを経て、新たに5章を書き足した。計23章。23という数字へのこだわりのようなものが今も僕のなかにはまだ残っている。第1章から第18章までは連載当時の原稿に必要最小限の加筆を施したものである。それも物故者となられた方々の追記等にとどめた。校正作業を進めているうちに、いかにこの間、亡くなられた方々の多いことか、に気づかされた。『筑紫哲也ＮＥＷＳ23』の初代キャスターだった浜尾朱美さんは、２０１８年9月14日、10年以上の乳がんの闘病生活の後に亡くなられた。57歳の若すぎる死だった。また、本書の第20章をまるまるそれにあてたが、立花隆さんが2021年4月30日に亡くなられた。80歳だった。それらの重たい事実によって、やがては自分自身もこの世を去って行くという当たり前のことを思い知る。順番はやって来る。時代は、予期せぬ新型コロナウイルス・パンデミックを迎えて、死を受け入れる意味や、人間のコミュニケーションのありようが変わりつつある。それさえ人類史の中の小さな「蝶の羽ばたき」なのかもしれない。

そのような歳月の経過のなかで、蔓延するメディア不信とか、マスコミ無用論に洗脳される前に、若い世代の人たちに、こんなに自由なテレビ報道の世界が、ついこの間まで、この日本という国にあったのだということを、是非とも知ってもらいたいと思うようになった。あの自由さ。あの無礼さ。あのアナーキーさ。あの誠実さ。あの覚悟。秩序よりも自由を！　夢中になって報道を面白がりながら、ひとりひとりが輝いていた時代。各章の記述の行間から、そのような波動をどうか汲み取っていただければ、という思いから書いてきた。どうか、読者の皆さんに伝わって欲しい。これは本当にあったことなのだから。〈伝承〉は、困難だけれども、可能なのだ。

本書を刊行するにあたって、18年半続いた『筑紫哲也NEWS23』にどこかの期間で関わり、今回、僕の強引な取材に快くご協力いただいた皆さんに、まずは最大級の感謝を申し上げたい。筑紫家のご家族の皆様、阿部（白石）順子さん、筑紫さんとのさまざまな出会いを経て本書執筆にご協力いただいた方々にもお礼を申し上げたい。とりわけ、病の治療のさなかで時間をすごしておられる坂本龍一〝教授〟から、本書の推薦文を送っていただき、感謝に堪えない。本当にありがとうございました。

講談社の石井克尚氏には、『本』連載当時から公私にわたり大変お世話になった。氏の叱咤激励がなかったならば本書は存在しなかった。すこぶる鋭い感覚で拙文の読み込みに取り組んでいただいた編集者・向井徹氏、講談社の岡田陽平氏、モスクワからの帰国直後の拙著『ロシアより愛をこめて』（1995年）以来の素晴しい装丁を手掛けていただいた鈴木成一氏にもお礼を申し上げたい。

時は流れ　人はまた去る　思い出だけを残して（江戸アケミ）

2021年10月11日　　金平茂紀

筑紫哲也『NEWS23』とその時代

二〇二一年一一月一日第一刷発行
二〇二二年一一月二二日第四刷発行

著者 金平茂紀

発行者 鈴木章一
発行所 株式会社 講談社
東京都文京区音羽二-一二-二一 郵便番号一一二-八〇〇一
電話 編集 〇三-五三九五-三四三八
販売 〇三-五三九五-四四一五
業務 〇三-五三九五-三六一五
印刷所 株式会社新藤慶昌堂
製本所 大口製本印刷株式会社

ISBN978-4-06-526068-5 368p

KODANSHA